实用量子力学教程

曾春华　周凌云　主编

U0324153

科学出版社

北京

内 容 简 介

本书共 7 章, 第 1 章为早期量子论及物质的波粒二象性, 第 2~6 章为量子力学的基本内容, 第 7 章为量子力学的常用近似方法. 本书除介绍一般量子力学书中内容外, 还简述了富勒烯、石墨烯、碳纳米管、低维量子力学(量子阱、量子线及量子点)、EPR 悖论、贝尔不等式及量子纠缠等内容, 并引用了编者的一些研究工作. 本书每章后都有小结和相关习题, 且配有参考答案.

本书适合理工科大学本科生学习量子力学使用, 也可作为工科相关专业研究生量子力学教学参考书.

图书在版编目（CIP）数据

实用量子力学教程 / 曾春华, 周凌云主编. —北京: 科学出版社, 2019.7
ISBN 978-7-03-061195-6

Ⅰ. ①实… Ⅱ. ①曾…②周… Ⅲ. ①量子力学-高等学校-教材
Ⅳ. ①O413.1

中国版本图书馆 CIP 数据核字（2019）第 090103 号

责任编辑: 罗 吉 陈曰德 / 责任校对: 郭瑞芝
责任印制: 张 伟 / 封面设计: 迷底书装

科 学 出 版 社 出版
北京东黄城根北街 16 号
邮政编码: 100717
http://www.sciencep.com

北京捷退佳彩印刷有限公司 印刷
科学出版社发行 各地新华书店经销

*

2019 年 7 月第 一 版 开本: 720×1000 B5
2019 年 10 月第二次印刷 印张: 11
字数: 222 000
定价: **39.00 元**
（如有印装质量问题, 我社负责调换）

前　言

我要把人生变成科学的梦，然后再把梦变成现实.

——居里夫人

20世纪那场惊天动地的科学革命序幕，是这样拉开的. 1899年12月30日晚上，欧洲著名科学家欢聚一堂，会上，英国著名物理学家开尔文男爵发表了新年祝词"……物理学的大厦已落成，剩下的仅为一些修饰工作……". 在展望未来世纪物理学的前景时，他却若有所思地讲道"完美的、晴朗的天空却被两朵乌云笼罩……". 众所周知，一朵乌云指的是迈克耳孙实验与以太说的矛盾；另一朵乌云主要指的是黑体辐射相关实验中出现的当时理论无法解释的所谓紫外灾难. 科学家们为驱散这两朵乌云而奋斗，掀起了一场轰轰烈烈的科学革命，驱散了"两朵乌云"，诞生了以相对论和量子力学为代表的新兴科学. 相对论和量子力学不仅给自然科学基础的物理学带来了革命性的突破，还产生了物理学的诸多新分支(固体量子论、量子光学等)，物理学的这一革命性的进展推动了其他自然科学的发展，出现了量子化学、量子生物学等新兴学科，使这些学科在微观层次认识事物之本质. 由此，不断衍生出相关的交叉学科. 在这些新兴科学的土壤上，孕育出了许多前所未有的新兴技术及工业，如核技术、核工业、激光技术、红外技术、等离子体技术、光导、液晶工业、半导体工业、超导技术，并发明了如扫描隧道显微镜、原子力显微镜及相关的检测技术. 可见，20世纪诞生的新兴科学在一定程度上有助于推动21世纪新的经济大繁荣，迎来自然科学、应用科学交叉融合的新发展.

鉴于20世纪80年代，非线性科学的兴起和发展，其理论必然要涉及量子力学，于是就产生了非线性量子力学的一些思想和概念，且很快应用于粒子物理、量子光学、量子通信、量子卫星、量子计算机、凝聚态物理、激光物理、生物学及医学等学科上. 非线性量子力学理论还有待完善，其应用更需探索，但真理是在探索中发展起来的. 真理始于探索，并在探索中完善. 正如左拉所说："当真理被埋于地下时，它仍在生长着，它虽受压迫，但却蓄积着一种爆炸性的力量，一旦爆发就会炸毁一切". 非线性量子力学对未来社会的推动作用将是难以估量的，故本书讲述了一些如非线性量子力学等有待进一步探索的内容，也引用了我们的一些探索性工作，以期激发学生对探索的兴趣. 这些内容如果能对读者起抛砖引玉的作用, 已足慰编者.

　　本书编者在工科学校讲授量子力学(物理专业或非物理专业课程)时, 必在讲清量子力学的基本理论知识的前提下, 讲授其应用, 使学生感受量子力学的"玄妙"及精巧之处, 不被那些纷繁的数学演绎困扰, 而津津乐道于量子力学思想的精髓及其对现实世界的认识, 进而使学生致力于用新的量子力学理论去更新技术. 这就是我们将本书定名为《实用量子力学教程》之缘由.

　　本书从筹划到汇编成册历时较长, 并经数次修改完善, 最终定稿. 编者特此感谢昆明理工大学《实用量子力学教程》教材建设项目、国家自然科学基金项目(11665014)、云南省基金项目(2017FB003、2015HB025)、云南省首届优秀青年基金和"万人计划"青年拔尖人才计划等对本书的支持. 由于篇幅所限, 低维量子力学问题和量子纠缠等新内容难以全面反映总体情况, 恳请谅解. 同时也感谢云南大学熊飞博士、昆明理工大学薛宇飞博士、田冬博士和罗玉辉博士等为本书出版所做出的辛勤劳动. 因我们水平和经验有限, 本书难免存在些许的瑕疵, 敬请读者批评指正.

曾春华　周凌云

2019 年 7 月

目　　录

第1章　早期量子论及物质的波粒二象性

本章主要讲述早期量子论，它包括普朗克的量子假说、爱因斯坦的光子假说及玻尔理论. 接着又讲述了在光子假说的启发下，由德布罗意所提出的物质的波粒二象性假说.

1.1　黑体辐射及普朗克的量子假说

由普通物理学知，由物体内部带电粒子的热运动而引起的辐射电磁波的现象称为热辐射. 所有物体都能辐射一定波长的电磁波，且对外来的辐射还有反射和吸收作用. 例如，一物体对照到其上的辐射，能全部吸收而不反射，则称此物体为绝对黑体(简称黑体). 一个开有小孔的空腔可视为黑体. 实验指出，当腔壁单位面积所发射出的辐射能和它所吸收的辐射能相等(平衡状态)时，频率在ν到$\nu+\mathrm{d}\nu$之间的辐射能密度$\rho_\nu\mathrm{d}\nu$只与黑体温度T有关. 实验还给出了在不同温度下ρ_ν-ν的曲线. 一些物理学家力图从理论上推出ρ_ν. 维恩由热力学推得$\rho_\nu\mathrm{d}\nu=\nu^3 f(\nu/T)\mathrm{d}\nu$，进而假设辐射按波长的分布类似于麦克斯韦速率分布，则得

$$\rho_\nu\mathrm{d}\nu=C_1\nu^3\mathrm{e}^{\frac{C_2\nu}{T}}\mathrm{d}\nu \tag{1-1}$$

C_1、C_2为常数. 此式在ν较高的区域与实验曲线一致，而在低频区域与实验不符(图 1-1).

瑞利和金斯根据经典物理学得：黑体空腔单位体积内辐射频率在$\nu\sim\nu+\mathrm{d}\nu$间的振动模式的数目为$(8\pi\nu^2/c^3)\mathrm{d}\nu$(见习题 1-4 解答). 再根据能量均分定理，即得

$$\rho_\nu\mathrm{d}\nu=\left(\frac{8\pi\nu^2}{c^3}\mathrm{d}\nu\right)kT \tag{1-2}$$

式中，c为光速，k为玻尔兹曼常量. 此式是严格按经典物理学推出的，但此式仅在低

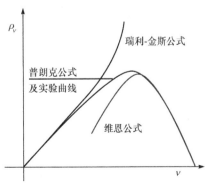

图 1-1　ρ_ν-ν曲线

频区与实验相符，而在高频区与实验相违(图 1-1)；且由式(1-2)会导出黑体的总辐射能 E 为无限大的荒谬结论，即 $E = \int_0^\infty \rho_\nu \mathrm{d}\nu = \frac{8\pi kT}{c^3}\int_0^\infty \nu^2 \mathrm{d}\nu = \infty$. 如此，这一情况被当时的人们称作"紫外灾难". 这一困难问题，引起了当时物理学界的重视.

1900 年 12 月德国物理学家普朗克成功地解决了这个困难. 他提出了一个崭新的概念——能量子. 他在研究黑体辐射时，把黑体看作是由带电的谐振子所组成的，并假设这些谐振子的能量不能连续变化，而只能取一些离散值，它们是一最小能量 ε_0 的整数倍，即 ε_0, $2\varepsilon_0$, $3\varepsilon_0$,$\cdots$,$n\varepsilon_0$, $\cdots$，这些离散能值称为谐振子能级. 这一假设是与经典理论根本对立的，因经典理论认为物体的能量是连续变化的，故振子能量的取值就不应受任何限制. 但他根据这一假设，推出了黑体辐射的近似公式，其推导如下.

由经典物理学知粒子(此处为振子)的能量为 E_n 的概率与 $\mathrm{e}^{-E_n/kT}$ 成正比，而由普朗克假设 $E_n = n\varepsilon_0$，即得振子的平均能量为

$$\overline{E} = \frac{\sum\limits_{n=0}^\infty E_n \mathrm{e}^{-\frac{E_n}{kT}}}{\sum\limits_{n=0}^\infty \mathrm{e}^{-\frac{E_n}{kT}}} = \frac{\varepsilon_0 \sum\limits_{n=0}^\infty n\mathrm{e}^{-\frac{n\varepsilon_0}{kT}}}{\sum\limits_{n=0}^\infty \mathrm{e}^{-\frac{n\varepsilon_0}{kT}}} \tag{1-3}$$

由公式

$$(1-x)^{-1} = 1 + x + x^2 + \cdots + x^n + \cdots = \sum_{n=0}^\infty x^n \qquad (|x| < 1)$$

当令 $x = \mathrm{e}^{-\frac{\varepsilon_0}{kT}}$ 后，式(1-3)的分母为

$$\sum_{n=0}^\infty \mathrm{e}^{-\frac{n\varepsilon_0}{kT}} = \sum_{n=0}^\infty \left[\mathrm{e}^{-\frac{\varepsilon_0}{kT}}\right]^n = \left(1 - \mathrm{e}^{-\frac{\varepsilon_0}{kT}}\right)^{-1}$$

又由

$$\sum_{n=0}^\infty n\mathrm{e}^{-ny} = -\frac{\mathrm{d}}{\mathrm{d}y}\sum_{n=0}^\infty \mathrm{e}^{-ny} = -\frac{\mathrm{d}}{\mathrm{d}y}(1 - \mathrm{e}^{-y})^{-1} = \mathrm{e}^{-y}(1 - \mathrm{e}^{-y})^{-2}$$

当令 $y = -\dfrac{\varepsilon_0}{kT}$ 后，式(1-3)的分子可表示为

$$\varepsilon_0 \sum_{n=0}^\infty n\mathrm{e}^{-\frac{n\varepsilon_0}{kT}} = \varepsilon_0 \mathrm{e}^{-\frac{\varepsilon_0}{kT}}\left(1 - \mathrm{e}^{-\frac{\varepsilon_0}{kT}}\right)^{-2}$$

将之代入式(1-3)后，即得

$$\overline{E} = \varepsilon_0 \mathrm{e}^{-\frac{\varepsilon_0}{kT}} \left(1 - \mathrm{e}^{-\frac{\varepsilon_0}{kT}}\right)^{-2} \left(1 - \mathrm{e}^{-\frac{\varepsilon_0}{kT}}\right) = \varepsilon_0 \left(\mathrm{e}^{\frac{\varepsilon_0}{kT}} - 1\right)^{-1}$$

再乘上空腔单位体积内频率 $\nu \sim \nu + \mathrm{d}\nu$ 振动方式数 $(8\pi\nu^2/c^3)\mathrm{d}\nu$，即得

$$\rho_\nu \mathrm{d}\nu = \left(\frac{8\pi\nu^2}{c^3} \mathrm{d}\nu\right) \overline{E} = \frac{8\pi\nu^2}{c^3} \left(\mathrm{e}^{\frac{\varepsilon_0}{kT}} - 1\right)^{-1} \varepsilon_0 \mathrm{d}\nu \tag{1-4}$$

比较维恩公式，得 $\varepsilon_0 \propto \nu$，可写为 $\varepsilon_0 = h\nu$，其中 h 称为普朗克常量，其值为 $6.626 \times 10^{-34} \mathrm{J \cdot s}$，此 $h\nu$ 被称作频率为 ν 的能量子. 这样，即得普朗克公式

$$\rho_\nu = \frac{8\pi h\nu^3}{c^3} \cdot \frac{1}{\mathrm{e}^{h\nu/kT} - 1} \mathrm{d}\nu \tag{1-5}$$

它与实验曲线惊人得相符(图 1-1). 而且，低频时它可化为瑞利-金斯公式，高频时化为维恩公式(习题 1-1).

普朗克假设正确地解释了黑体辐射实验，解决了所谓的"紫外灾难". 不仅如此，其深刻意义还在于它第一次揭示了微观尺度下的物理系统演变过程存在着的不连续性，进而为人们对光的微粒性认识开辟了一个途径，它标志着近代物理学的诞生.

1.2　光电效应和光的波粒二象性

到 19 世纪末，人们已确信光是一种电磁波. 然而人们很快就发现光的电磁理论是不能解释光电效应实验规律的. 光电效应首先为赫兹在 1888 年所发现，其后又有人对之进行了详尽的研究，并得出了一些实验规律.1897 年当电子被发现后，人们就认识到所谓的光电效应乃是光照射到金属上后，金属中的电子吸收了光能而脱出金属表面的现象,这种电子被叫做光电子. 光电效应的实验规律就可表述为：

(1) 对于一定金属而言，仅当入射光的频率 ν 达到或超过某定值 ν_0 时，才能有光电子从金属表面上发射出来. 例如，$\nu < \nu_0$，则无论光强多大，照射时间多长，均不能产生光电子.

(2) 光电子的能量与入射光强度无关，只取决于光的频率，光强只影响光电子的密度.

按经典电磁理论，光的能量仅取决于光强，而与频率无关，故靠吸收光能而脱出金属的光电子的能量，也就只与光强有关了. 此与上述实验事实相违，这又成了经典物埋学的一个难题.

　　1905 年爱因斯坦在普朗克假设的启发下提出：光(电磁波)是由能量为 $h\nu$ 的光量子(简称光子)所组成的，其运动速度为光速 c. 用此假设，他成功地解释了光电效应规律.

　　当光照射到金属表面上时，能量为 $h\nu$ 的光子被电子吸收，电子将此能量的一部分用来克服金属表面对它的束缚，另一部分提供它逸出金属后的动能. 此能量关系可表示为

$$\frac{1}{2}\mu v^2 = h\nu - W_0 \tag{1-6}$$

式中，μ 是电子质量，v 是电子脱出金属后的初速，W_0 是电子逸出金属表面所需做的功，称为逸出功. 如电子所吸收的光子的能量 $h\nu < W_0$，则它就不能逸出金属表面，此时就不会产生光电子. 由式(1-6)还不难看出，对某一金属而言(其 W_0 为某一定值)，光电子能量只取决于光子频率，而与光强无关. 光子频率决定光子能量，光强与光子数有关. 增加光强，就是增加光子数目，其结果仅能增加光电子的数目. 这样，光子假说就完全解释了光电效应的实验规律.

　　光子假说揭示了光的微粒性，光是由微粒——光子所组成的. 但这并不否定光的波动性，因这早已被干涉、衍射等现象所证实. 这样，光就具有"波""粒"双重性，称为光的波粒二象性. 这种双重性的联系，可由光子的能量及动量与其频率及波长的关系式体现出来.

　　由相对论知，静止质量为 μ_0，速度为 v 的粒子的能量是 $E = \mu_0 c^2 \left(1 - \dfrac{v^2}{c^2}\right)^{-\frac{1}{2}}$.

而光子速度为 c，其能量为 $h\nu$，由此式可知光子的静止质量为零. 再由相对论中能量与动量的关系式 $E^2 = \mu_0^2 c^4 + c^2 p^2$，即得光子能量与动量的关系为 $E = cp$. 这样，即得光子的 E 及 p 与其频率 ν 及波长 λ 的关系式

$$E = h\nu = \hbar\omega, \qquad \hbar = h/2\pi \tag{1-7}$$

$$p = \frac{h\nu}{c} = \frac{\hbar\omega}{c} = \frac{h}{\lambda} \tag{1-8}$$

把式(1-8)写为矢量式，即为

$$\boldsymbol{p} = \frac{h\nu}{c}\boldsymbol{n} = \frac{h}{\lambda}\boldsymbol{n} = \hbar\boldsymbol{k} \tag{1-9}$$

式中，$\boldsymbol{n}$ 表示光子运动方向的单位矢量，ω 表示角频率，$\boldsymbol{k}$ 为光的波矢. 式(1-7)和式(1-8)把光的波动及微粒这双重性质联系起来了，E、p 是反映粒子性的物理量，而 ν、λ 是描写波动性的物理量. 光是粒子性与波动性的矛盾统一体. 在不同条件下有不同的反映，在干涉和衍射实验条件下表现出波动性，而在与物质相互

作用时表现出粒子性. 但是, 光子这种粒子不是经典意义下的粒子, 其波动性也不是经典意义下的波, 关于此问题将在第 2 章中讨论. 还应指出, 光子不是低速粒子, 对它的准确表述属于量子场论内容.

爱因斯坦的光子理论不仅解释了光电效应, 且为康普顿效应(习题 1-5)进一步证实. 它的成功, 使人们不得不承认光的波粒二象性的本质.

1.3 玻 尔 理 论

一、原子光谱及卢瑟福原子模型的困难

从 1859 年德国人本生(Bunsen)发现钠的黄色线光谱后, 不少科学家对原子的线光谱进行了研究, 积累了一些光谱分析的资料. 1885 年巴耳末由这些资料, 得出氢原子可见光谱线频率的规律为

$$\nu = Rc\left(\frac{1}{2^2} - \frac{1}{n^2}\right), \quad n = 3,4,5,\cdots \tag{1-10}$$

式中, R 是里德伯常量, 其值为 $1.0967758 \times 10^{-7} \mathrm{m}^{-1}$. 满足此关系式的谱线系称为巴耳末系. 巴耳末还指出, 如将式(1-10)中 2^2 换成其他整数的平方, 可以得出氢原子光谱的其他线系, 实验证实了他的推测. 这样, 氢原子的所有谱线系可概括为

$$\nu = Rc\left(\frac{1}{m^2} - \frac{1}{n^2}\right), \quad m = 1,2,3,\cdots, \quad n = 2,3,4,\cdots \tag{1-10'}$$

式中, $m < n$, 此式反映了原子线光谱的规律. 要解释这一规律, 就需了解原子是怎样发射光谱的, 这就得先弄清原子的结构.

1912 年卢瑟福提出了一个原子模型, 他认为: 原子由一带正电的原子核及绕核旋转的电子组成. 此模型虽能解释 α 粒子的大角度散射问题, 但不能解释原子的线光谱. 据此模型, 电子的绕核运动是加速运动. 由电磁理论知, 做加速运动的带电粒子要辐射电磁波, 则这绕核运动的电子将不断地放射辐射能. 而按经典理论计算, 此辐射频率应等于绕核运动的频率. 由于电子不断辐射能量, 原子的能量就逐渐减少, 因而其发射的光谱就应是连续的, 但这与原子的离散线光谱的事实相违. 同时, 按经典理论, 当原子"自动"辐射时, 由于不断失去能量, 电子沿螺旋线逐渐接近原子核, 最终掉进核中, 使原子"塌缩", 这与原子在正常状态下不发出辐射且是稳定的事实不符. 所以经典理论既不能说明原子的稳定性, 也不能解释线光谱的规律, 这成为经典物理学的又一困难.

二、玻尔理论

为解决上述困难，玻尔提出了如下理论.

(1) "定态"概念：原子是由带正电的原子核及绕核做圆周运动的电子组成的. 但电子只能在一些特殊的轨道上运动，这些轨道彼此离散，这就是说，原子系统只能具有一些不连续的能量状态. 在这些状态中，电子不吸收电磁波也不辐射电磁波，这些状态称为原子的稳定状态(简称定态).

(2) 跃迁概念：由于某种原因，电子由能量为 E_m 的定态跃迁到能量为 E_n 的另一定态，此时就会发出或吸收辐射，其辐射频率为

$$\nu_{mn} = \frac{|E_n - E_m|}{h} \tag{1-11}$$

当 $E_m > E_n$ 时为发出辐射，当 $E_m < E_n$ 时为吸收辐射.

(3) 量子化条件：电子的定态轨道不是任意的，其轨道角动量 $\mu v r$ 应满足下列量子化条件：

$$\mu v r = nh, \quad n = 1, 2, 3, \cdots \tag{1-12}$$

n 称为量子数，式(1-12)称为轨道量子化条件. 后来又被索末菲推广为 $\oint p\,dq = nh$，此积分回路为电子轨道的一周，q 为电子的一个广义坐标，p 是相应的广义动量.

由玻尔理论不难求得氢原子的定态能量. 设电子质量为 μ，绕核运动的速度为 v，r 为电子可能的运动轨道半径. 由库仑定律及力学定律得 $e_0^2 / (4\pi\varepsilon_0 r^2) = \mu v^2 / r$. 再由式(1-12)可得

$$r_n = \frac{n^2 \varepsilon_0 h^2}{\pi \mu e_0^2}, \quad n = 1, 2, 3, \cdots \tag{1-13}$$

此即原子中第 n 条稳定轨道的半径. 由此式可知电子轨道是离散的，其半径是量子化的. 当 $n=1$ 时，其半径 $r_1 = \varepsilon_0 h^2 / (\pi \mu e_0^2) = 5.29 \times 10^{-11}\,\mathrm{m}$，称为第一玻尔轨道半径(注：电子电荷本书均用 e_0 表示).

当电子在第 n 轨道上运动时，其能量为

$$E_n = T + U = \frac{1}{2}\mu v^2 - \frac{e_0^2}{4\pi\varepsilon_0 r_n} \tag{1-14}$$

而 $\mu v^2 = \dfrac{e_0^2}{4\pi\varepsilon_0 r}$，再将式(1-13)中 r_n 代入式(1-14)，即得

$$E_n = -\frac{e_0^2}{8\pi\varepsilon_0 r_n} = -\frac{\mu e_0^2}{8\varepsilon_0 h^3} \cdot \frac{1}{n^2}, \quad n = 1, 2, 3, \cdots \tag{1-15}$$

由式(1-15)可知，氢原子的能量只可取一些离散值，即其能量是量子化的，此离散

的量子化能值称为原子能级. 用式(1-15)还可推出巴耳末公式.

按玻尔的跃迁概念, 原子系统中的电子从高能级 E_m 跃迁到低能级 E_n 时, 所发射的电磁波频率为

$$\nu_{mn} = \frac{E_m - E_n}{h} = \frac{\mu e_0^4}{8\varepsilon_0^2 h^3 c} c \left(\frac{1}{n^2} - \frac{1}{m^2} \right) \tag{1-16}$$

若令 $R = \dfrac{\mu e_0^4}{8\varepsilon_0^2 h^3 c}$, 则上式即为巴耳末公式. 由此算出的 $R=1.097373\times 10^{-7}\mathrm{m}^{-1}$ 与里德伯常量的实验值十分符合. 玻尔理论为里德伯常量提供了理论上的说明.

玻尔理论推出了巴耳末公式, 较好地解释了线光谱规律. 现对原子光谱的产生再作一说明. 由式(1-15)知, n 越大, 电子离核越远, 原子能量越大, 原子就越"不稳定". 而 $n=1$ 时能量最小, 电子离核最近, 原子最稳定, 这种状态称为基态. $n>1$ 的定态, 这类状态称为激发态. 处于激发态的原子将会自发地跃迁到能量较低的激发态或基态, 在跃迁过程中将发射一个光子, 频率由式(1-16)确定. 当原子由基态跃迁到激发态时, 原子必须吸收一定的能量.

玻尔理论经索末菲等发展后, 不但能解释氢光谱, 且能解释碱金属原子光谱及氢光谱精细结构, 并在一定程度上还适用于分子的转动谱和振动谱、原子的 X 射线谱等. 他所提出的关于基态和定态等的概念, 在原子、分子结构的现代理论中仍然有用. 总之, 玻尔理论的成就是巨大的. 但是, 它也存在着严重的缺陷. 在实用上, 尚不能解释氢原子光谱和碱金属的双线结构; 且不能解释非束缚态问题(如散射)及谱线强度等问题. 玻尔理论更严重的缺陷还在于: 它一方面否定了经典理论, 即认为处于定态轨道上运动的电子不辐射电磁波, 且要遵从某种量子化条件, 另一方面却保留了经典力学中轨道概念, 并用经典物理的定律来计算电子的稳定轨道. 因此它本身就是一个自相矛盾的理论. 另外, 它未能说明处于定态时为何不发射电磁波. 其关键问题在于, 经典的轨道概念与量子化概念是不相容的. 因为轨道概念意味着, 粒子在每一时刻都具有确定的位置和动量, 且这两个量在时间进程中都以连续方式变化, 其粒子的能量也应连续变化. 但玻尔理论将这两个不相容的概念硬性地糅合起来, 似缺乏逻辑的统一性, 这是其最根本的缺陷.

由此看来, 从实际和理论上讲, 都需要产生一个崭新的、比早期量子论更完善的理论来描述微观粒子的运动. 量子力学就是在这个历史背景下应运而生的. 这是物理学史上的一次重大变革. 直到 1924 年德布罗意提出微观粒子的"波粒二象性"后, 才揭开了这场变革的序幕.

1.4　物质的波粒二象性

德布罗意在爱因斯坦光子理论的启发下提出，实物粒子也应具有波粒二象性. 与具有能量 E 及动量 p 的粒子相联系的波(称物质波，亦称德布罗意波)有下列关系：

$$E = h\nu = \hbar\omega$$

$$p = \frac{h}{\lambda}n = \hbar k \tag{1-17}$$

式中，ν 及 λ 分别为其频率及波长. 式(1-17)称为德布罗意关系. 对静止质量为 μ_0 以速率 v 运动的粒子而言，其物质波波长为

$$\lambda = \frac{h}{p} = \frac{h}{\mu v} = \frac{h}{\mu_0 c}\sqrt{1 - \frac{v^2}{c^2}}$$

当其速度 $v \ll c$ 时，则 $\lambda = \frac{h}{\mu_0 v} = \frac{h}{\sqrt{2\mu_0 E}}$. 现举一例子，设一电子在电势差为 U 的电场中被加速后，能量可达 $E_k = \frac{1}{2}\mu_0 v^2 = e_0 U$，故其物质波波长为

$$\lambda = \frac{h}{\sqrt{2\mu_0 E}} = \frac{h}{\sqrt{2e_0\mu_0 U}} = \sqrt{\frac{1.50}{U}} \tag{1-18}$$

若用 150V 的电势差加速电子，则其物质波波长为 0.1nm，此与 X 射线波长同数量级. 德布罗意波的概念很快就得到了实验证实. 1927 年戴维孙和革末将被电势差 U 加速后的电子束投射到单晶体上，反射后产生了与 X 射线一样

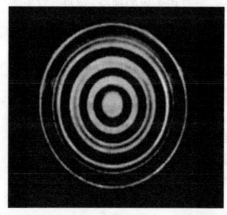

的衍射现象. 由实验所得的波长数值与由式(1-18)算出的数值相符. 1928 年汤姆孙用快速电子束穿过金属箔得到了衍射图样(图 1-2)；用慢电子束亦可得此图样. 这些实验都证实了物质波的存在. 前面已讲过，光具有波粒二象性，而现在又认识到电子等实物粒子也具有波粒二象性. 由此可作出一个结论：自然界的一切粒子，不管其静止质量是否为零，都具有波粒二象性.

图 1-2　衍射图样

小 结

本章的主要内容为:

(1) 经典物理学所遇到的几个困难.

① 黑体辐射问题; ② 光电效应问题; ③ 原子线光谱规律的解释及原子结构问题.

(2) 早期量子论的主要内容.

① 普朗克的量子假说; ② 爱因斯坦的光子假说, 光的波粒二象性及其关系式 $E = h\nu$, $\boldsymbol{p} = \hbar\boldsymbol{k}$; ③ 玻尔理论的要点: a. "定态"概念, b. 跃迁概念, c. 量子化条件 $\oint p\mathrm{d}q = nh\,(n = 1, 2, 3, \cdots)$; d. 玻尔理论的成就及缺陷.

(3) 德布罗意假说及物质的"波粒"二象性, $E = h\nu$, $\boldsymbol{p} = \hbar\boldsymbol{k}$ 及波长公式

$$\lambda = \frac{h}{p} = \frac{h}{\mu_0 c}\sqrt{1 - \frac{v^2}{c^2}}.$$

习 题

1-1 求证: (1)当波长较短(频率较高)、温度较低时, 普朗克公式简化为维恩公式; (2)当波长较长(频率较低)、温度较高时, 普朗克公式简化为瑞利-金斯公式.

1-2 单位时间内从太阳辐射到地球上每单位面积的能量为 $1324\mathrm{J} \cdot \mathrm{m}^{-2} \cdot \mathrm{s}^{-1}$, 假设太阳平均辐射波长是 55000nm, 问这相当于多少光子?

1-3 一个质点弹性系统,质量 $m = 1.0\mathrm{kg}$,弹性系数 $k = 20\mathrm{N} \cdot \mathrm{m}^{-1}$. 这个系统的振幅为 0.01m. 若此系统遵从普朗克量子化条件, 问量子数 n 为多少? 若 n 变为 $n+1$, 则能量改变的百分比有多大?

1-4 试导出体积为 V 的空腔黑体的频率在 ν 到 $\nu+\mathrm{d}\nu$ 间的振动模式的数目.

1-5 由康普顿实验得到, 当 X 射线被轻元素中的电子散射后, 其波长要发生改变, 令 λ 为 X 射线原来的波长、λ' 为散射后的波长. 试用光子假说推出其波长改变量与散射角的关系

$$\Delta\lambda = \lambda' - \lambda = \frac{4\pi\hbar}{\mu c}\sin^2\left(\frac{\theta}{2}\right)$$

式中, μ 为电子质量, θ 为散射光子动量与入射方向的夹角(散射角).

1-6 根据相对论、能量守恒定律及动量守恒定律, 讨论光子与自由电子之间的碰撞:

(1) 证明处于静止的自由电子是不能吸收光子的; (2) 证明处于运动状态的自由电子也是不能吸收光子的.

1-7　用玻尔理论计算氢原子中的电子在第一至第四轨道上运动的速度及这些轨道的半径.

1-8　利用玻尔-索末菲量子化条件，求在均匀磁场中做圆周运动的电子轨道的可能半径.

1-9　假定由同种原子构成的固体中，各个原子独立地以角频率 ω 做振动，且如普朗克假说所述，这些振子的能量只取 $nh\omega$ 的值，其中 $n = 1, 2, \cdots$. 求此固体的摩尔比热 $c_V = \dfrac{\partial \overline{E}}{\partial T}$，并讨论当温度 $T \to 0\text{K}$ 时的情况.

1-10　写出实物粒子的德布罗意波长与粒子动能 E_k 和静止质量 μ_0 的关系，并证明 $E_k \ll \mu_0 c^2$ 时，$\lambda \approx h / \sqrt{2\mu_0 E_k}$；$E_k \gg \mu_0 c^2$ 时，$\lambda \approx hc / E_k$.

1-11　计算动能 $E_k = 0.01\text{MeV}$ 的电子的德布罗意波长.

1-12　电子与光子的波长为 20nm，试算出其相应的动量与能量.

1-13　讨论受热氦原子束为简单立方晶格(其晶格常数 $d \approx 20\text{nm}$)所衍射的情况. 问在什么温度下氦原子的衍射才是明显的?

1-14　试证明在椭圆轨道情况下，德布罗意波长在电子轨道上波长的数目等于整数.

第 2 章　薛定谔方程

本章首先介绍，描写粒子的波粒二象性的波函数 Ψ 及其统计解释. 随之引入反映微观体系状态变化规律的微分方程——薛定谔方程(含时及定态). 最后讨论了概率流密度问题及波函数的标准条件.

2.1　波函数的概率解释及归一化

在经典力学中，一个质点的运动，原则上说，只需用空间坐标 r 随时间变化的函数关系 $r(t)$ 来描述即可. 而对于具有"波粒"二象性的微观粒子来说，其波动性显然不能用上述方法来描述，必须引入一个新的函数来描述，这就是波函数 $\Psi(r,t)$. 为对它有一初步的认识，我们先考察一下描写自由粒子的波函数.

一、自由粒子的波函数

自由粒子不受外力的作用，故其能量 E 和动量 p 均为恒量. 由德布罗意关系 $p = \hbar k$，$E = h\nu = \hbar\omega$ 可知，它的频率 ν 和波矢 k 亦应为恒量，这对应于一个平面波. 而一个沿 x 轴方向传播的平面波可以表示为

$$A\cos(kx - \omega t) \quad 或 \quad A\sin(kx - \omega t) \tag{2-1}$$

写成复数形式为 $A\mathrm{e}^{\mathrm{i}(kx-\omega t)}$. 其中，$k = 2\pi / \lambda$，$\omega = 2\pi\nu$. 由德布罗意关系，即可将描写自由粒子波动性的平面物质波表示为

$$\Psi = A\mathrm{e}^{\mathrm{i}(kx-\omega t)} = A\mathrm{e}^{-\frac{\mathrm{i}}{\hbar}(Et-px)} \tag{2-2}$$

如传播方向与 x 轴不一致，则其动量 p 的 y、z 分量 p_y、p_z 就不一定为零，此自由粒子的平面物质波就可更一般地表示为

$$\Psi = A\mathrm{e}^{-\frac{\mathrm{i}}{\hbar}(Et-p_x x-p_y y-p_z z)} = A\mathrm{e}^{-\frac{\mathrm{i}}{\hbar}(Et-\boldsymbol{p}\cdot\boldsymbol{r})} \tag{2-2'}$$

式(2-2′)描写了动量为 p、能量为 E 的自由粒子的波动性. 我们就把它作为描写自由粒子波粒二象性的波函数 $\Psi(r,t)$.

如粒子在一力场中运动，粒子受到力的作用，它就不是自由粒子了，其动量和能量不再是恒量(或不同时是恒量). 此粒子的波动性就不能用平面波来描写了，而必须用更复杂的波来描写. 在一般情况下，我们用函数 $\Psi(r,t)$ 来描写粒

子的运动，并称 $\Psi(r,t)$ 为波函数. 描写自由粒子的波函数(2-2′)只是波函数的一个具体例子. 对处于不同情况下运动的微观粒子, 其波函数 $\Psi(r,t)$ 的具体形式是不一样的.

二、波函数的统计解释

引进波函数 Ψ 后, 人们自然要问它的具体含义为何? 究竟应该如何理解粒子的波动性及微粒性间的关系? 关于这些问题, 历史上曾有一些误解. 我们认为只有消除这些误解后, 才能建立起正确的概念(概率波概念).

误解之一是认为波是由它所描写的粒子所组成的(类似空气振动出现的纵波). 照此看法, 则电子束的衍射实验现象就应是组成波的电子之间的相互作用(干涉)的结果. 这样, 衍射图样就应与入射电子束的强度有关. 但这与事实不符. 实验指出, 照片所显示的衍射图样和入射电子束的强度无关, 即与单位体积中的电子数无关. 如降低入射电子束的强度, 而只需延长实验时间, 同样可得出相同衍射图样. 即使把电子束强度减小到电子一个一个地通过金属箔而衍射, 则经足够长的时间后, 仍能得到同样的衍射图样. 这说明衍射图样根本不是由电子间的相互作用形成的, 其相应的物质波也不是大量粒子所组成的, 而是单个电子本身就具有波动性. 如每个电子只有粒子性而无波动性, 则当电子一个一个地通过金属箔时, 在照片上就不会出现衍射图样. 此误解的根源在于夸大了粒子性的一面. 另一误解是认为粒子是由波组成的, 即认为一个电子就是一个经典意义下的波. 按此观点, 则当一个电子通过晶体后就会出现衍射图样, 而实验事实并非如此, 其显示出来的仍是一个点而不是整个衍射图样. 另外, 按此观点, 当一个电子打到晶体表面后, 组成电子的这个波就将发生衍射. 其衍射波将沿不同方向传播开去, 这样, 在空间不同的方向将观测到一个电子的一部分. 但这也与事实不符, 因为实验上测得的总是整个电子, 而从未测得一个电子的一部分. 电子始终是具有一定质量及电荷的定域粒子, 因此将电子看成是由波组成的观点也是错误的. 这种误解的根源是夸大了波动性的一面.

物质粒子的波粒二象性及其波函数的正确解释是玻恩首先提出来的. 他认为德布罗意波并不像经典波那样代表什么实在的物理量的波动, 它只不过是刻画粒子在空间的概率分布的概率波. 为说明这个概率波的含义, 再考察一下电子衍射实验.

当入射电子束的强度很大(即单位时间投射到晶体表面上电子数很多)时, 同时有不少的电子投射到晶体表面时, 在照相底片上很快就出现了衍射图样. 而如果电子束的强度极低, 即如电子是一个一个地射向金属箔, 这时照片上就出现一个一个的亮点, 显示了电子的微粒性. 这些电子在照片上的位置并不都重合在一起, 开始时, 它们是杂乱无章地散布着, 毫无规律性. 随着时间的延长, 照片上

的亮点数目增多, 有些地方亮点较密, 有些地方则几乎没有亮点. 最后在照片上形成了衍射图样(与 X 射线衍射图样相似), 显示出电子的波动性. 此实验所揭示出的粒子波动性, 显然是大量粒子(电子)在同一实验中的统计结果. 为弄清这一统计意义, 再作如下说明: 在电子衍射实验中, 尽管我们不能确定每个参与衍射的电子一定会到达照片上的什么地方, 当到达照片上的电子数目极少时, 照片上呈现的似乎是一些无规则的点, 但当大量电子到达照片上后即成衍射图样, 在衍射极大处(亮处), 波的强度较大, 电子投射到这些地方的概率显然就要大些, 而在衍射极小处, 波的强度很小或等于零, 即电子投射到这里的概率很小或等于零. 这就是说粒子的波动性是以统计概率规律表现出来的, 粒子的德布罗意波也必须理解为这种统计意义下的概率波. 玻恩就是基于上述分析, 对描述粒子波动性的波函数提出了统计(概率)解释. 如用波函数 $\Psi(\boldsymbol{r},t)$ 表示粒子的德布罗意波的振幅, 而以 $|\Psi(\boldsymbol{r},t)|^2 = \Psi^*(\boldsymbol{r},t)\Psi(\boldsymbol{r},t)$ 表示波的强度(其中 Ψ^* 为 Ψ 的复共轭), 这样玻恩对波函数 $\Psi(\boldsymbol{r},t)$ 的统计解释即可表述为: 波函数于 t 时刻在空间中某点的强度 $|\Psi(\boldsymbol{r},t)|^2$ 与该时刻在此点找到粒子的概率成正比. 其确切的数学表达为: $|\Psi(\boldsymbol{r},t)|^2 \,\mathrm{d}x\mathrm{d}y\mathrm{d}z$, 正比于 t 时刻粒子出现在该点 $\boldsymbol{r}$ 附近体元 $\mathrm{d}x\mathrm{d}y\mathrm{d}z$ 内的概率 $\mathrm{d}W(\boldsymbol{r},t)$, 表示为等式, 即

$$\mathrm{d}W(\boldsymbol{r},t) = C|\Psi(\boldsymbol{r},t)|^2 \,\mathrm{d}x\mathrm{d}y\mathrm{d}z = C|\Psi(\boldsymbol{r},t)|^2 \,\mathrm{d}\tau \tag{2-3}$$

式中, C 为比例常数. 玻恩提出的波函数的这一概率解释, 已被普遍承认, 并将之作为量子力学的一个基本原理.

三、波函数的归一化

由上述玻恩统计解释的式(2-3), 即可得到, t 时刻在空间 $\boldsymbol{r}$ 处单位体积内发现粒子的概率(又称概率密度) $\omega(\boldsymbol{r},t)$ 为

$$\omega(\boldsymbol{r},t) = \frac{\mathrm{d}W(\boldsymbol{r},t)}{\mathrm{d}\tau} = C|\Psi(\boldsymbol{r},t)|^2$$

进而可得在 t 时刻粒子出现在空间某一体积 V 内的概率 $W(t)$ 为

$$W(t) = \int_V \mathrm{d}W(t) = \int_V \omega(\boldsymbol{r},t)\mathrm{d}\tau = \int_V C|\Psi(\boldsymbol{r},t)|^2 \mathrm{d}\tau$$

这样, 如果知道描述微观粒子的波函数 Ψ 的具体形式, 那么我们就可得到在任意时刻 t, 粒子在空间各处的概率分布. 应当指出, 空间各处的概率分布指的是, 粒子出现在空间各点的可能性的相对大小, 因此重要的是空间各点概率密度的相对比值. 这就是说, 波函数 Ψ 与波函数 $A\Psi$ (A 为任意常数)所描述的是同一概率分布. 这是很显然的, 因为用 Ψ 来描述时, 空间某点 $\boldsymbol{r}_1$ 的概率密度为 $|\Psi(\boldsymbol{r}_1,t)|^2$, 而用 $A\Psi$ 来描述时, 其概率密度 $|A|^2|\Psi|(\boldsymbol{r}_1,t)|^2$ 虽然增加了 $|A|^2$ 倍, 但空间其他各点的

概率密度均增加了 $|A|^2$ 倍. 也就是说, 在波函数为 Ψ 与 $A\Psi$ 的情况下, r_1 这点的概率密度与空间任意点 r 的概率密度的比值是完全相同的, 即

$$\frac{\left|\Psi(r_1,t)\right|^2}{\left|\Psi(r,t)\right|^2} = \frac{\left|A\Psi(r_1,t)\right|^2}{\left|A\Psi(r,t)\right|^2}$$

因此说, Ψ 和 $A\Psi$ 描写的是同一个波动状态, 即描述的是同一个概率波, 因为它们反映的是同一个统计概率分布. 这是概率波与经典波的一个重要的区别. 譬如将一经典波的振幅增加一倍, 则其相应的波的能量就将为原来的四倍, 这就不是原来的状态, 而是另一波动状态了.

现在来看看波函数的归一化问题. 如果把式(2-3)的体积 V 扩展到整个空间, 在非相对论情况下, 由于粒子一定要出现在空间某处, 所以其总概率必为 1, 即

$$\int_\infty C\left|\Psi(r,t)\right|^2 \mathrm{d}\tau = 1 \tag{2-4}$$

由此式我们可得比例常数

$$C = \frac{1}{\int_\infty \left|\Psi(r,t)\right|^2 \mathrm{d}\tau} \tag{2-5}$$

如令 $\Phi(r,t) = \sqrt{C}\Psi(r,t)$, 并将之代入式(2-4), 即得

$$\int_\infty \left|\Phi(r,t)\right|^2 \mathrm{d}\tau = 1 \tag{2-6}$$

将式(2-4)和式(2-6)称为归一化条件, 把满足式(2-6)的波函数称为归一化波函数. 而将式(2-5)定出的 $\sqrt{C}$ 称为归一化因子. 由上述的分析知, 波函数 Ψ 和 $\sqrt{C}\Psi$ 描述的是同一个概率波(即同一个概率分布). 但用归一化波函数常使描述简洁方便, 故在量子力学中常采用.

关于归一化问题, 还须指出两点. 其一是, 归一化的波函数也不只有一个函数形式, 还存在一个模为 1 的不确定的因子 $\mathrm{e}^{\mathrm{i}\alpha}$(其中 α 为实数), 即如 Ψ 已归一化, 则 $\mathrm{e}^{\mathrm{i}\alpha}\Psi$ 也是归一化的, 但这并不影响任何实际的物理结果. 其二是, 并非所有的波函数都能按上述方式归一化, 如自由粒子的波函数就不按上述方式归一化, 而归一化为 δ 函数(参考 5.6 节及附录Ⅲ). 上述归一化方式, 要求波函数模的平方 $\left|\Psi\right|^2$ 在整个空间是可积分的, 即要求 $\int_\infty \left|\Psi\right|^2 \mathrm{d}\tau$ 为有限值.

2.2 薛定谔方程简介

一、薛定谔方程的引入

2.1 节对描写微观粒子状态的波函数进行了阐述, 我们还需进一步了解它所遵

循的演化规律，从而求得在各种具体情况下运动的粒子的波函数，即必须引入一个描述微观粒子的运动规律的方程. 1926 年薛定谔提出了这样的方程，他是在德布罗意物质波的概念的基础上，借鉴力学及波动光学而提出来的. 应当指出，他所提出的这个描述粒子波粒二象性的波动方程(亦称薛定谔方程)乃是量子力学的基本方程，是量子力学的一个基本假设，它不是由什么更基本的假说推导出来的. 它的正确性，如经典力学的牛顿定律一样，只能靠实践来检验. 因此，现在也就不必按薛定谔原来引入的方法，而按下述方式引入. 我们先讨论描述一个自由粒子运动的平面波所应满足的方程，然后加以补充、推广，而提出普遍的波动方程.

2.1 节已介绍过描写自由粒子的波函数是

$$\Psi(\boldsymbol{r},t) = A\mathrm{e}^{-\frac{\mathrm{i}}{h}(Et-\boldsymbol{p}\cdot\boldsymbol{r})}$$

由此可得

$$\frac{\partial}{\partial t}\Psi = \left(-\frac{\mathrm{i}}{h}E\right)A\mathrm{e}^{-\frac{\mathrm{i}}{h}(Et-\boldsymbol{p}\cdot\boldsymbol{r})} = -\frac{\mathrm{i}}{h}E\Psi \tag{2-7}$$

再对 $\Psi(\boldsymbol{r},t)$ 求坐标变量的二阶偏微商

$$\frac{\partial^2\Psi}{\partial x^2} = A\frac{\partial^2}{\partial x^2}\mathrm{e}^{-\frac{\mathrm{i}}{h}(Et-p_x x-p_y y-p_z z)} = \frac{-p_x^2}{h^2}\Psi \tag{2-8}$$

同理可得

$$\frac{\partial^2\Psi}{\partial y^2} = \frac{-p_y^2}{h^2}\Psi, \quad \frac{\partial^2\Psi}{\partial z^2} = \frac{-p_z^2}{h^2}\Psi \tag{2-8'}$$

由式(2-8)及式(2-8′)可得

$$\frac{\partial^2\Psi}{\partial x^2} + \frac{\partial^2\Psi}{\partial y^2} + \frac{\partial^2\Psi}{\partial z^2} = -\frac{(p_x^2+p_y^2+p_z^2)}{h^2}\Psi = -\frac{p^2}{h^2}\Psi \tag{2-9}$$

令 $\nabla^2 \equiv \dfrac{\partial^2}{\partial x^2} + \dfrac{\partial^2}{\partial y^2} + \dfrac{\partial^2}{\partial z^2}$，$\nabla^2$ 称为拉普拉斯算符，则上式可写为

$$\frac{\partial^2}{\partial x^2}\Psi + \frac{\partial^2}{\partial y^2}\Psi + \frac{\partial^2}{\partial z^2}\Psi \equiv \left(\frac{\partial^2}{\partial x^2} + \frac{\partial^2}{\partial y^2} + \frac{\partial^2}{\partial z^2}\right)\Psi \equiv \nabla^2\Psi = -\frac{p^2}{h^2}\Psi \tag{2-9'}$$

利用自由粒子的能量和动量的关系(非相对论的) $E = p^2/(2\mu)$，式中 μ 是粒子的质量，式(2-9′)可写为

$$-\frac{h^2}{2\mu}\nabla^2\Psi = E\Psi \tag{2-10}$$

比较式(2-7)和式(2-10)，不难得到

$$i\hbar\frac{\partial \Psi}{\partial t} = -\frac{\hbar^2}{2\mu}\nabla^2\Psi \tag{2-11}$$

这就是描写自由粒子的波函数所应满足的波动方程.

现在再考虑建立在力场中运动的粒子的波动方程. 为此先分析一下引入式 (2-11)的过程中的式(2-7)和式(2-9′). 可将此二式写为

$$E\Psi = \left(i\hbar\frac{\partial}{\partial t}\right)\Psi \quad 及 \quad (\boldsymbol{p}\cdot\boldsymbol{p})\Psi = \left[(-i\hbar\nabla)\cdot(-i\hbar\nabla)\right]\Psi \tag{2-12}$$

式中 ∇ 是一个算符, $\nabla \equiv \boldsymbol{i}\dfrac{\partial}{\partial x} + \boldsymbol{j}\dfrac{\partial}{\partial y} + \boldsymbol{k}\dfrac{\partial}{\partial z}$. 由式(2-12)可看出粒子的能量 E 和动量 $\boldsymbol{p}$ 作用在波函数上相当于做如下替换:

$$E \to i\hbar\frac{\partial}{\partial t}, \quad \boldsymbol{p} \to -i\hbar\nabla \tag{2-13}$$

并可认为自由粒子的波动方程(2-10)是通过这两个算符作用到波函数上并用 E 和 p^2 的关系而得到的. 现在再借助对应关系(2-13),来建立在力场中运动的粒子的波函数所应满足的波动方程. 设粒子在力场中的势能为 $U(\boldsymbol{r}, t)$,则粒子的总能为 $E= p^2/(2\mu) + U$. 由对应关系(2-13),得

$$\left(E - \frac{1}{2\mu}p^2\right)\Psi = i\hbar\frac{\partial \Psi}{\partial t} - \frac{1}{2\mu}(-i\hbar\nabla)^2\Psi = i\hbar\frac{\partial \Psi}{\partial t} + \frac{\hbar^2}{2\mu}\nabla^2\Psi = U\Psi \tag{2-14}$$

即得

$$i\hbar\frac{\partial \Psi}{\partial t} = -\frac{\hbar^2}{2\mu}\nabla^2\Psi + U\Psi \tag{2-15}$$

式(2-15)就是薛定谔波动方程,亦称含时间的薛定谔方程,简称薛定谔方程. 它是描写微观粒子运动的普遍规律的方程(非相对论),在量子力学中的地位相当于经典力学中的牛顿第二定律. 如给出了微观粒子所处力场的势 U 的具体形式,只要我们知道了微观粒子的初始状态 $\Psi(\boldsymbol{r},0)$,那么从原则上讲就可通过求解薛定谔方程,而求出任意时刻 t 的状态波函数 $\Psi(\boldsymbol{r},t)$. 关于此点,我们将在第 3 和 4 章中介绍.

二、定态薛定谔方程

在一些实际问题中,粒子所处的力场 U 不随时间变化,势能 U 不显含时间 t, 即可表示为 $U(\boldsymbol{r})$. 此时,方程(2-15)可用分离变量法求其特解,令特解为 $\Psi(\boldsymbol{r},t) = \psi(\boldsymbol{r})f(t)$,并将其代入方程(2-15),经分离变量后,可得

$$\frac{i\hbar}{f(t)}\frac{\mathrm{d}f(t)}{\mathrm{d}t}=\frac{1}{\psi(r)}\left[-\frac{\hbar^2}{2\mu}\nabla^2+U(r)\right]\psi(r) \tag{2-16}$$

上式左端只与 t 有关，而右端只与 r 有关，只有两边等于一个与 t、r 均无关的常量 E 时，等式才能成立，这样即可得

$$\frac{i\hbar}{f(t)}\frac{\mathrm{d}f(t)}{\mathrm{d}t}=E$$
$$\frac{1}{\psi(r)}\left[-\frac{\hbar^2}{2\mu}\nabla^2+U(r)\right]\psi(r)=E \tag{2-17}$$

由前一式，得 $\dfrac{\mathrm{d}}{\mathrm{d}t}\ln f(t)=iE/\hbar$，进而可得

$$f(t)\sim \mathrm{e}^{-\frac{i}{\hbar}Et} \tag{2-18}$$

即可将特解写为

$$\Psi(r,t)=\psi(r)\mathrm{e}^{-\frac{i}{\hbar}Et} \tag{2-19}$$

其中 $\psi(r)$ 满足方程

$$\left[-\frac{\hbar^2}{2\mu}\nabla^2+U(r)\right]\psi(r)=E\psi(r) \tag{2-20}$$

式(2-20)称为不含时的薛定谔方程. 常令

$$\hat{H}=-\frac{\hbar^2}{2\mu}\nabla^2+U(r) \tag{2-21}$$

$\hat{H}$ 称为粒子的哈密顿算符. 这样，不含时的薛定谔方程就可简单表示为

$$\hat{H}\psi=E\psi \tag{2-22}$$

而含时薛定谔方程也可简单表示为

$$i\hbar\frac{\partial}{\partial t}\Psi=\hat{H}\Psi \tag{2-23}$$

由式(2-20)可知，力场 U 如与时间无关，则与波函数 $\Psi(r,t)=\psi(r)\mathrm{e}^{-iEt/\hbar}$ 相应的概率密度 $|\Psi(r,t)|^2=|\psi(r)|^2$ 就与时间无关，因此就把这种波函数所描写的状态称为定态；亦将不含时的薛定谔方程(2-20)称为定态薛定谔方程.

三、波函数的标准条件

至此，我们尚未说明什么样的函数才能作为描写粒子状态的波函数，波函数应满足什么条件. 按照波函数的统计解释，函数应该是单值和有限的，因为 t 时

刻在任意点 r 处发现粒子的概率必须是一个确定的有限值；波函数为有限值也是归一化的要求. 另外, 波函数 $\Psi(r,t)$ 必须满足薛定谔方程, 而这个方程是一个对空间坐标的二阶偏微分方程, 要使 Ψ 对坐标的二阶微商存在, 波函数 Ψ 本身必须是有限和连续的, 并且对 Ψ 坐标的一阶微商也必须是连续的. 综上所述, 波函数 Ψ 应在变量(r,t)变化的全部范围内满足三个条件：单值、有界和连续. 此三个条件称为波函数的标准条件. 在不同的具体情况下, 它还必须满足各种相应的边界条件和归一化条件.

2.3 概率流密度及粒子数守恒

薛定谔方程(2-15)描述了波函数随时间变化的规律. 现在我们再来讨论粒子出现在一定空间区域内的概率随时间变化的规律. 令描述粒子状态的波函数为 $\Psi(r,t)$, 则其概率密度 $\omega(r,t)$ 为

$$\omega(r,t) = \Psi^*(r,t)\Psi(r,t)$$

其随时间的变化率为

$$\frac{\partial \omega(r,t)}{\partial t} = \Psi^* \frac{\partial \Psi}{\partial t} + \left(\frac{\partial \Psi^*}{\partial t}\right)\Psi \tag{2-24}$$

由薛定谔方程(2-15)及其复共轭方程(注意势能是实数, 即 $U = U^*$), 可得

$$\frac{\partial \Psi}{\partial t} = \frac{i\hbar}{2\mu}\nabla^2\Psi + \frac{1}{i\hbar}U\Psi$$

$$\frac{\partial \Psi^*}{\partial t} = -\frac{i\hbar}{2\mu}\nabla^2\Psi^* - \frac{1}{i\hbar}U\Psi^*$$

将此二式代入式(2-24), 即得

$$\frac{\partial \omega(r,t)}{\partial t} = \frac{i\hbar}{2\mu}(\Psi^*\nabla^2\Psi - \Psi\nabla^2\Psi^*) = \frac{i\hbar}{2\mu}\nabla \cdot (\Psi^*\nabla\Psi - \Psi\nabla\Psi^*) \tag{2-25}$$

如令

$$j = -\frac{i\hbar}{2\mu}(\Psi^*\nabla\Psi - \Psi\nabla\Psi^*) \tag{2-26}$$

则式(2-25)可写为

$$\frac{\partial \omega}{\partial t} + \nabla \cdot j = 0 \tag{2-27}$$

我们称 j 为概率流密度矢量, 式(2-27)具有流体力学的连续性方程的形式, 表示所描述的概率守恒. 为了进一步说明 j 及方程(2-27)的意义, 将式(2-27)对空间中任

意体积 V 求积分，并应用高等数学中的高斯定理，即可得

$$\frac{\mathrm{d}}{\mathrm{d}t}\int_V \omega \mathrm{d}\tau = -\int_V \nabla \cdot \boldsymbol{j}\mathrm{d}\tau = -\oint_S \boldsymbol{j}\cdot \mathrm{d}\boldsymbol{S} = -\oint_S j_n \mathrm{d}S \tag{2-28}$$

式中 $\mathrm{d}\boldsymbol{S}$ 的方向取曲面外法线方向，其面积分是对包围体积 V 中概率的增加量，而其右边则表示单位时间从外边通过封闭面 $\boldsymbol{S}$ 而流入(注意负号！)体积 V 内的概率；$\boldsymbol{j}$ 具有概率流密度矢量的意义，即它在 $\boldsymbol{S}$ 面上的法向分量表示单位时间内流过 $\boldsymbol{S}$ 面上单位面积的概率. 试举一例以说明 $\boldsymbol{j}$ 的意义. 设有一具有确定动量 $\boldsymbol{p}$ 的粒子束，其波函数均为

$$\Psi(\boldsymbol{r},t) = A\mathrm{e}^{\frac{\mathrm{i}}{\hbar}(\boldsymbol{p}\cdot\boldsymbol{r}-Et)} \tag{2-29}$$

A 为一常数，则由式(2-26)可得

$$\boldsymbol{j} = \omega \frac{\boldsymbol{p}}{\mu} = \omega v \tag{2-30}$$

式中 v 为粒子速度，此处 ω 为其概率密度. 式(2-30)中的 $\boldsymbol{j}$ 显然表示该粒子束的概率流密度. 如将式(2-30)代入式(2-28)，则式(2-28)之右端即为

$$-\oint_S \boldsymbol{j}\cdot \mathrm{d}\boldsymbol{S} = -\oint_S mv\cdot \mathrm{d}\boldsymbol{S}$$

显然就表示流入闭合曲面 $\boldsymbol{S}$ 内的概率.

如将式(2-29)中的 A 换为 $\rho^{1/2}$ ，ρ 为粒子数密度，则

$$\omega = \left[\rho^{1/2}\mathrm{e}^{\frac{\mathrm{i}}{\hbar}(\boldsymbol{p}\cdot\boldsymbol{r}-Et)}\right]\left[\rho^{1/2}\mathrm{e}^{\frac{\mathrm{i}}{\hbar}(\boldsymbol{p}\cdot\boldsymbol{r}-Et)}\right]^* = \left[\rho^{1/2}\mathrm{e}^{\frac{\mathrm{i}}{\hbar}(\boldsymbol{p}\cdot\boldsymbol{r}-Et)}\right]\left[\rho^{1/2}\mathrm{e}^{\frac{-\mathrm{i}}{\hbar}(\boldsymbol{p}\cdot\boldsymbol{r}-Et)}\right] = \rho$$

此时概率密度 ω 就换为粒子数密度 ρ 了，则 $\boldsymbol{j}$ 就表示粒子流密度，$\boldsymbol{j} = \omega \frac{\boldsymbol{p}}{\mu} = \rho v$ ，如果在 ρ 前乘一个粒子的质量 μ ，则 $\rho_\mu = \mu\rho$ 表示质量密度；如在 ρ 前乘上一个粒子的电量 q ，则此 $\rho_q = q\rho$ 就表示电密度，而其相应的 $\boldsymbol{j}_\mu = \mu\boldsymbol{j}$ 就表示质量流密度矢量，$\boldsymbol{j}_q = q\boldsymbol{j}$ 就表示电流密度矢量. 用 ρ_μ 、ρ_q 代替 ω ，而用 $\boldsymbol{j}_\mu$ 、$\boldsymbol{j}_q$ 代替 $\boldsymbol{j}$ ，我们不难得到与式(2-27)相应的连续性方程

$$\frac{\partial \boldsymbol{\rho}_\mu}{\partial t} + \nabla \cdot \boldsymbol{j}_\mu = 0 \tag{2-31}$$

上式表示质量守恒.

$$\frac{\partial \boldsymbol{\rho}_q}{\partial t} + \nabla \cdot \boldsymbol{j}_q = 0 \tag{2-32}$$

表示电荷守恒.

从上述讨论可以看出，如果波函数 Ψ 描述的是许多粒子的状态，则 $\omega=\Psi^*\Psi$ 即可表示粒子数密度，在此情况下式(2-28)即表示粒子数守恒. 当然，在 Ψ 只描述一个粒子的状态时，$\Psi^*\Psi$ 就只有概率的意义了. 如将表述概率守恒，或粒子数守恒的积分式(2-28)中的积分区域 V 扩展到整个空间，则还可看出另外的意义. 此时 $V\to\infty$，而式(2-28)右端的面积分必将为零，由于粒子只存在于有限空间，故可假定无限远处的 Ψ 为零. 这样即得

$$\frac{\mathrm{d}}{\mathrm{d}t}\int_\infty \Psi^*\Psi\,\mathrm{d}\tau=0 \tag{2-33}$$

即粒子出现在全空间的总概率(或粒子数)不随时间变化，即概率(或粒子数)守恒. 由上式还可得 $\int_\infty \Psi^*\Psi\,\mathrm{d}\tau=$ 常数，此表示波函数的归一化与时间无关，即在初始时刻如波函数已归一化了，则在以后任何时刻都是归一化的.

概率(或粒子数)守恒是薛定谔方程的一个推论，而薛定谔方程是非相对论的，此即表示，在非相对论情况下粒子的概率(或粒子数)是守恒的，即粒子不会有产生或湮灭的现象.

小　结

本章主要阐述了以下内容：

(1) 波函数的概率解释.

① 由于微观粒子具有波粒二象性,故不能用经典力学的方法描述其运动状态. 微观粒子的运动状态必须用波函数 Ψ 来描写.

② 粒子的波动性按玻恩的解释，是统计概率性的反映. 描写粒子状态的波函数 Ψ 就反映了这个统计概率性，即 $|\Psi(r,t)|^2\,\mathrm{d}\tau$ 与 t 时刻在空间 r 处附近的体元 $\mathrm{d}\tau$ 内发现粒子的概率成正比. 按此解释，Ψ 与 $C\Psi$ 描述了粒子同一概率分布(即同一状态).

③ 波函数的归一化条件：$\int_\infty C|\Psi(r,t)|^2\,\mathrm{d}\tau=1$. 对于归一化的 Ψ 来说，其 $|\Psi|^2$ 表示概率密度.

(2) 描述微观粒子运动规律的方程——薛定谔方程：$\mathrm{i}\hbar\dfrac{\partial\Psi}{\partial t}=-\dfrac{\hbar^2}{2\mu}\nabla^2\Psi+U\Psi$.

引入哈密顿算符 $\hat{H}=-\dfrac{\hbar^2}{2\mu}\nabla^2+U(r)$ 后，此方程可简单表示为 $\mathrm{i}\hbar\dfrac{\partial}{\partial t}\Psi=\hat{H}\Psi$. 当 U 不显含时间 t 时，其 $\Psi(r,t)=\psi(r)\mathrm{e}^{-\mathrm{i}Et/\hbar}$，此 $\psi(r)$ 满足定态薛定谔方程 $\hat{H}\psi(r)=E\psi(r)$. 波函数的标准条件为：单值、有界、连续.

(3) 由薛定谔方程可以推得，粒子的概率密度 $\omega = \Psi^* \Psi$ 与概率流密度矢量 $\boldsymbol{j}$ 应满足方程 $\dfrac{\partial \omega}{\partial t} + \nabla \cdot \boldsymbol{j} = 0$，此方程表示概率守恒.

习　　题

2-1　设粒子的波函数为 $\psi(x, y, z)$，求在 $(x, x + \mathrm{d}x)$ 范围内发现粒子的概率.

2-2　设在球极坐标系中粒子的波函数可表示为 $\psi(r, \theta, \phi)$. 试求出在球壳 $(r, r + \mathrm{d}r)$ 中找到粒子的概率.

2-3　设做一维运动的粒子的波函数可表示为

$$\psi(x) = \begin{cases} Ax(a-x), & 0 < x < a \\ 0, & x < 0, \quad x > a \end{cases}$$

试求归一化常数 A. 粒子在何处的概率最大?

2-4　沿直线运动的粒子的波函数 $\psi(x) = \dfrac{1+\mathrm{i}x}{1+\mathrm{i}x^2}$.

(1) 试将 ψ 归一化. (2) 画出概率分布曲线. (3) 在何处最易发现粒子，而该处的概率密度为何?

2-5　一维运动的粒子处在

$$\Psi(x, t) = \begin{cases} Ax\mathrm{e}^{-\lambda x} \cdot \mathrm{e}^{-\mathrm{i}t/2}, & x \geqslant 0 \\ 0, & x \leqslant 0 \end{cases}$$

的状态中，其中 $\lambda > 0$. (1) 将此波函数归一化，试说明如其在 $t=0$ 时刻归一化了，那么在以后的任何时刻都是归一化的. (2) 求粒子的概率分布函数.

2-6　如在势能 $U(r)$ 上加一常数，则其薛定谔方程的定态解将如何变化? 试说明变化后为何不能观察到(选择无穷远处的 U 为 0).

2-7　一系统由两粒子组成，以致其定态波函数 $\psi(r_1, r_2)$ 是每个粒子坐标的函数. 其概率解释为何? 写出其含时薛定谔方程.

2-8　指出下列的 Ψ 所描写的状态是否为定态:

(1) $\Psi(x, t) = u(x)\mathrm{e}^{(\mathrm{i}x - \mathrm{i}Et)} + v(x)\mathrm{e}^{(-\mathrm{i}x - \mathrm{i}Et)}$;

(2) $\Psi(x, t) = u(x)(\mathrm{e}^{-\mathrm{i}E_1 t} + \mathrm{e}^{-\mathrm{i}E_2 t})$ ($E_1 \neq E_2$);

(3) $\Psi(x, t) = u(x)(\mathrm{e}^{-\mathrm{i}Et} - \mathrm{e}^{\mathrm{i}Et})$.

2-9　设 $\Psi_1(r, t)$ 和 $\Psi_2(r, t)$ 是薛定谔方程

$$\mathrm{i}\hbar \frac{\partial \Psi}{\partial t} = -\frac{\hbar^2}{2\mu}\nabla^2 \Psi + U(r)\Psi$$

的两个解. 证明 $\displaystyle\int_{\infty} \Psi_1^* \Psi_2 \mathrm{d}\tau$ 与时间无关.

2-10　设一维粒子的波函数为 $\mathrm{e}^{\mathrm{i}kx}$，粒子的质量为 μ，试求其概率流密度.

2-11　设有大量做三维运动的电子，其波函数为 $\dfrac{1}{r}\mathrm{e}^{\pm \mathrm{i}kr}$，求电流密度.

2-12　证明从单粒子的薛定谔方程得出的粒子速度场是非旋的，即证明 $\nabla \times v = 0$，其中速度 $v = \boldsymbol{j}/\rho$，$\rho = \Psi^* \Psi$，$\boldsymbol{j}$ 是概率流密度矢量.

第3章 一维定态问题及实例

第 2 章阐述了波函数的物理意义，并引入了薛定谔方程. 但要进一步了解微观粒子在具体情况下的性质，就需要解出其相应的薛定谔方程，一般说来这是较困难的. 本章讨论最简单的一类问题，即一维定态问题. 通过对一维问题的处理，使我们能了解微观粒子的一些量子性质，并能对薛定谔方程的应用及求解过程有一初步的认识. 本章还将介绍一维定态问题在固体物理中的一些实例. 现先概述一下一维运动的情况.

设一质量为 μ 的粒子，沿 x 轴运动，其所处势场不随时间变化，故势能表示为 $U(x)$. 此粒子的状态波函数 $\Psi(x,t)=\psi(x)e^{-iEt/\hbar}$，其 $\psi(x)$ 满足一维定态薛定谔方程

$$\left[-\frac{\hbar^2}{2\mu}\frac{d^2}{dx^2}+U(x)\right]\psi(x)=E\psi(x) \tag{3-1}$$

下面将据波函数的标准条件及具体问题中的边界条件，对方程(3-1)求解.

分子束外延等薄膜生长新技术的进步促进了半导体低维材料的研究，相关应用研究成果日新月异，低维量子力学问题显得甚为重要，本章第 3.5 节对低维量子力学问题作了简介，限于篇幅，一些相关内容仅以习题及其解的形式介绍.

3.1 一维无限深势阱及金属中的自由粒子模型

一质量为 μ 的粒子在下述势场 $U(x)$ 中运动，

$$U(x)=0, \quad 0<x<a(\text{阱内})$$
$$U(x)=\infty, \quad x<0, \ x>a(\text{阱外})$$

此势场如图 3-1 所示，其形似阱，故称势阱. 阱外势为无限大，粒子不能在阱外运动，即在阱外波函数 $\psi(x)=0$，粒子被束缚在阱内. 这个"无限深"势阱可以近似描述金属中自由电子所处的势场. 众所周知，金属中的原子(离子)是规则排布的，其内的价电子就在这周期性排布结构中运动. 金属晶格上的离子所形成的势场 U 必随位置而周期性变化，仅在金属表面处其势能急剧增高，阻碍价电子脱出金属. 现考虑一简化模型，即认为价电子不受晶格上离子的作用，而能在金属内自由运动，故称自由电子. 在不计及电子相互碰撞并仅考虑一维的情况下，如取金属两

表面的位置为 0 及 a，在两表面处的势能甚高，电子极难脱出金属. 这样，即可认为金属中的自由电子是在上述无限深势阱中运动的. 金属自由电子模型虽很粗略，但在金属的导电性、导热性及顺磁性等问题的解释上仍很有效. 现按下述步骤讨论粒子在此势阱中的运动. 首先写出势阱内的定态薛定谔方程. 由于阱内的 $U(x)=0$，故定态薛定谔方程写为

$$-\frac{\hbar^2}{2\mu}\frac{d^2\psi}{dx^2}=E\psi \tag{3-2}$$

令 $k=\sqrt{2\mu E}/\hbar$，则常微分方程(3-2)的解可表示为

$$\psi=A\sin kx+B\cos kx \tag{3-3}$$

A、B 是待定常数. 再据波函数的标准条件及归一化条件，可求出通解(3-3)中的常数.

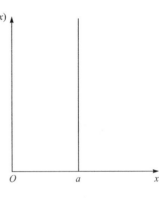

图 3-1　势场 $U(x)$

上面讲过，在阱外 $\psi(x)=0$. 由于波函数的连续性要求，故在势阱边界上的波函数也应为零，即 $\psi(x)=\psi(a)=0$. 再根据式(3-3)，可得

$$\psi(0)=B\cos 0=B=0 \tag{3-4}$$

$$\psi(a)=A\sin ka+B\cos ka=0 \tag{3-5}$$

联立以上两式，即得

$$B=0,\quad A\sin ka=0 \tag{3-6}$$

由于 ψ 在阱内不恒为零，故 $A\neq 0$，这样

$$\sin ka=0 \tag{3-7}$$

由式(3-7)即可知 k 须满足下式：

$$ka=n\pi,\quad n=1,2,3,\cdots\ (n=0\ 给出\ \psi\equiv 0，无意义，故舍去)$$

即得粒子的波函数为

$$\psi(x)=A\sin\left(\frac{n\pi}{a}x\right),\quad 0\leqslant x\leqslant a \tag{3-8}$$

$$\psi(x)=0,\quad x\leqslant 0,\quad x\geqslant a \tag{3-9}$$

由于 $k=\sqrt{2\mu E}/\hbar$，从式(3-7)可知，粒子能量 E 不能任意取值，只能取下述离散能值：

$$E=E_n=\frac{\pi^2\hbar^2}{2\mu a^2}n^2,\quad n=1,2,3,\cdots \tag{3-10}$$

这就是说，被束缚在势阱内运动的粒子其能量是量子化的. 这一结果是求解薛定谔方程而自然得出的，不像早期量子论是靠人为得出的假设.

式(3-8)中的常数 A 由归一化条件得出

$$\int_{-\infty}^{\infty} |\psi|^2 \, \mathrm{d}x = \int_0^a \left| A_n \sin \frac{n\pi}{a} x \right|^2 \mathrm{d}x = 1$$

可得 $|A_n|^2 = 2/a$，取

$$A_n = \sqrt{\frac{2}{a}}$$

则得归一化的波函数为

$$\psi_n(x) = \sqrt{\frac{2}{a}} \sin\left(\frac{n\pi}{a} x \right), \quad n = 1, 2, 3, \cdots \tag{3-11}$$

被束缚在势阱中运动的粒子的状态即由此式描述. 当 $n = 1$ 时，其状态波函数为 $\sqrt{\dfrac{2}{a}} \sin\left(\dfrac{\pi}{a} x \right)$，其相应的能量为 $E_1 = \pi^2 \hbar^2 / (2\mu a^2)$，为最小允许能量，此时的状态称为基态. $n = 2$ 时，其状态波函数为 $\sqrt{\dfrac{2}{a}} \sin\left(\dfrac{2\pi}{a} x \right)$，其相应能量为 $E_2 = 4\pi^2 \hbar^2 / (2\mu a^2)$，称为第一激发态. $n = k+1$ 时，其态为第 k 激发态，其能量 $E_{k+1} = (k+1)^2 \pi^2 \hbar^2 / (2\mu a^2)$.

这样，其含时的定态波函数 $\Psi_n = (x,t)$ 可表示为

$$\Psi_n(x,t) = \sqrt{\frac{2}{a}} \left(\sin \frac{n\pi}{a} x \right) \mathrm{e}^{-\frac{\mathrm{i}}{\hbar} E_n t} \tag{3-12}$$

由此即得，能量为 E_n 的粒子在阱内的概率密度为

$$|\psi_n|^2 = \psi_n^2 = \frac{2}{a} \sin^2\left(\frac{n\pi}{a} x \right) \tag{3-13}$$

应指出，在实际问题中不会有无限大势能，如金属表面上的势能虽甚大于内部势能，但仍是有限的(即 1.2 节中所述的逸出功)，故无限深势阱只能作为此类势场的近似描写. 下面我们就来讨论，其阱边的势能为有限值的所谓一维有限深方势阱问题.

3.2　一维有限深方势阱

取一维有限深方势阱为

$$U(x) = U_0, \quad |x| > a$$
$$U(x) = 0, \quad |x| < a$$

式中 U_0 为常量(图 3-2).

先写出各区间的定态薛定谔方程

$$\frac{\mathrm{d}^2\psi}{\mathrm{d}x^2} + \frac{2\mu E}{\hbar^2}\psi = 0, \quad |x| < a \quad (3\text{-}14)$$

$$\frac{\mathrm{d}^2\psi}{\mathrm{d}x^2} - \frac{2\mu}{\hbar^2}(U_0 - E)\psi = 0, \quad |x| > a \quad (3\text{-}15)$$

现讨论在 $E < U_0$ 情况下方程的解. 取

$$k^2 = \frac{2\mu E}{\hbar^2}, \quad k_1^2 = \frac{2\mu}{\hbar^2}(U_0 - E) \quad (3\text{-}16)$$

则式(3-14)的通解为 $\psi = B\cos kx + C\sin kx$，式
(3-15)的通解为 $\psi = Ae^{k_1 x} + De^{-k_1 x}$，当 $|x| \to \infty$
时，应有 $\psi \to 0$，故得

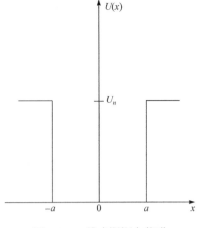

图 3-2 一维有限深方势阱

$$\psi = \begin{cases} Ae^{k_1 x}, & -\infty < x < -a \\ B\cos kx + C\sin kx, & |x| < a \\ De^{-k_1 x}, & a < x < +\infty \end{cases} \quad (3\text{-}17)$$

其中，A、B、C 及 D 待定.

在势阱边界 $x = \pm a$ 处，ψ 和 $\dfrac{\mathrm{d}\psi}{\mathrm{d}x}$ 应连续，即有

$$\begin{cases} B\cos ka - C\sin ka = Ae^{-k_1 a} \\ kB\sin ka - kC\cos ka = k_1 Ae^{-k_1 a} \\ B\cos ka + C\sin ka = De^{-k_1 a} \\ -kB\sin ka + kC\cos ka = -kDe^{-k_1 a} \end{cases} \quad (3\text{-}18)$$

这是关于 A、B、C、D 的齐次线性代数方程组，具有非零解的条件为系数行列式
为零，将行列式展开并经化简后可得下列条件：

$$k\tan ka = k_1 \quad (3\text{-}19)$$

$$k\cot ka = -k_1 \quad (3\text{-}20)$$

因 k 及 k_1 均含 E，故上两式就限定了 E 的取值，E 必须满足这两个超越方程中的
任意一个，而不能任意取值. 用数值计算法或图解法求解两方程可确定能量 E. 现
简述一下图解法确定 E 的问题.

为简便计，令 $\xi = ka, \eta = k_1 a$，即有

$$\xi^2 + \eta^2 = \frac{2\mu}{\hbar^2}U_0 a^2 \quad (3\text{-}21)$$

而式(3-19)、式(3-20)可改写为

$$\eta = \xi \tan\xi \qquad\qquad (3\text{-}19')$$

$$\eta = -\xi \cot\xi \qquad\qquad (3\text{-}20')$$

如图 3-3 所示，以 η 为纵坐标，ξ 为横坐标，因 η、ξ 均为正数，故上三式的曲线图形限于第一象限. 由式(3-21)的圆与式(3-19′)或式(3-20′)确定的曲线的交点即

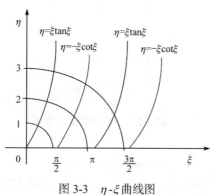

图 3-3　　η-ξ 曲线图

可确定出允许能值. 交点的数目就是允许能值的数目，此取决于圆半径大小，即取决于 U_0a^2 的大小. 当 $U_0a^2 < \pi^2\hbar^2/(8\mu)$ 时，有一个交点，有一个能值 E；当 $\pi^2\hbar^2/(8\mu)$ $< U_0a^2 < 4\pi^2\hbar^2/(8\mu)$ 时，有两个交点，有两个能值；当 $4\pi^2\hbar^2/(8\mu)$ $< U_0a^2 < 9\pi^2\hbar^2/(8\mu)$ 时有三个交点，共三个能值，可见其能值是离散的. 现在再来讨论波函数的情况. 当粒子的能量 E 满足式(3-20)时，由方程组

(3-18)可得 $D = Ce^{k_1a}\sin ka = -A$，$B = 0$，其相应的波函数为

$$\psi = \begin{cases} Ae^{k_1x}, & -\infty < x < -a \\ -Ae^{-k_1a}\csc ka\sin kx, & |x| < a \\ -Ae^{-k_1x}, & a < x < +\infty \end{cases} \qquad (3\text{-}22)$$

当粒子的能量 E 满足式(3-19)时，由方程组(3-18)可得 $D = Be^{k_1a}\cos ka = A$，$C = 0$，其相应的波函数为

$$\psi = \begin{cases} Ae^{ik_1x}, & -\infty < x < -a \\ Ae^{-k_1a}\sec ka\cos kx, & |x| < a \\ Ae^{-k_1x}, & a < x < +\infty \end{cases} \qquad (3\text{-}23)$$

式(3-22)和式(3-23)中的 A 由归一化条件确定. 从式(3-22)及式(3-23)可看出，当 x 换为 $-x$ 时，式(3-22)的 ψ 要变为 $-\psi$（即 $\psi(-x) = -\psi(x)$），将之称为奇宇称波函数；而当 x 换为 $-x$ 时，式(3-23)的 ψ 不变（即 $\psi(-x) = \psi(x)$），将之称为偶宇称波函数.

上述讨论均基于 $E < U_0$ 的情况，现对 $E > U_0$ 的情况进行讨论. 因 $E > U_0$，故令 $k_2 = 2\mu \cdot (E - U_0)/\hbar^2 > 0$，则定态薛定谔方程的通解为

$$\psi = \begin{cases} Ae^{ik_2x} + A'e^{-ik_2x}, & -\infty < x < -a \\ Be^{ikx} + B'e^{-ikx}, & |x| < a \\ Ce^{ik_2x} + C'e^{-ik_2x}, & a < x < +\infty \end{cases} \tag{3-24}$$

如无另外附加假定, 式(3-24)中包含六个待定常数. 而由 ψ 和 $\dfrac{\mathrm{d}\psi}{\mathrm{d}x}$ 在 $x=\pm a$ 处的连续条件及一个归一化条件这五个条件无法完全确定这六个待定常数, 这样式中之 k, k_1 及 k_2 就不受任何限制, E 就可取大于 U_0 的任何值, 它们构成连续谱. 在讨论 $E < U_0$ 的情况时知, 粒子在 $E < U_0$ 的情况下能量只能取一些离散值, 其波函数在 $x \to \pm\infty$ 时很快地趋于零; 粒子始终在势场作用范围内运动, 将粒子的这种运动状态称为束缚态. 而在 $E > U_0$ 时粒子的能量可以连续取值, 由式(3-24)可看出其波函数虽然是有界的, 但在 $x \to \pm\infty$ 时, ψ 不趋于零, 称此状态为非束缚态.

3.3　势垒贯穿及金属电子的冷发射

如一维势场可表示为

$$U(x) = U_0, \quad 0 < x < a$$
$$U(x) = 0, \quad x < 0, \ x > a$$

称此势为方形势垒(图 3-4). 今有能量为 E 的粒子由势垒左方($x < 0$)射向势垒. 按经典力学的观点, 只有能量 $E > U_0$ 的粒子才能越过势垒而运动到 $x > a$ 的区域; 若为 $E < U_0$ 的粒子, 则不能进入势垒, 必在势垒左边缘处($x = 0$)被弹回. 但在量子力学中, 情况却大不一样. $E < U_0$ 的粒子可能穿过势垒而进入 $x > a$ 的区域; $E > U_0$ 的粒子也会在 $x = 0$ 处被势垒弹回去. 下面我们主要讨论 $E < U_0$ 的情况, 至于 $E > U_0$ 的情况, 从方法上讲与之类似, 因此我们略做简单提及. 为了

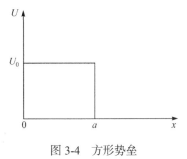

图 3-4　方形势垒

方便计算, 将一维空间分为三区域, $x < 0$ 为 Ⅰ 区, $0 < x < a$ 为 Ⅱ 区, $x > a$ 为 Ⅲ 区. 先讨论 $E < U_0$ 的情况.

　　Ⅰ 区的定态薛定谔方程

$$-\frac{\hbar^2}{2\mu}\frac{\mathrm{d}^2\psi}{\mathrm{d}x^2} = E\psi$$

令 $k_1^2 = 2\mu E / \hbar^2$, 上述方程表述为

$$\frac{\mathrm{d}^2 \psi}{\mathrm{d}x^2} + k_1^2 \psi = 0 \tag{3-25}$$

式(3-25)的通解 $\psi_{\mathrm{I}} = A\mathrm{e}^{\mathrm{i}k_1 x} + R\mathrm{e}^{-\mathrm{i}k_1 x}$，乘上时间因子后即得 I 区之定态波函数为

$A\mathrm{e}^{-\mathrm{i}\left(\frac{E}{\hbar}t - k_1 x\right)} + R\mathrm{e}^{-\mathrm{i}\left(\frac{E}{\hbar}t + k_1 x\right)}$，其第一项表示从左向右传播的波(入射波)，而第二项表从右向左传播的波(在 I 区即为反射波).

II区(势垒内)的定态薛定谔方程

$$-\frac{\hbar^2}{2\mu} \cdot \frac{\mathrm{d}^2 \psi}{\mathrm{d}x^2} + U_0 \psi = E\psi$$

令 $k_2^2 = 2\mu(U_0 - E)/\hbar^2$，上式可写为

$$\frac{\mathrm{d}^2 \psi}{\mathrm{d}x^2} - k_2^2 \psi = 0 \tag{3-26}$$

其通解为 $\psi_{\mathrm{II}} = B\mathrm{e}^{k_2 x} + C\mathrm{e}^{-k_2 x}$，$k$ 为实数.

III区的定态薛定谔方程与 I 区相同，为

$$\frac{\mathrm{d}^2 \psi}{\mathrm{d}x^2} + k_1^2 \psi = 0 \tag{3-25'}$$

其通解表为 $\psi_{\mathrm{III}} = A'\mathrm{e}^{-\mathrm{i}k_1 x} + T\mathrm{e}^{\mathrm{i}k_1 x}$，乘上时间因子 $\mathrm{e}^{-\mathrm{i}Et/\hbar}$ 后，其第一项表示在III区内从右射向势垒的波. 而现在只研究在 I 区从左到右射向势垒的粒子，而不考虑III区从右射向势垒的粒子，故 $A'=0$，即不考虑此入射波. 其第二项表示从左向右传播的波，在III区此为透射波. 这样，令 $\psi_{\mathrm{III}} = T\mathrm{e}^{\mathrm{i}k_1 x}$. 现据 $\psi(x)$ 及其对 x 的一阶导数 $\psi'(x)$ 在势垒边界处的连续条件，来求出透射系数 T.

在 $x=0$ 处，由 $\psi_{\mathrm{I}}(0) = \psi_{\mathrm{II}}(0)$，$\psi_{\mathrm{I}}'(0) = \psi_{\mathrm{II}}'(0)$ 即得

$$A + R = B + C \tag{3-27}$$

$$\mathrm{i}k_1(A - R) = k_2(B - C) \tag{3-28}$$

在 $x=a$ 处，由于 $\psi_{\mathrm{II}}(a) = \psi_{\mathrm{III}}(a)$，$\psi_{\mathrm{II}}'(a) = \psi_{\mathrm{III}}'(a)$，即得

$$T\mathrm{e}^{-\mathrm{i}k_1 a} = B\mathrm{e}^{-k_2 a} + C\mathrm{e}^{-k_2 a} \tag{3-29}$$

$$\mathrm{i}k_1 T\mathrm{e}^{\mathrm{i}k_1 a} = k_2(B\mathrm{e}^{k_2 a} - C\mathrm{e}^{-k_2 a}) \tag{3-30}$$

解上述式(3-27)~式(3-30)这四个方程可得

$$T = \frac{4\mathrm{i}k_1 k_2 \mathrm{e}^{\mathrm{i}k_1 a} A}{(k_2 + \mathrm{i}k_1)^2 \mathrm{e}^{-k_2 a} - (k_2 - \mathrm{i}k_1)^2 \mathrm{e}^{k_2 a}} \tag{3-31}$$

由第 2 章给出的概率流密度公式 $j_x = -\frac{\mathrm{i}\hbar}{2\mu}(\psi^* \psi' - \psi \psi^{*'})$，极易算出入射波及透射

波的概率流密度为

$$j_\lambda = \frac{k_1 \hbar}{\mu}|A|^2, \quad j_{透} = \frac{k_1 \hbar}{\mu}|T|^2$$

定义透射系数为 $D = j_\lambda / j_{透}$，由式(3-31)得

$$D = \frac{16k_1^2 k_2^2}{(k_1^2 + k_2^2)^2 (e^{k_2 a} - e^{-k_2 a})^2 + 16k_1^2 k_2^2} \tag{3-32}$$

由式(3-32)可知 $D>0$，此即说明在粒子能量 $E < U_0$ 的情况下，粒子也能穿透势垒，此现象称为隧道效应，它是由粒子的波动性引起的. 即使在势垒较高、较宽时，D 仍不会为零. 此时 $k_2 a \gg 1$，$E \ll U_0$，则 $e^{k_2 a} \gg e^{-k_2 a}$，即有

$$D = \frac{16k_1^2 k_2^2 e^{-2k_2 a}}{(k_1^2 + k_2^2)^2} = D_0 e^{-\frac{2}{\hbar}\sqrt{2\mu(U_0 - E)a}} \tag{3-33}$$

式中 $D_0 = \dfrac{16k_1^2 k_2^2}{(k_1^2 + k_2^2)^2}$. 此式说明在 $k_2 a \gg 1$ 的情况下，仍有穿透势垒的可能性. 对于任意形状的势垒(即势为 $U(x)$)，我们可将式(3-33)加以推广，得

$$D = D_0 e^{-\frac{2}{\hbar}\int_{x_1}^{x_2}\sqrt{2\mu[U(x)-E]}\mathrm{d}x} \tag{3-34}$$

此式表示能量为 E 的粒子由 x_1 处入射在 x_2 处离开势垒的透射系数.

隧道效应在固体物理、核物理、天体物理及超导体等诸多方面均有重要应用. 现仅用它对金属电子冷发射的问题进行一下讨论. 冷发射不是靠提高金属温度来使电子获得较高能量而脱离金属(通过提高温度而发射电子称为热电子发射)的；冷发射是在金属上加一电场，在此电场的作用下使电子脱离金属而形成电流. 现假设引入一个指向金属表面的电场 ε，因此电子的总势能 $U(x) = U_0 - e_0 \varepsilon x$，$U_0$ 由金属脱出功决定. 现可根据式(3-34)，算出能量为 E 的电子克服此势垒而脱出金属的透射系数 D，而冷发射电流 I，显然应正比于 D，而 D 为

$$D = D_0 e^{-\frac{2}{\hbar}\int_{x_1}^{x_2}\sqrt{2\mu[U(x)-E]}\mathrm{d}x} \tag{3-35}$$

选取坐标原点 x_1，即 $x_1 = 0$；而 x_2 由 $E = U_0 - e_0 \varepsilon x_2$ 定出，即 $x_2 = (U_0 - E)/(e_0 \varepsilon)$，$e_0$ 为电子电量. 将这些量代入式(3-35)，即得透射系数 D

$$D = D_0 e^{-\frac{4\sqrt{2\mu}(U_0 - E)^{3/2}}{3} \cdot \frac{1}{e_0 \hbar \varepsilon}} = D e^{-\frac{\varepsilon_0}{\varepsilon}} \tag{3-36}$$

ε_0 为与脱出功有关的一个恒量. 由上式可得冷发射电流 $I \propto e^{-\frac{\varepsilon_0}{\varepsilon}}$，此为实验所证实.

现对 $E > U_0$ 的情况再略加说明. 此时上述的 k_2 为虚数，如令 $k_3 = $

$\sqrt{2\mu(E-U_0)}/\hbar$，则 $k_2 = ik_3$．这样，前面的方程及解法仍成立，只需将 k_2 换为 ik_3，即可得 I 区域 ψ_1 的 R，并进而算得

$$|R|^2 = \frac{(k_1^2 - k_3^2)^2 A^2 \sin k_3 a}{(k_1^2 - k_2^2)^2 \sin^2 k_3 a + 4k_1^2 k_3^2} \neq 0 \tag{3-37}$$

说明此时粒子并非一定越过势垒而进入 III 区，它们有被势垒壁反射回去的可能性．

3.4　一维谐振子

如质量为 μ 的粒子，处于 $U(x) = \dfrac{1}{2}\mu\omega^2 x^2$ 的势场中做一维运动，就称它为一维谐振子，其 ω 为振子的固有频率．许多在某一平衡位置附近做往复运动的实际体系，均可近似地看作谐振子．因此谐振子问题，在分子振动、晶格振动和辐射场振动等诸多方面的研究上都极为重要．下面我们用薛定谔方程来处理这一问题．

首先写出一维谐振子的定态薛定谔方程

$$\left(-\frac{\hbar^2}{2\mu}\frac{d^2}{dx^2} + \frac{1}{2}\mu\omega^2 x^2 \right)\psi = E\psi \tag{3-38}$$

为方便起见，引入变量 ξ 及参数 λ

$$\xi = \alpha x, \quad \alpha = \sqrt{\mu\omega/\hbar}, \quad \lambda = \frac{2E}{\hbar\omega} \tag{3-39}$$

这样，方程(3-38)可表示为

$$\frac{d^2}{d\xi^2}\psi(\xi) + (\lambda - \xi^2)\psi(\xi) = 0 \tag{3-40}$$

这是一个变系数二阶常微分方程．当 ξ 很大时，$\lambda \ll \xi^2$ 可从式(3-40)中略去，即在 $\xi \to \pm\infty$ 时，有

$$\frac{d^2}{d\xi^2}\psi - \xi^2\psi = 0 \tag{3-41}$$

不难看出 $e^{\pm\frac{1}{2}\xi^2}$ 是方程(3-41)的渐近解．但由于 $|\xi| \to \infty$ 时 $e^{+\frac{1}{2}\xi^2} \to \infty$，根据波函数的标准条件，此解必须舍去，而只能取 $e^{-\frac{1}{2}\xi^2}$ 的形式．如我们将 $\psi = e^{-\frac{1}{2}\xi^2}$ 作为方程(3-40)的一个特解，将之代入式(3-40)，即有

$$\frac{d^2}{d\xi^2}e^{-\frac{\xi^2}{2}} + (\lambda - \xi^2)e^{-\frac{\xi^2}{2}} = -(1-\xi^2)e^{-\frac{\xi^2}{2}} + (\lambda - \xi^2)e^{-\frac{\xi^2}{2}} \equiv 0$$

此为一恒等式，故 $\lambda = 1$. 这就是说，当 ψ 取 $\mathrm{e}^{-\frac{1}{2}\xi^2}$ 时，据式(3-39)，其相应的能量应为

$$E = \frac{1}{2}\lambda\hbar\omega = \frac{1}{2}\hbar\omega \tag{3-42}$$

将此特解写为 $\psi_0 = \mathrm{e}^{-\xi^2/2}$，代入式(3-40)得一恒等式，对之取 ξ 的导数，即得

$$\left[\psi_0''\right]' + \left[(1-\xi^2)\psi_0\right]' \equiv 0$$

注意到 $\psi_0' = -\xi\mathrm{e}^{-\xi^2/2} = -\xi\psi_0$，上式即可表示为

$$\frac{\mathrm{d}^2}{\mathrm{d}\xi^2}\psi_0' + (3-\xi^2)\psi_0' \equiv 0 \tag{3-43}$$

此式表明，当 $\lambda = 3$ 时，$\psi_0' = -\xi\mathrm{e}^{-\xi^2/2}$ 仍是式(3-40)的一个解，将之表示为 ψ_1，其相应的能量为

$$E = \frac{3}{2}\hbar\omega = \left(1 + \frac{1}{2}\right)\hbar\omega$$

沿用上述方法，即可得到当 $\lambda = 5$(即 $E = (2+1/2)\hbar\omega$)时，方程(3-40)的一个解 ψ_2

$$\psi_2 = (2\psi_0'' + \psi_0) = (2\xi^2 - 1)\mathrm{e}^{-\frac{1}{2}\xi^2} \tag{3-44}$$

用此法继续做下去，还能得到另外的一些解. 不过从上述讨论，我们大致可看出，谐振子能量只能取如下离散值：

$$E_n = \left(n + \frac{1}{2}\right)\hbar\omega, \quad n = 0,1,2,\cdots \tag{3-45}$$

其相应的波函数应为

$$\psi_n = (\xi\text{的}n\text{次多项式}) \times \mathrm{e}^{-\frac{\xi^2}{2}} \tag{3-46}$$

式中所述 ξ 的 n 次多项式被称为厄米多项式 $\mathrm{H}_n(\xi)$. 上述方法是较粗略的，且用此法很难得到较高级次的厄米多项式(如 $\mathrm{H}_4(\xi)$、$\mathrm{H}_5(\xi)$)的具体形式，在附录 I 中用了更严密的方法). 求出了 $\mathrm{H}_n(\xi)$，可进而求得谐振子的归一化波函数，其具体形式为

$$\psi_n(x) = N_n\mathrm{e}^{-\frac{1}{2}\alpha^2 x^2}\mathrm{H}_n(x), \quad n = 0,1,2,\cdots \tag{3-47}$$

式中 $\alpha = \sqrt{\mu\omega/\hbar}$，$N_n$ 为归一化因子，$\mathrm{H}_n(\alpha x)$ 为厄米多项式，其具体形式为

$$N_n = \left[\frac{\alpha}{2^n n! \sqrt{\pi}} \right]^{1/2}$$

$$H_n(\alpha x) = (-1)^n e^{\alpha^2 x^2} \frac{d^n}{d(\alpha x)^n} (e^{-\alpha^2 x^2})$$

在 ψ_n 状态下谐振子的能量为式(3-45)所示的 E_n.

由上述内容，我们可以得出如下几点：

(1) 谐振子的能量是量子化的，这是求解其薛定谔方程而自然得出的，不像早期量子论那样纯属人为的假定. 并且，两相邻能级间的间隔均为 $\hbar \omega$，即谐振子能级是均匀分布的.

(2) 不同的状态有不同的能量，即不同的波函数对应着不同的能量. 当 $n=0$ 时，其波函数为 ψ_0——基态，相应的能量 E_0 为 $\frac{1}{2}\hbar\omega$；$n=1$ 时，为 ψ_1——第一激发态，相应的能量 $E_1 = \frac{3}{2}\hbar\omega, \cdots$.

(3) 特别要指出的是，谐振子的最低能量为 $\frac{1}{2}\hbar\omega$，称为零点能，它是量子力学所特有的而为早期量子论中所没有的，是微观粒子波粒二象性的表现. 它说明能量为零，绝对静止的粒子是不存在的. 关于此问题我们在第 5 章中还将讨论.

3.5　低维量子力学问题简介——量子阱、量子线、量子点

近年来，低维量子力学问题的研究很热门，其中一个重要的原因就是量子阱(亦称为量子薄膜或者量子平板)、量子线和量子点等相关材料的制备和应用均有迅速的发展. 且由于低维凝聚态物理和低维量子场论的进展，对低维量子力学方面的理论研究意义也日显重要. 由于篇幅有限，本书简要介绍关于量子阱、量子线及量子点的量子力学方面的内容.

一、量子阱

当粒子只受一个方向量子限制作用时，即可将此限制视为一维量子阱，有的视此结构为"量子平板"(quantum slab). 在一个方向上的限制作用有多种，限于篇幅，只讲一种量子限制作用为 z 方向无限深势阱限制. 表述：如 3.2 节所述，z 方向为无限深势阱，势能表示为

$$V(z) = \begin{cases} 0, & 0 < z < a \\ \infty, & z < 0, \quad z > a \end{cases}$$

在 x、y 方向粒子为自由运动状态,设粒子质量为 m,由第 3 章的内容,不难得出薛定谔方程及其解,因此三维定态薛定谔方程表述为

$$\left[\frac{-\hbar^2}{2m}\nabla^2+V(z)\right]\psi(x,y,z)=E\psi \tag{3-48}$$

其解为

$$\psi=\frac{\mathrm{e}^{\mathrm{i}2\pi(n_x+n_y)/L}}{L}\times\begin{cases}\sqrt{\dfrac{2}{a}}\sin\dfrac{n\pi z}{a}, & 0<z<a \\ 0, & z<0,\quad z>a\end{cases} \tag{3-49}$$

$$E_{x,y,z}=\frac{-4\hbar^2\pi^2}{2mL^2}\left(n_x^2+n_y^2\right)+\frac{\hbar^2}{2m}\left(\frac{2\pi}{a}\right)^2 \tag{3-50}$$

式中,L 为 x 和 y 方向的边长,对二维平面薄膜晶格的电子而言,当系统的温度很低时,kT 比一维无限深势阱的第一激发态和基态的能级间距小得多,粒子在 z 轴方向的运动被冻结在基态. x、y 方向的自由运动平面波波函数按周期性边界条件归一化,其波数 k_x 和 k_y 为

$$k_x=\frac{2n_x\pi}{L},\quad k_y=\frac{2n_y\pi}{L},\quad n_x,n_y=0,\pm1,\pm2,\cdots \tag{3-51}$$

先讨论出 x,y 平面电子运动的有效态密度,即单位面积、单位能量间隔的状态数

$$\rho=\frac{n}{L^2dE} \tag{3-52}$$

则半径为 $k=\sqrt{k_x^2+k_y^2}$ 到 $k+\mathrm{d}k$ 环域内的状态数为

$$n=\frac{2\pi k\mathrm{d}k}{\left(2\pi/L\right)^2}=\frac{L^2k\mathrm{d}k}{2\pi}$$

若二维 k 空间被划分为面积为 $(2\pi/L)^2$ 的小方格,则不难得出平均一个状态所占有的面积为 $(2\pi/L)^2$,令在此系统中运动的电子的有效质量为 m^*,则有

$$\mathrm{d}E=\frac{\hbar^2}{2m^*}2k\mathrm{d}k \tag{3-53}$$

故由式(3-52),得

$$\rho=\frac{L^2k\mathrm{d}k}{2\pi L^2\dfrac{\hbar^2}{2m^*}2k\mathrm{d}k}=\frac{m^*}{2\pi\hbar^2} \tag{3-54}$$

考虑到电子的自旋态,故计算出的态密度结果要乘以 2. 考虑到 z 方向的能谱是离散的,故在二维平面上运动电子的态密度即可表示为

$$\rho_{2\mathrm{D}}(E) = \sum_n \frac{m^*}{\pi\hbar^2} H\left(E - E_2^n\right) \tag{3-55}$$

其中 $E_2^n = \dfrac{\hbar^2}{2m^*}\left(\dfrac{n\pi}{a}\right)$, H 函数定义为

$$H\left(E - E_2^n\right) = \begin{cases} 1, & E - E_2^n \geqslant 0 \\ 0, & E - E_2^n \leqslant 0 \end{cases} \tag{3-56}$$

还有一些 z 方向势阱的其他形式的量子势阱, 可以参见本章相关习题及题解.

现在, 简要介绍一下, 石墨烯性质与量子力学的关系. 石墨烯指的是一层六角形呈蜂窝状的平面薄膜(图 3-5), 其厚度等于一个碳原子厚的碳原子薄膜, 固而是二维的. 导电电子穿过很远的距离不会轻易散开, 石墨烯电子运动的速度很快,

电子间是相互作用的, 此类相互作用的粒子, 可认为是准粒子, 接近光速. 用石墨烯可解释狄拉克震颤, 从这一点到另一点不是直线轨迹, 过程中产生原粒子(即正电子), 反、正粒子相互作用产生震颤, 量子隧道效应(3-35)内正、反粒子相互作用即是狄拉克震颤, 从一点到另一点不是直线而是震颤, 正反粒子相互作用产生波动, 即狄拉克震颤.

图 3-5　石墨烯

二、量子线

若粒子(电子)在 x、y 两方向均受到量子限制, 且设(因量子尺寸效应)此两方向的能级间隔远大于粒子热运动的能量 kT, 故热运动不能激发系统到高能级, 进而产生自发辐射, 即可冻结粒子在 x-y 平面的运动; 于是粒子只能做 z 方向的一维运动, 此即为量子线模型. 若粒子在 z 方向的运动是自由的, 设 x、y 方向限制势垒为 $V(x, y)$, 则电子的定态波函数和能量为

$$\begin{cases} \psi_{m,n,k}(x,y,z) = \Phi_{m,n}(x,y)\dfrac{1}{(2\pi)^{1/2}}\mathrm{e}^{\mathrm{i}kz} \\ E_{m,n,k} = E_{m,n} + E_k, \quad E_k = \dfrac{\hbar^2 k^2}{2m_{\mathrm{e}}} \end{cases} \tag{3-57}$$

$\Phi_{m,n}$ 满足下列方程:

$$\left[\frac{-\hbar^2}{2m}\left(\frac{\partial^2}{\partial x^2} + \frac{\partial^2}{\partial y^2}\right) + V(x,y)\right]\Phi_{m,n} = E_{m,n}\Phi_{m,n}(x,y) \tag{3-58}$$

若 $V(x,y)$ 是一个二维无限深势阱，则

$$
\begin{cases}
\Phi_{m,n} = \begin{cases} \left(\dfrac{4}{ab}\right)^{1/2} \sin\dfrac{m\pi}{a} \sin\dfrac{n\pi}{b}, & \text{势阱内} \\ 0, & \text{势阱外} \end{cases} \\
E_{m,n} = \dfrac{\pi^2\hbar^2}{2m_e}\left(\dfrac{m^2}{a^2} + \dfrac{n^2}{b^2}\right), \qquad m,n\text{为正整数}, m_e\text{为粒子质量}
\end{cases}
\tag{3-59}
$$

其中 $E_{1,1}$ 为基态能量.

量子线材料具有平移对称性，粒子沿量子线运动时，能级将展宽成能带，质量分别由三个方向的有效质量 (m_x^*, m_y^*, m_z^*) 表述，即有

$$
E_{m,n}(k) = \frac{m^2\pi^2\hbar^2}{2m_x^*a^2} + \frac{n^2\pi^2\hbar^2}{2m_y^*b^2} + \frac{\hbar^2k^2}{2m_z^*}
\tag{3-60}
$$

由上式及式(3-59)知，在波矢 $k=0$ 时，一个能量值对应一个状态(不计电子自旋)，在长度为 L 的量子线中，宏观长度 $L\gg\lambda$ (λ 为电子的德布罗意波长)，其波函数 $\varphi(z)=\dfrac{1}{(2\pi)^{1/2}}\mathrm{e}^{\mathrm{i}kz}$ 在取边界条件 $\varphi(z)=\varphi(z+L)$ 时，即有 $k=m'\dfrac{2\pi}{L}$，$m'=0,\pm 1,\pm 2,\cdots$.

由 $\varphi(z)=\dfrac{1}{(2\pi)^{1/2}}\mathrm{e}^{\mathrm{i}kz}$ 知，一个 k 值对应一个状态，由此可知能量 E 附近单位能量间隔的状态数为态密度 $g(E)$. 由上面的描述可知，$g(E)$ 可以表示为

$$
g(E) = \frac{\Delta k \Big/ \dfrac{2\pi}{L}}{\Delta E}
\tag{3-61}
$$

由于 $E=E_{m,n}+\dfrac{\hbar^2}{2m_z^*}k^2$ (参见式(3-57)和式(3-60))，则有

$$
k = \sqrt{\frac{2m_z^*}{\hbar^2}(E-E_{m,n})}
$$

由此不难得到

$$
g(E) = \frac{L}{2\pi}\frac{\Delta k}{\Delta E} = \frac{L}{2\pi}\sqrt{\frac{m_z^*}{2\hbar^2}}(E-E_{m,n})^{-\frac{1}{2}}
\tag{3-62}
$$

理论上和实际应用上，还研究了一些不同截面的量子线，特别应指出，1991 年发现的碳纳米管，引起了物理学家和材料学家的关注，人们对它进行了详尽的研究，认为碳纳米管可视为一维量子线，而 1985 年 Harod Kroto 等提出 60 个碳原子组成的正五边形和正六边形叮交替拼接成一个类似于足球的形状结

构，此结构为不同于碳纳米管、石墨、金刚石的第三种同素异构体，被称为富勒烯(fullerene)，科学界认为是零维结构(图 3-6)，下面将详细地叙述被称为量子点的零维结构.

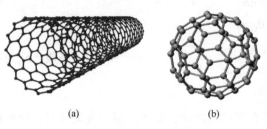

(a)　　　　　　　　　　　(b)

图 3-6　碳纳米管(a)和富勒烯(b)

三、量子点

20 世纪后期，发展起来的名为介观物理的一种新学科的最简单的模型即为所谓的量子点，其主要特征是，粒子(如电子)在三个方向上(x, y, z)的运动受限制，电子被囚禁在一个很小的空间内，电子只能占据类似于原子的离散能级的状态，具有零维特征，常被称为人造原子. 现在人们有较多的方法生成量子点，如图 3-7 所示采用离子束溅射的方法在 Si 衬底上生长的 Ge 量子点.

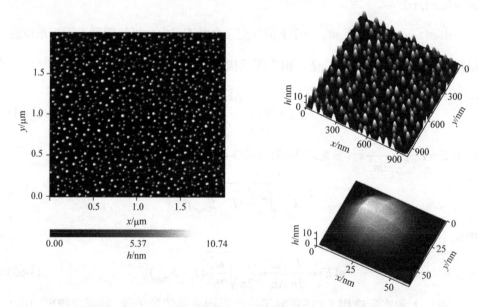

图 3-7　采用离子束溅射方法在 Si 衬底上生长的 Ge 的量子点

就半导体量子点而论，其大小多在几个纳米~10^3 nm，其中自由电子可以有一个至数万个，这些自由电子的德布罗意波长可与量子点的尺寸相近. 量子点有几个量子特性，简述如下：

1. 离散的量子能级

孤立量子点中的自由电子，如忽略量子点中电子间的相互作用以及系统的自旋效应，则其相关单粒子的波函数所满足的薛定谔方程为

$$\left[-\frac{\hbar^2 \nabla^2}{2m} + V(r)\right]\varphi_a(r) = \varepsilon_a \varphi_a(r) \tag{3-63}$$

下面将针对两个简单的势 $V(r)$ 求解上式.

(1) 刚性边界条件

$$V(x,y) = \begin{cases} 0, & 0 < x < L, \qquad 0 < y < L \\ \infty, & 其他 \end{cases}$$

相应的薛定谔方程为

$$-\frac{\hbar^2}{2m}\left(\frac{\partial^2}{\partial x^2} + \frac{\partial^2}{\partial y^2}\right)\varphi_{x,y}(x,y) = E_{n_x,n_y}\varphi_{n_x,n_y}(x,y) \tag{3-64}$$

求解上式得到系统的本征能量

$$E_{n_x,n_y} = \frac{\hbar^2}{2m}\left[\left(\frac{n_x\pi}{L}\right)^2 + \left(\frac{n_y\pi}{L}\right)^2\right]$$

相应的本征态为

$$\varphi_{n_x,n_y}(x,y) = \psi_{n_x}(x)\psi_{n_y}(y)$$
$$= \begin{cases} \sqrt{\dfrac{2}{L}}\sin\left(\dfrac{n_x\pi}{L}x\right)\sqrt{\dfrac{2}{L}}\sin\left(\dfrac{n_y\pi}{L}y\right), & 0 < x < L, \quad 0 < x < L \\ 0, & 其他 \end{cases}$$

此处 n_x 和 n_y 分别取值 $1, 2, 3, \cdots$.

(2) 在谐振子限制的情况下，系统的哈密顿量为 $\hat{H} = \dfrac{\hbar^2}{2m}\left(\dfrac{\partial^2}{\partial x^2} + \dfrac{\partial^2}{\partial y^2}\right) + \dfrac{\mu\omega^2}{2}(x^2 + y^2)$，相应的薛定谔方程的解可以参见 3.4 节一维谐振子薛定谔方程的解，可以得到

$$E_{n_x,n_y} = E_{n_x} + E_{n_y} = \left(n_x + \frac{1}{2}\right)\hbar\omega + \left(n_y + \frac{1}{2}\right)\hbar\omega \tag{3-65}$$

相应的本征态为

$$\varphi_{n_x, n_y}(x, y) = \left[N_{n_x} e^{-\frac{1}{2}\alpha^2 x^2} H_{n_x}(\alpha x) \right]\left[N_{n_y} e^{-\frac{1}{2}\alpha^2 y^2} H_{n_y}(\alpha y) \right] \tag{3-66}$$

此处 $\alpha = \sqrt{\dfrac{\mu\omega}{\hbar}}$; $n_x, n_y = 1, 2, 3, \cdots$

$$N_n = \sqrt{\frac{\alpha}{\sqrt{\pi}2^n n!}}, \quad H_n = \sqrt{\frac{\alpha}{\sqrt{\pi}2^\alpha n!}}$$

$H_n(\xi)$ 为厄米多项式. 因此, 不难看出量子点的能级是量子化的.

2. Fock-Darwin 能级

量子点因为形状不同而表现出不同的能级特征, 如所谓扁平量子点, 其结构特点是先在 z 方向上将电子限制在一个非常窄的量子阱中, 再给电子一个横向限制势 $V(x, y)$, 用此法制作的量子点的横向尺寸远大于其厚度, 即可将电子视为在抛物形的二维势 $V(r) = V_0 + \dfrac{1}{2}m^*\omega_0 r^2$ 中运动. 此处 $r(x, y)$ 代表位置矢量, m^* 代表有效质量, ω_0 是由静电场决定的特征频率. 其在电磁场的作用下, 所得能级仍是离散的, 称为 Fock-Darwin 能级. 相应的薛定谔方程及其解简述如下, 此量子点在垂直于盘面的外磁场的作用下, 其哈密顿量为

$$H = \frac{1}{2m^*}(\boldsymbol{p} - e\boldsymbol{A})^2 + \frac{1}{2}m^*\omega_0 r^2 = \frac{\boldsymbol{p}^2}{2m^*} + \frac{1}{2}m^*\left(\omega_0^2 + \frac{1}{2}\omega_c^2\right)r^2 - \frac{1}{2}\omega_c l_2 \tag{3-67}$$

此处 $\boldsymbol{p}$ 为动量, $l_2 = xp_y - yp_x$, $\boldsymbol{A}$ 为磁场 B 的矢势, $\omega_c = \dfrac{eB}{m^*}$ 是回转频率(见第 4 章 4.3 节). 现取对称规范 $\boldsymbol{A} = (By - Bx, 0)/2$, 并取复坐标变量 $z = x + iy, z^* = x - iy$, 复坐标微商 $\partial_z = \dfrac{1}{2}(\partial x - i\partial y)$, $\partial_z^* = \dfrac{1}{2}(\partial x + i\partial y)$, 定义有效长度为

$$l_0 = \frac{l_B}{\left(1 + 4\omega_0^2/\omega_c^2\right)^{\frac{1}{2}}}, \quad l_B = \left(\frac{\hbar}{eB}\right)^{\frac{1}{2}}$$

则式(3-66)可以分解为两个独立的谐振子部分之和的形式, 其特征频率为

$$\omega_\pm = \left(\omega_0^2 + \frac{1}{4}\omega_c^2\right)^{\frac{1}{2}} \pm \frac{1}{2}\omega_c \tag{3-68}$$

相应的本征函数和相应的能级分别为

$$\psi_{n_+}\psi_{n_-}(z, z^*) = \frac{1}{\sqrt{2\pi}}\exp\left(\frac{zz^*}{4l_0}\right)\left[\frac{(\partial_z)^{n_+}(\partial_z^*)^{n_-}}{(n_+!n_-!)^{\frac{1}{2}}}\right]\exp\left(-\frac{zz^*}{\partial l_0^2}\right) \tag{3-69}$$

$$E(n_+, n_-) = \hbar\omega_+\left(n_+ + \frac{1}{2}\right) + \hbar\omega_-\left(n_- + \frac{1}{2}\right) \tag{3-70}$$

此即 Fock-Darwin 态及 Fock-Darwin 能级.

3. 库仑阻塞效应及近藤效应概述

量子点具有一些重要的特性, 如库仑阻塞效应及近藤效应等, 但有些内容涉及第 6 章电子自旋的知识.

1) 库仑阻塞效应

电子在通过量子点的输运过程中有一个特性, 即一个大的静电能可以阻止量子点纳米结构增加或者移走一个电子, 这一典型的实验结果就是库仑阻塞效应.

该实验结构简图如图 3-8 所示, 量子点 Q 与相邻的源极 S 和漏极 D 由引线通过势垒层进行弱连接, 而量子点上的电子数由栅极 g 控制, 用此结构进行实验观察, 发现量子点的电导(I_{SD}/V_{SD})随栅极电压 V_g 的变化呈现出一系列近似周期的尖锐的共振峰. 此即库仑阻塞振荡, 每个峰表明库仑阻塞引起量子点中增减一个电子, 并可以计算出振荡周期为

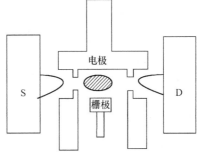

图 3-8　库仑阻塞效应实验结构简图

$$\Delta V_g = \frac{C}{e_0 C_g}\left(\Delta E + \frac{e_0^2}{C}\right) \tag{3-71}$$

式中, C 为系统的总电容, C_g 为栅极电容, 而 $\Delta E + \frac{e_0^2}{C}$ 可以表示为

$$\mu_{\text{dot}}(N+1) - \mu_{\text{dot}}(N) = \Delta E + \frac{e_0^2}{C} \tag{3-72}$$

量子点的化学势 $\mu_{\text{dot}}(N) = V(N) - V(N-1)$, $V(N)$ 为量子点中 N 个电子的总基态能. 库仑阻塞意味着, 已有 N 个电子局域于量子点中, 如第 $N+1$ 个电子隧穿到量子点上, 则导致 $\mu_{\text{dot}}(N+1)$, 如此, 源极 S 和漏极 D 的化学势都将升高, 即 $\mu_{\text{dot}}(N) < \mu_L \approx \mu_R < \mu_{\text{dot}}(N+1)$, 这时 μ_L 和 μ_R 之间无量子点的量子态存在, 故电子输运被阻塞, 即第 $N+1$ 个电子不能隧穿到量子点上, 而发生库仑阻塞. 如改变栅极电压 V_g, 能使 $\mu_{\text{dot}}(N+1)$ 位于 μ_L 和 μ_R 之间, 从而消除库仑阻塞. 源极中的电子即可隧穿而进入量子点, 这样量子点的静电势增加.

$$e_0\varphi(N+1) - e_0\varphi(N) = \frac{e_0^2}{C}$$

就像改变了导带底，此时，因为 $\mu_{\text{dot}}(N+1) > \mu_{\text{R}}$ ，一个电子就能隧穿而离开量子点到达漏极，从而使化学势回到 $\mu_{\text{dot}}(N)$ ，此过程可以重复，就是所谓的单电子隧穿.

2) 近藤效应

众所周知，金属中如果含有磁性杂质，则其电阻率随温度 T 的变化有一个极小值，其后在低温下呈现随温度降低按照对数形式增长的现象，此现象于 1963 年由近藤作出了理论解释，故称为近藤效应. 其物理实质为：传导电子和单个局域化未成对电子相互作用的结果. 简而言之，是杂质的磁性离子与传导电子的交换相互作用引起的散射，温度越低越显著；与晶格振动引起的散射恰相反，温度越低越微弱互相制约导致出现电阻极小值. 低温时，未成对局域电子和费米能附近的巡游电子之间形成一个自旋单态.

对于量子点结构，理论上预言了近藤效应的存在，后来用低温时单电子晶体管中的电子输运来证实，理论和实验均表明，仅当量子点有磁矩时，才会有近藤效应. 这就是说当量子点中电子数 N 为奇数时，才有 1/2 的局域磁矩，就可能存在近藤效应；当 N 为偶数时，无磁矩，总自旋为 0，此时即无近藤效应. 但近年来还发现了一些新的近藤现象，当量子点中电子数 N 为偶数时，其总自旋为 0，本应无近藤效应，但人们可通过调节栅极电压 V_{g} 来改变其 N 的奇偶性，从而使量子点变为近藤系统.

最后，还应指出，在实际应用中还应考虑两个、三个或者更多量子点的耦合，在量子点耦合系统中，量子点间存在隧穿概率，人们还将这种复合结构称为人工分子或者人工固体.

小　　结

通过本章的学习，我们认为应主要掌握下述内容：

(1) 应了解一维定态薛定谔方程求解的一般步骤.

① 写出具体势函数 $U(x)$ 所对应的定态薛定谔方程：例如，不同区间 $U(x)$ 有不同的形式，则应分区间写出其相应的薛定谔方程.

② 求出定态薛定谔方程的通解.

③ 根据波函数的标准条件及具体的边界条件和归一化条件，确定通解中的任意常数，即得该势场中运动的粒子的归一化的态波函数，在此过程中也得出了相应的能量.

(2) 本章讨论了几个一维问题，但对各个问题讨论的侧重点不同，故要求亦有所不同.

① 对无限深势阱问题，由于求解的数学方法及过程均较简单，故要求掌握其整个求解过程，求出其归一化波函数及相应的离散能值.

② 对有限深势阱问题，求解过程与无限深势阱的相同，应了解束缚态问题的特点.

③ 对势垒问题主要了解透射系数，并须掌握任意形状势垒的透射系数

$$D = D_0 e^{-\frac{2}{h}\int_{x_1}^{x_2}\sqrt{2\mu(U-E)}dx}.$$ 在具体问题中的应用，可参见习题 3-5、3-6 及其解答.

④ 对谐振子问题，应熟悉能级 $E_n = \left(n + \dfrac{1}{2}\right)h\omega$；对 φ_0、φ_1、φ_2 应有所了解；并了解零点能概念，另外，对厄米多项式 $H_n(ax)$ 应略有了解.

⑤ 本章第 3.5 节介绍了低维量子力学问题，一维受限的量子阱，二维受限的量子线，三维受限的量子点的基本知识，对量子点的特性作了着重分析，介绍了分力的量子能级和 Fock-Darwin 能级，以及库仑阻塞效应问题. 还有一种重要的零维物质，即所谓的富勒烯 (C_{60}). 五边形面和六边形面组成的凸多面体，其形状似足球的笼状结构(还有 C_{20} 的富勒烯，碳纳米管亦可称为中空管状的富勒烯).

习 题

3-1 若在一维无限深势阱中运动的粒子的量子数为 n，试问：(1)左壁至 1/4 阱宽区域内发现粒子的概率为多少？ (2)1/4 宽度处 n 取何值时概率密度最大？

3-2 原子中的电子如粗略地看成是一维无限深势阱中的粒子，设阱宽为 10^{-10}m，求其能级.

3-3 质量为 μ 的粒子在下述势场中运动：当 $x<0$ 时，$U=\infty$；当 $0 \leqslant x \leqslant a$ 时，$U=0$；当 $x>a$ 时，$U=V_0$. 证明束缚态能级由 $\tan\left(\sqrt{2\mu E} a / h\right) = -\left[E/(V_0-E)\right]^{\frac{1}{2}}$ 给出.

3-4 一束粒子入射在一窄势垒 ($k_2 a \ll 1$) 上，如其垒高 V_0 为粒子动能的 2 倍，证明在此情况下，粒子几乎完全透射过势垒.

3-5 用以下一维势场模型：

$$U(x) = \begin{cases} -V_0, & x<0 \\ 0, & x>0 \end{cases}$$

来研究金属电子的发射，求 $E>0$ 时的透射系数 D.

3-6 一势垒的势能为

$$U(x) = \begin{cases} 0, & x<0 \\ V_0 + Ae^{-\alpha x}, & x>0 \end{cases}$$

式中 V_0、A、a 均为正数. 试估算 $A<E<V_0+A$ 的粒子穿过这个势垒的概率.

3-7 求谐振子处于基态 ψ_0 和第一激发态 ψ_1 时概率最大的位置.

3-8 粒子处于势阱

$$U(x) = \begin{cases} \infty, & x \leqslant 0 \\ \dfrac{\mu\omega^2}{2}x^2, & x > 0 \end{cases}$$

中，试求粒子的能级.

3-9 证明谐振子波函数 ψ_0 与 ψ_2 是正交的，即 $\displaystyle\int_{-\infty}^{\infty} \psi_0\psi_2 \cdot \mathrm{d}x = 0$.

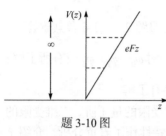

题 3-10 图

3-10 试求在 z 方向受如下式表达之"三角"势阱作用的粒子之能级.

$$V(z) = \begin{cases} \infty, & z < 0 \\ eFz, & z > 0 \end{cases}$$

3-11 一粒子的运动如在 x , y 方向均受量子限制作用（即一维运动的"量子线限制"），如其量子线限制的截面为圆形，在相应的 x-y 平面的限制势垒可表示为

$$V(\rho) = \begin{cases} 0, & \rho < a \\ \infty, & \rho \geqslant a \end{cases}$$ ，试求其能级.

第 4 章　中心力场氢原子

现在来讨论粒子在三维势场中运动的定态问题. 此问题所对应的定态薛定谔方程属二阶偏微分方程, 一般只有当其可按三个空间坐标分量分离为三个常微分方程时, 才易于求解. 如粒子在中心力场运动, 其势能 $U = U(r)$ 仅是粒子到力心距离 r 的函数, 此时定态薛定谔方程即可在球极坐标下分离为三个常微分方程. 氢原子内电子在其核的库仑场中的运动即属中心力场问题, 其薛定谔方程能精确求解, 故常以此解为基础去处理多电子原子及分子的结构. 本章主要讨论氢原子问题, 此外还简介了除氢原子外的(如 Kratzer 势及 Morse 势)中心力场问题.

4.1　中心力场粒子的定态薛定谔方程

一、中心力场 $U(r)$ 中的薛定谔方程

在自然界中, 物体在中心力场中的运动状态很多, 诸如地球围绕太阳运动, 原子中电子在原子核的库仑场中运动, 粒子在电场中运动, 其势能一般表示为 $U(r)$, 其相对应的薛定谔方程在下面给出.

设粒子的质量为 μ, 则它在中心力场 $U(r)$ 中运动的哈密顿量为 $H = -\dfrac{\hbar^2}{2\mu}\nabla^2 + U(r)$, 其定态薛定谔方程即为

$$\left[-\frac{\hbar^2}{2\mu}\nabla^2 + U(r) \right]\psi = E\psi \tag{4-1}$$

如果用直角坐标系, 则由于 $r = \sqrt{x^2 + y^2 + z^2}$, 就难于对方程(4-1)实施分离变量. 我们根据势 $U(r)$ 的球对称性而取球极坐标, 就可对式(4-1)分离变量. 为此我们要先求出在球极坐标 (r, θ, φ) 下拉氏算符 ∇^2 的表达式. 由 (r, θ, φ) 与 (x, y, z) 的关系(图 4-1)

$$\begin{aligned} x &= r\sin\theta\cos\varphi \\ y &= r\sin\theta\sin\varphi \\ z &= r\cos\theta \end{aligned} \tag{4-2}$$

可得

$$\frac{\partial}{\partial x} = \frac{\partial r}{\partial x}\frac{\partial}{\partial r} + \frac{\partial \theta}{\partial x}\frac{\partial}{\partial \theta} + \frac{\partial \varphi}{\partial x}\frac{\partial}{\partial \varphi}$$

$$= \sin\theta\cos\varphi\frac{\partial}{\partial r} + \frac{1}{r}\cos\theta\cos\varphi\frac{\partial}{\partial \theta} - \frac{1}{r\sin\theta}\sin\varphi\frac{\partial}{\partial \varphi}$$

$$\frac{\partial}{\partial y} = \frac{\partial r}{\partial y}\frac{\partial}{\partial r} + \frac{\partial \theta}{\partial y}\frac{\partial}{\partial \theta} + \frac{\partial \varphi}{\partial y}\frac{\partial}{\partial \varphi} \tag{4-3}$$

$$= \sin\theta\sin\varphi\frac{\partial}{\partial r} + \frac{1}{r}\cos\theta\sin\varphi\frac{\partial}{\partial \theta} + \frac{\cos\varphi}{r\sin\theta}\frac{\partial}{\partial \varphi}$$

$$\frac{\partial}{\partial z} = \frac{\partial r}{\partial z}\frac{\partial}{\partial r} + \frac{\partial \theta}{\partial z}\frac{\partial}{\partial \theta} + \frac{\partial \varphi}{\partial z}\frac{\partial}{\partial \varphi}$$

$$= \cos\theta\frac{\partial}{\partial r} - \frac{1}{r}\sin\theta\frac{\partial}{\partial \theta}$$

将式(4-3)代入 $\nabla^2 = \frac{\partial}{\partial x}\frac{\partial}{\partial x} + \frac{\partial}{\partial y}\frac{\partial}{\partial y} + \frac{\partial}{\partial z}\frac{\partial}{\partial z}$ 中，即得拉氏算符 ∇^2 在球极坐标下的形式

$$\nabla^2 = \frac{1}{r^2}\frac{\partial}{\partial r}\left(r^2\frac{\partial}{\partial r}\right) + \frac{1}{r^2\sin\theta}\frac{\partial}{\partial \theta}\left(\sin\theta\frac{\partial}{\partial \theta}\right) + \frac{1}{r^2\sin^2\theta}\frac{\partial^2}{\partial \varphi^2} \tag{4-4}$$

这样，在球极坐标下中心力场的定态薛定谔方程就可写为

$$-\frac{\hbar^2}{2\mu}\frac{1}{r^2}\left[\frac{\partial}{\partial r}\left(r^2\frac{\partial}{\partial r}\right) + \frac{1}{\sin\theta}\frac{\partial}{\partial \theta}\left(\sin\theta\frac{\partial}{\partial \theta}\right) + \frac{1}{\sin^2\theta}\frac{\partial^2}{\partial \varphi^2}\right]\psi + U(r)\psi = E\psi \tag{4-5}$$

下面用分离变量法，将方程(4-5)化为三个常微分方程，然后再进行求解.

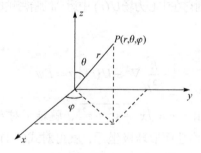

图 4-1 (r, θ, φ) 与 (x, y, z) 的关系图

二、用分离变量法得三个常微分方程

先令 $\psi(r,\theta,\varphi) = R(r)Y(\theta,\varphi)$ ，再代入式(4-5)，整理后得

$$\frac{1}{R}\frac{d}{dr}\left(r^2\frac{dR}{dr}\right) + \frac{2\mu r^2}{\hbar^2}\left[E - U(r)\right] = \frac{1}{Y}\left[\frac{1}{\sin\theta}\frac{\partial}{\partial \theta}\left(\sin\theta\frac{\partial Y}{\partial \theta}\right) + \frac{1}{\sin^2\theta}\frac{\partial^2 Y}{\partial \varphi^2}\right] \tag{4-6}$$

此方程左边只与变量 r 有关, 而右边只与 θ, φ 有关. 而 r, θ 及 φ 均为独立变量, 故若要等式(4-6)成立, 则等式两边都必须等于与 r, θ 及 φ 均无关的常数. 这样, 方程 (4-6)就分离为两个方程, 其一为 $R(r)$ 所满足的矢径方程, 另一为 $Y(\theta, \varphi)$ 所满足的方程, 即

$$\frac{1}{r^2}\frac{\mathrm{d}}{\mathrm{d}r}\left(r^2\frac{\mathrm{d}R}{\mathrm{d}r}\right) + \left\{\frac{2\mu r^2}{\hbar^2}[E - U(r)] - \frac{\lambda}{r^2}\right\}R = 0 \tag{4-7}$$

$$\frac{1}{\sin\theta}\frac{\partial}{\partial\theta}\left(\sin\theta\frac{\partial Y}{\partial\theta}\right) + \frac{1}{\sin^2\theta}\frac{\partial^2 Y}{\partial\varphi^2} = -\lambda Y \tag{4-8}$$

再令 $Y(\theta, \varphi) = \Theta(\theta)\Phi(\varphi)$, 将之代入式(4-8)后可得

$$\frac{\sin\theta}{\Theta}\frac{\mathrm{d}}{\mathrm{d}\theta}\left(\sin\theta\frac{\mathrm{d}\Theta}{\mathrm{d}\theta}\right) + \lambda\sin^2\theta = -\frac{1}{\Phi}\frac{\mathrm{d}^2\Phi}{\mathrm{d}\varphi^2}$$

此等式两边都应等于同一常数 ν, 即得两方程

$$\frac{\mathrm{d}^2\Phi}{\mathrm{d}\varphi^2} + \nu\Phi = 0 \tag{4-9}$$

$$\frac{1}{\sin\theta}\frac{\mathrm{d}}{\mathrm{d}\theta}\left(\sin\theta\frac{\mathrm{d}\Theta}{\mathrm{d}\theta}\right) + \left(\lambda - \frac{\nu}{\sin^2\theta}\right)\Theta = 0 \tag{4-10}$$

通过上述分离变量法, 就将 $\psi(r, \theta, \varphi)$ 所满足的薛定谔方程(4-5)分离为三个常微分方程(4-7)、(4-9)和(4-10), 求解这三个方程而分别得 $R(r), \Theta(\theta)$ 及 $\Phi(\varphi)$ 的解, 再由 $\psi(r, \theta, \varphi) = R(r)\Theta(\theta)\Phi(\varphi)$ 而求出波函数 ψ.

4.2 氢原子的定态薛定谔方程及其解

一、氢原子的定态薛定谔方程

现在来讨论氢原子的问题. 众所周知, 氢原子由一电子及核(质子)组成. 由于我们要讨论的是氢原子的内部结构, 故只考虑电子与核的相对运动. 电子与核的相互作用势能为

$$U(r) = -\frac{e_0^2}{r}$$

式中, r 为电子与核的距离, e_0 为电子电荷量. 为简略计, 此库仑势是用高斯单位制写出的. 显然此势属中心力场的势. 因此, 描述氢原子中电子与核的相对运动, 就完全可用上述(4-7)、(4-9)及(4-10)三个方程, 仅将式(4-7)中的 $U(r)$ 代换为库仑势 $-\dfrac{e_0^2}{r}$ 即可, 其为

$$\frac{1}{r^2}\frac{\mathrm{d}}{\mathrm{d}r}\left(r^2\frac{\mathrm{d}R}{\mathrm{d}r}\right)+\left[\frac{2\mu}{\hbar^2}\left(E+\frac{e_0^2}{r}\right)-\frac{\lambda}{r^2}\right]R=0 \tag{4-11}$$

式中，μ 为电子质量(严格说来 μ 应为约化质量，$\mu=\mu_e\mu_p\big/\left(\mu_e+\mu_p\right)$，但因电子质量 $\mu_e\ll$ 质子质量 μ_p，故 $\mu\approx\mu_e$).

这样，我们就得到了氢原子的定态薛定谔方程在球极坐标下的三个相应的常微分方程(4-9)~(4-11). 下面将进一步阐述，怎样由波函数的标准条件求出这三个方程中的 ν、λ 及 E，并求出其相应的波函数 $\psi(r,\theta,\varphi)=R(r)\Theta(\theta)\Phi(\varphi)$.

二、氢原子波函数及三个量子数

在上述三个常微分方程中，以关于 Φ 的方程(4-9)最为简单，现就先求解此方程，得 Φ 及其相关的量子数 m.

1. 磁量子数 m 及 Φ 的解

方程(4-9)，即 $\dfrac{\mathrm{d}^2\Phi}{\mathrm{d}\varphi^2}+\nu\Phi=0$ 为最简单的二阶常微分方程，解之得其通解，写为

$$\begin{cases}\Phi=A\mathrm{e}^{\mathrm{i}\sqrt{\nu}\varphi}+B\mathrm{e}^{-\mathrm{i}\sqrt{\nu}\varphi}, & \nu\neq0 \\ \Phi=C+D\varphi, & \nu=0\end{cases} \tag{4-12}$$

A、B、C 及 D 均为常数. 波函数的标准条件要求 Φ 在空间各点都是单值的，因为空间任意点的 φ 增加 2π 后仍回到原来的位置，所以必须要求 $\Phi(\varphi)=\Phi(\varphi+2\pi)$.

为满足此条件，则式(4-12)中应有 $D=0$，而 $\sqrt{\nu}$ 应为整数或零. 现用 m 表示 $\sqrt{\nu}$，称之为磁量子数，此 m 之所以称为磁量子数，由下节可知，是因为它与原子磁矩密切相关. 这样，方程(4-9)的特解可写为

$$\Phi=A\mathrm{e}^{im\varphi}, \quad m=0,\pm1,\pm2,\cdots \tag{4-13}$$

式中的 A 可由归一化条件 $\displaystyle\int_0^{2\pi}\Phi_m^*\Phi\mathrm{d}\varphi=1$ 求出，得

$$A=\frac{1}{\sqrt{2\pi}}$$

于是，即得

$$\Phi_m=\frac{1}{\sqrt{2\pi}}\mathrm{e}^{im\varphi}, \quad m=0,\pm1,\pm2,\cdots \tag{4-14}$$

2. 角量子数 l 及角度部分的解 $Y(\theta,\varphi)$

将上面所确定的参数 $\sqrt{\nu}=m$ 代入式(4-10)中即得

$$\frac{1}{\sin\theta}\frac{\mathrm{d}}{\mathrm{d}\theta}\left(\sin\theta\frac{\mathrm{d}\varTheta}{\mathrm{d}\theta}\right)+\left(\lambda-\frac{m^2}{\sin^2\theta}\right)\varTheta=0 \tag{4-10'}$$

此方程的系数是超越函数, 不便讨论求解的问题, 需将之化为代数式. 为此, 令 $\xi=\cos\theta$, 而 $\varTheta(\theta)=P(\xi)$, 并通过下列关系:

$$\frac{\mathrm{d}}{\mathrm{d}\theta}=\frac{\mathrm{d}\xi}{\mathrm{d}\theta}\frac{\mathrm{d}}{\mathrm{d}\xi}=-\sin\theta\frac{\mathrm{d}}{\mathrm{d}\zeta}=-\sqrt{1-\xi^2}\frac{\mathrm{d}}{\mathrm{d}\xi} \tag{4-15}$$

即可将方程(4-10′)化为 $P(\xi)$ 所满足的方程

$$\frac{\mathrm{d}}{\mathrm{d}\xi}\left[\left(1-\xi^2\right)\frac{\mathrm{d}P}{\mathrm{d}\xi}\right]+\left(\lambda-\frac{m^2}{1-\xi^2}\right)P=0 \tag{4-16}$$

其中, $-1\leqslant\xi\leqslant1$. 对于此方程较详细的求解, 可参阅附录Ⅱ. 这里只给出其结果.

对于一般的 λ 值而言, 当 $\xi=\pm1$(奇异点)时, 方程(4-16)的解 $P(\xi)$ 趋于无穷大, 这意味着电子在 $\theta=0$ 和 $\theta=\pi$ 两个方向上出现的概率可为 ∞, 显然不合理. 但如果 λ 取下列特殊值:

$$\lambda=l(l+1),\quad l=0,1,2,\cdots \tag{4-17}$$

则对于每一个 l 值, 方程(4-16)的两个线性无关解中必有且只有一个是在整个区间 $-1\leqslant\xi\leqslant1$ 中有解的函数, 符合波函数的标准条件(附录Ⅱ). 此解表示为

$$P(\xi)=\mathrm{P}_l^{|m|}(\xi)=\left(1-\xi^2\right)^{\frac{|m|}{2}}\frac{\mathrm{d}^{|m|}}{\mathrm{d}\xi^{|m|}}\mathrm{P}_l(\xi) \tag{4-18}$$

$\mathrm{P}_l^{|m|}(\xi)$ 称为缔合勒让德函数, $\mathrm{P}_l(\xi)$ 是 ξ 的 l 次多项式, 其为 $\mathrm{P}_l(\xi)=\dfrac{1}{2^l l!}\cdot\dfrac{\mathrm{d}^l}{\mathrm{d}\xi^l}\left(\xi^2-1\right)^l$ 称为勒让德多项式.

从式(4-18)看出, 由于 $\mathrm{P}_l(\xi)$ 是 ξ 的 l 次多项式, 故 m 的绝对值 $|m|$ 不能超过 l. 因此, 对给定的 l 值而言, m 仅限于取下列 $(2l+1)$ 个值

$$m=0,\pm1,\pm2,\cdots,\pm l \tag{4-19}$$

l 与电子在原子中运动的"轨道"角动量密切相关, 故称角量子数. 在第 5 章我们将看到角动量平方的算符 $\hat{L}^2$ 作用到波函数 $Y(\theta,\varphi)$ 后得 $\hat{L}^2 Y_{lm}=\lambda\hbar^2 Y_{lm}=l(l+1)\hbar^2 Y_{lm}$, 角动量的本征值 L 为 $\sqrt{l(l+1)}\hbar$. 而波函数 ψ 的角度部分 $Y(\theta,\varphi)$ 由式(4-13)及式(4-18), 可得出与量子数 l、m 相应的表示

$$Y_{lm}(\theta,\varphi)=N_{lm}\mathrm{P}_l^{|m|}(\cos\theta)\mathrm{e}^{im\varphi} \tag{4-20}$$

式中 N_{lm} 为归一化常数,

$$N_{lm} = \sqrt{\frac{(l-|m|)!(2l+1)}{(l+|m|)!4\pi}} \tag{4-21}$$

由式(4-20)、式(4-21)及缔合勒让德函数，就可得到对一给定 l 、 m 值时 Y_{lm} 的具体函数形式，如 $l = 3$ ， $m = 2$ 时，可得 $Y_{32} = \frac{1}{4}\sqrt{\frac{105}{2\pi}}\sin^2\theta\cos\theta e^{2i\varphi}$.

3. 主量子数 n 及氢原子能级

现对径向方程(4-11)进行讨论. 由于上面已求出 $\lambda = l(l+1)$ ，这样方程(4-11)就可写为

$$\frac{1}{r^2}\frac{\mathrm{d}}{\mathrm{d}r}\left(r^2\frac{\mathrm{d}R}{\mathrm{d}r}\right) + \left[\frac{2\mu}{\hbar^2}\left(E+\frac{e_0^2}{r}\right) - \frac{l(l+1)}{r^2}\right]R = 0 \tag{4-11'}$$

其中， l 为角量子数，可取零及正整数.

此方程的求解较复杂(详见附录Ⅱ). 现仅就 $l = 0$ 的情况略加讨论，使能对方程的解及其相应的能量 E 有一初步认识. $l = 0$ 时式(4-11')即为

$$\left(\frac{\mathrm{d}^2R}{\mathrm{d}r^2} + \frac{2\mu E}{\hbar^2}R\right) + \frac{1}{r}\left(2\frac{\mathrm{d}R}{\mathrm{d}r} + \frac{2\mu e_0^2}{\hbar^2}R\right) = 0 \tag{4-22}$$

容易看出上面方程有一个最简单的解，其为

$$R(r) = Ce^{-\alpha r} \tag{4-23}$$

式中， C 和 α 为待定常数. 为求出 α ，将此解代入方程(4-18)中，即得一恒等式

$$\left(\alpha^2 + \frac{2\mu}{\hbar^2}E\right) + \left(\frac{2\mu e_0^2}{\hbar^2} - 2\alpha\right)\frac{1}{r} = 0 \tag{4-24}$$

由于 r 为变量，要使此式恒成立，必须

$$\alpha = \frac{\mu e_0^2}{\hbar^2}, \quad \alpha^2 + \frac{2\mu}{\hbar^2}E = 0 \tag{4-25}$$

由式(4-22)可看出，当 $r \to \infty$ 时，其渐近解仍为式(4-23)的形式， α 由式(4-25)的后一式决定. 如 $E > 0$ 则 α 为虚数，其解 $R = Ce^{\pm i\sqrt{2\mu E}/\hbar}$ ，这是两个振荡解，它在无穷远处所示的概率密度不为零，这意味着在此情况下电子可以脱离原子核的束缚而到无穷远处去(电离). 显然这不是我们现在所要讨论的状态，现在所要讨论的是电子受核的束缚而构成氢原子的状态，要求 $r \to \infty$ 时 $R \to 0$ (束缚态)，故只能取 $E < 0$ ， α 取正值. 这样，由式(4-25)即得 $R(r) = Ce^{-\alpha r}$ 时氢原子能量

$$E = -\frac{\hbar^2}{2\mu}\alpha^2 = -\frac{\mu e_0^4}{2\hbar^2} \tag{4-26}$$

式(4-23)中的 $\alpha = \mu e_0^2 / \hbar^2$ ，C 由归一化条件得出

$$\int_0^\infty |R|^2 \mathrm{d}\tau = \int_0^\infty C^2 \mathrm{e}^{-2\alpha r} r^2 \mathrm{d}r = 1$$

由此得出 $C = 2\sqrt{\alpha^3}$ ；此时的径向波函数 $R = 2\sqrt{\alpha^3} \mathrm{e}^{-\alpha r}$ ．式(4-26)所表示的这个能值与玻尔理论所得到的氢原子基态能量是一致的．

　　上面给出了 $R(r) = C\mathrm{e}^{-\alpha r}$ 时的能量．对于一般状态下氢原子的能量在附录Ⅱ中给出．在束缚状态 $(E < 0)$ 下，氢原子的能量 E 只能取如下离散值：

$$E_n = -\frac{\mu e_0^4}{2\hbar^2} \cdot \frac{1}{n^2}, \quad n = 1, 2, 3, \cdots \tag{4-27}$$

式中的 n 称主量子数，它决定氢原子能量．这个量子化能级公式，是在波函数必须满足标准条件的前提下求解薛定谔方程而自然得出的．$n = 1$ 时，其能量最小值与式(4-26)给出的一样，称为基态能量，其所对应的径向波函数 $R_{10} = 2\sqrt{\alpha^3} \mathrm{e}^{-\alpha r}$ $(n = 1, l = 0)$ ，其基态波函数 $\varphi_{100} = R_{10}Y_{100} = \frac{1}{\sqrt{4\pi}} R_{10}$ ．对于 $n > 1$ 时其能量 E_n 由式(4-27)给出，而所对应的波函数就不止一个，这就是下述的能级简并问题．

三、氢原子波函数及能级简并度

　　氢原子波函数 $\psi(r, \theta, \varphi) = R(r)Y(\theta, \varphi)$ ，其中 $Y(\theta, \varphi)$ 与量子数 l 、m 有关，具体形式由式(4-20)给出，而 R 与 n 、l 有关，其具体形式为(附录Ⅱ)

$$R_{nl} = N_{nl} \mathrm{e}^{\frac{\alpha r}{n}} \cdot \left(\frac{2\alpha r}{n}\right)^l \cdot \mathrm{L}_{n+1}^{2l+1}\left(\frac{2\alpha}{n} r\right) \tag{4-28}$$

式中 N_{nl} 为归一化常数，L_{n+1}^{2l+1} 称为缔合拉盖尔多项式，其为

$$\mathrm{L}_{n+l}^{2l+1}(\rho) = \frac{\mathrm{d}^{2l+1}}{\mathrm{d}\rho^{2l+1}}\left[\mathrm{e}^\rho \frac{\mathrm{d}^{n+l}}{\mathrm{d}\rho^{n+l}}\left(\mathrm{e}^{-\rho} \rho^{n+l}\right)\right]$$

这就是说，波函数 $\psi(r, \theta, \varphi)$ 的具体形式与 n 、l 、m 有关．当 n 、l 及 m 确定后，波函数 ψ_{nlm} 就确定了，氢原子的电子状态可用量子数 n 、l 、m 来表征．由式(4-19)可知，对于一给定 l 值而言，m 可取 $(2l+1)$ 个值；而在附录Ⅱ中又得出，对一给定 n 值而言，l 只能取 n 个值：$0, 1, 2, \cdots, n-1$ ．由于一组确定的 (n, l, m) 值就对应一个状态 $\psi_{nlm} = R_{nl}Y_{lm}$ ，所以对一个确定的解值 E_n（即一确定的主量子数 n ），就应有 $\sum_{l=0}^{n-1} (2l+1) = n^2$ 个不同的状态与之对应．我们将一个能级 E_n 所对应的量子状态的个数称为简并度．上述的一个 E_n 对应 n^2 个状态，就称 n^2 度简并(不计及自旋)．譬如，

$n = 2$ (第一激发态)时，一个能级 E_2 对应于四个波函数 $(\psi_{200}, \psi_{210}, \psi_{211}$ 及 $\psi_{21-1})$，称为四度简并. $n = 1$ (基态)时，E_1 对应一个波函数 ψ_{100}，称为非简并的.

下面我们就可以讨论氢原子核外电子的概率分布及与之相关的一些问题，如原子磁矩.

4.3　核外电子的概率分布　电流和磁矩

一、氢原子核外电子的概率分布

4.2 节内容告诉我们，通过求解氢原子的薛定谔方程，就能求得氢原子中电子的波函数 ψ_{nlm}. 由波函数的统计解释，就可得到处于此状态 ψ_{nlm} 中的氢原子的电子在核外各处的概率分布

$$\omega_{nlm} \mathrm{d}\tau = |\psi_{nlm}(r, \theta, \varphi)|^2 \mathrm{d}\tau$$

$$= |R_{nl}(r) Y_{lm}(\theta, \varphi)|^2 r^2 \sin\theta \mathrm{d}r \mathrm{d}\theta \mathrm{d}\varphi \tag{4-29}$$

将上式对 θ 和 φ 积分（Y_{lm} 是归一化的），结果得到半径为 r 到 $r + \mathrm{d}r$ 球壳内发现电子的概率为

$$\omega_{nl}(r) \mathrm{d}r = \int_0^\pi \int_0^{2\pi} |R_{nl}(r) Y_{lm}(\theta, \varphi)|^2 r^2 \sin\theta \mathrm{d}r \mathrm{d}\theta \mathrm{d}\varphi$$

$$= |R_{nl}(r)|^2 r^2 \mathrm{d}r \tag{4-30}$$

如果给出了表征电子状态的量子数 n 和 l 的具体数值，即可由式(4-30)算出电子出现在 r 到 $r + \mathrm{d}r$ 球壳内的概率(径向分布). 以基态为例，有

$$\omega_{10}(r) \mathrm{d}r = [R_{10}(r)]^2 r^2 \mathrm{d}r = 4\alpha^3 \mathrm{e}^{-2\alpha r} r^2 \mathrm{d}r \tag{4-31}$$

可见，除 $r = 0$ 及 $r \to \infty$ 外，其余各处的 $\omega_{10}(r)$ 都不为零，即在广大区域内电子都可能存在，没有什么确定的轨道. 不过我们由 $\dfrac{\mathrm{d}\omega_{10}(r)}{\mathrm{d}r} = 0$ 可得，在基态时概率极大处为 $r = \alpha^{-1} = \hbar^2/(\mu e_0^2)$，此与旧量子论给出的第一玻尔轨道半径 a_0 数值相同. $\omega_{21}(r)$ 及 $\omega_{32}(r)$ 的极大处与玻恩轨道半径 $4a_0$ 及 $9a_0$ 一致. 这说明旧量子论中所给出的氢原子的电子轨道，相当于在某些情况下量子力学所给出的概率极大处.

现在我们来看概率的角分布情况. 首先将式(4-29)对 r 的全部变化区域积分，即可得到电子在 (θ, φ) 方向的立体角元 $\mathrm{d}\Omega = \sin\theta \mathrm{d}\theta \mathrm{d}\varphi$ 中的概率(注意 $R_{nl}(r)$ 是归一化的)

$$\omega_{lm}(\theta, \varphi) \mathrm{d}\Omega = \int_0^\infty |R_{nl}(r) Y_{lm}(\theta, \varphi)|^2 r^2 \mathrm{d}r \mathrm{d}\Omega = |Y_{lm}(\theta, \varphi)|^2 \mathrm{d}\Omega = N_{lm}^2 \left[\mathrm{P}_l^{|m|}(\cos\theta) \right]^2 \mathrm{d}\Omega$$

$$\tag{4-32}$$

上式表明 $\omega_{lm}(\theta,\varphi)$ 与 φ 角无关，即角分布 ω_{lm} 的图形是关于 z 轴旋转对称的. 例如，当 $l=0$ ，$m=0$ 时，即有 $\omega_{00}=\left|Y_{00}\right|^2=\dfrac{1}{4\pi}$ ，与 φ 及 θ 均无关，表示沿各方向的概率是球对称的. 又如，当 $l=1$ ，$m=\pm 1$ 时，有 $\omega_{1\pm 1}(\theta)=\left|Y_{1\pm 1}(\theta,\varphi)\right|^2=\dfrac{3}{8\pi}\sin^2\theta$. 显然，在 $\theta=\dfrac{\pi}{2}$ 方向的概率最大，而在 $\theta=0$ 方向上概率为零. 而当 $l=1$ ，$m=0$ 时，有 $\omega_{10}(\theta)=\left|Y_{10}(\theta,\varphi)\right|^2=\dfrac{3}{4\pi}\cos^2\theta$ ，与上情形相反，在 $\theta=0$ 方向概率最大，在 $\theta=\dfrac{\pi}{2}$ 方向概率最小. 图 4-2 绘出了这些状态电子的角分布. 而空间各方向的分布曲面，只需将这些曲线绕 z 轴旋转一周即得(角分布与 φ 角无关).

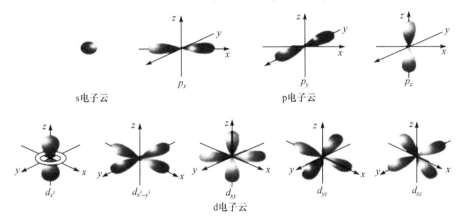

图 4-2　电子的角分布

通过以上描述，我们对核外电子在空间的概率分布情况就有了一定了解. 在量子化学及固体物理中，常将这个概率分布形象地称为"概率云"，而将电子电荷在原子内的概率分布 $e_0\psi\psi^*\mathrm{d}\tau$ 称为"电子云"，并按概率分布作出概率云(电子云)图，如用小点的疏密程度来表示概率云的相对大小，小点密处概率密度大，这种疏密分布的云雾状图形能较直观地反映出概率分布. 不过应指出，这些图形所表示的"电子云"并不意味着电子是云雾状地弥漫在空间中的，电子仍不失其微粒性，"电子云"仅是电子概率分布的一种形象化的表述.

二、电流分布和磁矩

2.3 节中曾给出粒子的概率流密度矢量 $\boldsymbol{j}$ 为

$$\boldsymbol{j}=\frac{\mathrm{i}\hbar}{2\mu}\left(\psi^*\nabla\psi-\psi\nabla\psi^*\right) \tag{4-33}$$

如粒子带有电荷 q ，则其电流密度矢量 $\boldsymbol{j}_{\mathrm{e}}=q\boldsymbol{j}$. 由于氢原子波函数是用 r,θ,φ 表示

的函数，故式(4-33)中的梯度算符 ∇ 就应取球极坐标的形式

$$\nabla = \boldsymbol{e}_r \frac{\partial}{\partial r} + \boldsymbol{e}_\theta \frac{1}{r} \frac{\partial}{\partial \theta} + \boldsymbol{e}_\varphi \frac{1}{r\sin\theta} \frac{\partial}{\partial \varphi} \tag{4-34}$$

式中，$\boldsymbol{e}_r$、$\boldsymbol{e}_\theta$ 及 $\boldsymbol{e}_\varphi$ 依次表示沿 r、θ 及 φ 增加方向的单位. 这样，我们就极易求出电流密度矢量 $\boldsymbol{j}_e = -e_0 \boldsymbol{j}$ 的三个分量 j_{er}、$j_{e\theta}$ 和 $j_{e\varphi}$，并注意到氢原子波函数 $\psi_{nlm}(r,\theta,\varphi) = R_{nl}(r)\mathrm{P}_l^{|m|}(\cos\theta)\mathrm{e}^{im\varphi}$ 中的 $R_{nl}(r)$ 和 $\mathrm{P}_l^{|m|}(\cos\theta)$ 均为实函数，故分量 $j_{er} = 0$，$j_{e\theta} = 0$. 这样就只剩下

$$\begin{aligned} j_{e\varphi} &= -\frac{\mathrm{i}\hbar e_0}{2\mu} \cdot \left(\psi_{nlm} \frac{1}{r\sin\theta} \frac{\partial \psi_{nlm}^*}{\partial \varphi} - \psi_{nlm}^* \frac{1}{r\sin\theta} \frac{\partial \psi_{nlm}}{\partial \varphi} \right) \\ &= -\frac{\mathrm{i}\hbar e_0}{2\mu} \cdot \frac{1}{r\sin\theta} \cdot (-2im)|\psi_{nlm}|^2 \\ &= -\frac{e_0\hbar m}{\mu} \cdot \frac{1}{r\sin\theta} |\psi_{nlm}|^2 \end{aligned} \tag{4-35}$$

$j_{e\varphi}$ 等效于一个绕 z 轴的环形电流密度，其中 $-e_0$ 为电子电荷. 由此即得，θ 方向上距原点 r 处通过垂直于流动方向的面积元 $\mathrm{d}S$ 的环电流 $\mathrm{d}I = j_{e\varphi}\mathrm{d}S$ (图 4-3).

现在我们来计算氢原子的磁矩. 根据电磁学理论，可得上述环电流元对磁矩的

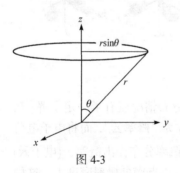

图 4-3

贡献为 $\mathrm{d}M = \dfrac{A\mathrm{d}I}{c} = \dfrac{\pi r^2 \sin^2\theta}{c} j_{e\varphi}\mathrm{d}S$，其中 $A = \pi r^2 \sin^2\theta$ 是环电流所环绕的面积，c 为光速. 由式(4-35)，并令 $\mathrm{d}\tau = 2\pi r\sin\theta\,\mathrm{d}S$ 表示环的体积，得

$$\begin{aligned} \mathrm{d}M &= \frac{\pi r^2 \sin^2\theta}{c} \frac{(-e_0\hbar m)}{\mu r\sin\theta} |\psi_{nlm}|^2 \mathrm{d}S \\ &= -\frac{e_0\hbar}{2\mu c} |\psi_{nlm}|^2 \mathrm{d}\tau \end{aligned} \tag{4-36}$$

其中，m 为磁量子数，μ 为电子质量(严格说来应为其约化质量). 将式(4-36)对全空间积分，并注意到 ψ_{nlm} 是归一化的，即得氢原子总磁矩

$$M = -\frac{e_0\hbar}{2\mu c} \int |\psi_{nlm}|^2 \mathrm{d}\tau = -\frac{e_0 m\hbar}{2\mu c} = -m_\mathrm{B} m \tag{4-37}$$

式中，$m_\mathrm{B} = \dfrac{e_0\hbar}{2\mu c} (= 9.274 \mathrm{J}\cdot\mathrm{T}^{-1})$，称为玻尔磁子. 由于 $m = 0, \pm 1, \pm 2, \cdots$，所以氢原子磁矩是量子化的. 仅当 $m = 0$(角动量的 z 分量为零)时，原子磁矩才为零，而在一般情况下为 m_B 的整倍数，其方向在 z 方向. 因角动量 z 分量 $L_z = m\hbar$，故有

$$\frac{M}{L_z} = -\frac{e_0}{2\mu c} \tag{4-38}$$

此比值称回转磁比率, 亦称 g 因子. 应指出, 由于 $V(r)$ 为中心力场, 空间各向同性, z 方向可任意选取, 故对任意方向均有相同的回转磁比率. 由于氢原子具有磁矩, 故在较强磁场中时能级将发生分裂. 当在此情况下跃迁时, 原来的一条谱线就分裂成三条谱线, 这就是所谓的正常塞曼效应(参见习题 4-8 及其解答).

4.4　Kratzer 势等中心力场问题简介

除上述氢原子(及类氢原子)外, 还有一些有心力场问题, 在原子分子物理、凝聚态物理及粒子物理等诸多方面有重要应用; 如 Kratzer 势 $V(r) = -2D\left(\dfrac{\alpha}{r} - \dfrac{1}{2}\dfrac{\alpha^2}{r^2}\right)$ 在双原子分子振动问题上的应用; Morse 势 $V(r) = V_0(1 - e^{-\mu x})^2$ 在双原子分子振动谱问题上的应用; Lennard Tones 势 $4\varepsilon\left[\left(\dfrac{\alpha}{r}\right)^{12} - \left(\dfrac{\alpha}{r}\right)^6\right]$ 在分子晶体理论问题上的应用; $V(r) = \dfrac{-d_s}{r} + \alpha r$ 势在夸克 Q 和反夸克 $\overline{\mathrm{Q}}$ 相互作用问题中的应用; 以及 Hellman 型赝势 $(-e^2 + Ae^{-\beta r})/r$ 在凝聚态物理上的应用等. 限于篇幅, 本书只对 Kratzer 势及 Morse 势的问题作概述.

一、Kratzer 势

Kratzer 势的势场写为

$$V(r) = -2D\left(\frac{\alpha}{r} - \frac{1}{2}\frac{\alpha^2}{r^2}\right) \tag{4-39}$$

它在研究双原子分子的振动-转动谱问题中有重要应用. 其相应的径向方程不同于式(4-11), 下面对其求解, 其中的 $V(r)$ 用式(4-39).

为求解径向方程, 作如下代换:

$$R = \frac{\chi(r)}{r}, \quad n = \frac{r}{\alpha}, \quad \beta^2 = -\frac{2\mu\alpha^2}{\hbar^2}E, \quad \gamma^2 = \frac{2\mu\alpha^2}{\hbar^2}D \tag{4-40}$$

对 $E<0$ 的束缚态, 可解出其波函数为

$$\chi_l = x^\lambda e^{-\beta x}F\left(\lambda - \frac{r^2}{\beta}, 2\lambda, 2\beta x\right) = x^\lambda e^{-\beta x}F(-n, 2\lambda, 2\beta x)$$

其中 F 为合流超比级数[①]：

$$\lambda = \frac{1}{2} + \left[\gamma^2 + \left(l + \frac{1}{2} \right)^2 \right]^{1/2}, \quad \lambda - \frac{r^2}{\beta} = -n, \quad n = 0, 1, 2, \cdots$$

而能量的本征值则为

$$E = -\frac{\hbar^2}{2\mu\alpha^2} \gamma^4 \left\{ n + \frac{1}{2} + \left[\gamma^2 + \left(l + \frac{1}{2} \right)^2 \right]^{1/2} \right\}^{-2} \tag{4-41}$$

对多数分子有 $\gamma \gg 1$，E 按 $\frac{1}{\gamma}$ 展开并化简后可得

$$E = -\frac{1}{2} I\omega + \hbar\omega \left(n + \frac{1}{2} \right) + \frac{\hbar^2}{2I} \left(n + \frac{1}{2} \right)^2 - \frac{3\hbar^2}{2I} \left(n + \frac{1}{2} \right)^2 - \frac{3\hbar^2}{2I^2\omega} \left(n + \frac{1}{2} \right) \left(l + \frac{1}{2} \right)^2 + \cdots$$

$$\tag{4-42}$$

其中 $I = \mu\alpha^2$ 为转动惯量，$\omega = \left(\dfrac{2D}{\mu\alpha^2} \right)^{1/2}$ 为振动频率. E 中第一项为常数项；第二项表示谐振动能，n 为振动量子数；第三项与转动有关；第四项为非谐振动对能量的贡献；第五项则为振动与转动的耦合.

二、Morse 势

在研究双原子分子的振动谱时，常采用 Morse 势，其势函数为

$$V(r) = D(\mathrm{e}^{-2\alpha x} - 2\mathrm{e}^{-\alpha x}), \quad x = \frac{r - r_0}{r_0}$$

---

① 合流超比级数为 $\mathrm{F}(\alpha, \gamma, z) = \sum\limits_{k=0}^{\infty} \dfrac{(\alpha)_k z^k}{(\gamma)_k k!}$，式中 $(\alpha)_k \equiv \alpha(\alpha+1)\cdots(\alpha+k+1)$，此级数满足微分方程 $zu'' + (\gamma - z)u'' - \alpha u = 0$. 事实上 Kratzer 势的径向方程可写为

$$\frac{\mathrm{d}^2 R}{\mathrm{d}\rho^2} + \left[\lambda + \frac{2r^2}{\rho} - \frac{r^2 + l(l+1)}{\rho^2} \right] R = 0, \quad \rho = \frac{r}{a}$$

注意当 $\rho \to \infty$ 时，解的形式 $R_l \to \exp(\mathrm{i}\sqrt{\lambda}\rho)$，而当 $\rho \to 0$ 时，其解为 ρ^μ，其 μ 是特征发现的正根 $\mu = \dfrac{1}{2} + \sqrt{r^2 + \left(l + \dfrac{1}{2} \right)^2}$，$\mu$ 又能给出径向方程的解 $R_l = \rho^\mu \mathrm{e}^{\mathrm{i}\sqrt{\lambda}\rho} v_l(\rho)$，对于 v_l 的方程

$$\rho \frac{\mathrm{d}^2 v_l}{\mathrm{d}\rho^2} + (2\mu + 2\mathrm{i}\sqrt{\lambda}\rho) \frac{\mathrm{d} v_l}{\mathrm{d}\rho} + (2\mu\mathrm{i}\sqrt{\lambda} + \gamma^2) v_l = 0$$

引进变量 $z = -2\mathrm{i}\sqrt{\lambda}\rho$. 此方程变为

$$z \frac{\mathrm{d}^2 v_c}{\mathrm{d}z^2} + (2\mu - z) \frac{\mathrm{d} v_c}{\mathrm{d}z} - \left(\mu - \frac{\mathrm{i}}{2\sqrt{\lambda}} \gamma^2 \right) v_c = 0$$

此方程与合流超比级数所满足微分方程一致.

对此中心势的径向方程求解时，可作与上面类似的代换(见式(4-40))，即

$$R_0(r) = \frac{\chi_0(r)}{r}, \quad \beta^2 = -\frac{2ME^2 r_0}{\hbar^2} > 0$$

$$\gamma^2 = \frac{2MD^2 r_0}{\hbar^2}, \quad y = \xi e^{-\alpha \kappa}, \quad \xi = \frac{2\gamma}{\alpha}$$

其中 M 为两原子的约合质量，$R_0(r)$ 为 $l = 0$ 的 S 波，可严格求出其本征态为

$$R_0(r) = \frac{1}{r}\chi_0(r) = \frac{1}{r} A e^{-\frac{y}{2}} y^{\frac{\beta}{\alpha}} F(\alpha, c, y)$$

$F(\alpha, c, y)$ 也是合流超比级数. 确定能量本征值的方程为 $F(\alpha, c, y) = 0$ ，其中 $c = \frac{2\beta}{\alpha} + 1, \alpha = \frac{c}{2} - \frac{y}{\alpha}, y_0 = \xi e^{\alpha}$. 像 Kratzer 势一样，其能量本征值有振动和转动两方面(包括耦合)的贡献.

小　　结

在概述本章内容前我们作一说明，关于氢原子的上述讨论，对于类氢原子 $\left(\text{He}^+, \text{Li}^{++}, \text{Be}^{+++}\right)$ 也适用. 仅需将氢原子有关式子中核电荷 $+e_0$ 换为 $+Ze_0$ (Z 是原子序数)，而 μ 理解为相应的约化质量即可. 例如，玻尔半径 $a_0 = \hbar^2/(\mu e_0^2)$，可近似(不计 μ 的微小差异)换为 a_0/Z ，而能量值 $E_n = -\frac{e_0^2}{2a_0}\frac{1}{n^2}$ 换为 $E_n = -\frac{e_0^2}{2a_0}\frac{Z^2}{n^2}$.

本章内容概述：

(1) 氢原子的薛定谔方程(球极坐标中)

$$-\frac{\hbar^2}{2\mu r^2}\left[\frac{\partial}{\partial r}\left(r^2 \frac{\partial}{\partial r}\right) + \frac{1}{\sin\theta}\frac{\partial}{\partial\theta}\left(\sin\theta\frac{\partial}{\partial\theta}\right) + \frac{1}{\sin^2\theta}\frac{\partial^2}{\partial\varphi^2}\right]\psi - \frac{e_0^2}{r}\psi = E\psi$$

令 $\psi(r,\theta,\varphi) = R(r)\Theta(\theta)\Phi(\varphi)$ ，可将上面方程分离为三个常微分方程

$$\frac{d^2\Phi}{d\varphi^2} + \nu\Phi = 0$$

$$\frac{1}{\sin^2\theta}\frac{d}{d\theta}\left(\sin\theta\frac{d\Theta}{d\theta}\right) + \left(\lambda - \frac{\nu}{\sin^2\theta}\right)\Theta = 0$$

$$\frac{1}{r^2}\frac{d}{dr}\left(r^2\frac{dR}{dr}\right) + \left[\frac{2\mu}{\hbar^2}\left(E + \frac{e_0^2}{r}\right) - \frac{\lambda}{r^2}\right]R - \frac{\lambda}{r^2}R = 0$$

λ、ν 为待定常数，由波函数标准条件确定.

(2) 三个量子数、能级和氢原子波函数.

根据波函数的标准条件，求解三方程可得

$$\Phi_m(\varphi) = \frac{1}{\sqrt{2\pi}} e^{\pm im\varphi}, \quad m = 0, \pm 1, \pm 2, \cdots, \pm l$$

而 $\Theta_m(\theta)$ 的解为缔合勒让德多项式 $P_l^{|m|}(\cos\theta)$，其角部分的波函数 $Y_{lm}(\theta,\varphi)$ 为球谐函数，其为

$$Y_{lm}(\theta,\varphi) = N_{lm} P_l^{|m|}(\cos\theta) e^{im\varphi}$$

式中，N_{lm} 为归一化常数，l 称为量子数，m 为磁量子数. l 的取值为 $0,1,2,\cdots$. N_{lm} 和 $P_l^{|m|}(\cos\theta)$ 的具体形式参见附录Ⅱ. 可得径向部分的波函数，其为

$$R_{nl} = N_{nl} e^{\frac{\alpha r}{n}} \cdot \left(\frac{2\alpha r}{n}\right)^l \cdot L_{n+1}^{2l+1}\left(\frac{2\alpha}{n} r\right)$$

N_{nl} 为归一化常数，L_{n+1}^{2l+1} 为拉盖尔多项式(参见附录Ⅱ)，式中 n 称为主量子数，$a_0 = \hbar^2/(\mu e_0^2)$ 为玻尔半径.

由上可知，当 n、l、m 确定后其相应的波函数 $\psi_{nlm} = R_{nl} Y_{lm}$ 就确定了；而对一个确定的 n 值就有一确定的能量 $E_n = -\frac{e_0^2}{2a_0} \frac{1}{n^2}$，但其对应的状态为 n^2 个(n^2 度简并).

(3) 氢原子的电流分布及磁矩.

电流密度矢量为 $j_{er} = 0$，$j_{e\theta} = 0$，$j_{e\varphi} = -\frac{e_0 \hbar m}{\mu} \cdot \frac{1}{r\sin\theta} |\psi_{nlm}|^2$. 磁矩为 $M = -\frac{e_0 \hbar}{2\mu c} m = -m_B m$，$m_B = \frac{e_0 \hbar}{2\mu c}$ 为玻尔磁子；$\frac{M}{L_z} = -\frac{e_0}{2\mu c}$ 称为回转磁比率，$L_z = m\hbar$.

(4) 简单介绍了氢原子以外的几个有心力场(Kratzer 势及 Morse 势)问题.

习　题

4-1　如氢原子中的电子仅能在一平面中运动(二维氢原子)，试写在平面极坐标下的定态薛定谔方程.

4-2　试写出 $l = 2$ 和 $l = 4$ 时角动量平方 $\hat{L}^2$ 的本征值及角动量第三分量 L_z 的可能取值.

4-3　试求出在 Y_{10} 及 Y_{21} 态下，电子按角度的分布概率取极大值和极小值的 θ 角.

4-4　如坐标轴绕 z 轴旋转一个 α 角，试问氢原子波函数的角度部分 $Y_{lm}(\theta,\varphi)$ 将如何变化？

4-5　在基态氢原子中，求电子在 $r = a_0$ 的球内、外出现的概率. 试算基态氢原子的电离能.

4-6　试推出最概然半径 $r_n = n^2 a_n$ ($\psi_{n, n-1, m}$ 态下).

4-7　由氢原子的 $\overline{r^{-3}} = \int_0^\infty r^{-1} R_{nl}^2 \mathrm{d} r$，估算核处磁场.

4-8　当氢原子处于一较强的匀强磁场 $\boldsymbol{B}$ 中时，如取磁场方向为 z 方向. 由于氢原子在此方向有一磁矩 $\boldsymbol{M}$，由电磁学知，此时就有一附加能量 $E_B = -\boldsymbol{B} \cdot \boldsymbol{M} = \dfrac{e_0 B}{2\mu c} L_z$，这样在此匀强磁场中的哈密顿算符即为 $H = H_0 + \dfrac{e_0 B}{2\mu c}\hat{L}_z$，$H_0$ 为无磁场时的哈密顿算符. (1)试求此时的能级；(2)试说明当发生跃迁时原来的一条光谱，由于跃迁定则 $\Delta m = 0, \pm 1$ 所限，现在就分裂为三条谱线(正常塞曼效应).

4-9　一粒子在势 $U = \dfrac{A}{r^2} + B r^2$ 中运动，试求其能级.

4-10　一质量为 m 的粒子被限制在半径为 $r = a$ 和 $r = b$ 的两个不可穿透同心球间运动. 不存在其他势，求粒子基态能量和其归一化波函数.

4-11　一电子在球对称势 $(V = kr, r > 0)$ 中运动，试用玻尔-索末菲量子化条件 $\oint p_r \mathrm{d} r = n_r 2\pi \hbar, \oint p_\varphi \mathrm{d} \varphi = n_\varphi 2\pi \hbar$，计算其基态能量.

第5章　态叠加原理及力学量的算符表示

第3和4章，我们通过求解在势场中运动粒子的薛定谔方程，得到了其状态函数及相应的能级. 就"应用物理"的一些相关学科的需要来说这是不够的，还需了解表征粒子间相互作用的其他物理量(如动量、角动量、电磁场量等)的取值和作用. 我们将看到，这必须引入各物理量(力学量)所对应的算符，由这些力学量算符作用于状态波函数得其相应的取值，由算符的一些运算反映力学量间的关系及作用. 本章将对力学量算符的性质及量子力学的一些基本原理进行讨论. 之后，将对表象理论及狄拉克算符作一简述. 最后两节简述了密度算符、密度矩阵及相干态的基本知识.

5.1　态叠加原理

由第3和4章得知，能量这个力学量的取值与粒子所处的状态 ψ 有关. 而对于其他力学量，我们将看到，其取值亦与所处状态有关. 因此有必要先介绍状态波函数的一个基本性质，这就是状态的线性叠加原理.

由于微观粒子具有波粒二象性，而波具有叠加性，因此粒子的状态就应该具有波的叠加性. 而状态是由波函数来描写的, 故这一叠加性即可由波函数的叠加来体现. 怎样叠加呢? 我们说，由于描述粒子的波函数必须满足相应的薛定谔方程，而薛定谔方程是线性的解，故如果 $\Psi_1, \Psi_2, \cdots, \Psi_n, \cdots$ 都是薛定谔方程的解，即有

$$i\hbar\frac{\partial}{\partial t}\Psi_j = -\frac{\hbar^2}{2\mu}\nabla^2\Psi_j + U\Psi_j, \quad j=1,2,3,\cdots,n,\cdots$$

它们分别描述粒子的一些可能实现的状态，那么，它们的线性组合 $\Psi = \sum_j C_j\Psi_j$ (其中 C_j 为任意常数)，也必然是其薛定谔方程的解，即有

$$i\hbar\frac{\partial}{\partial t}\sum_j C_j\Psi_j = -\frac{\hbar^2}{2\mu}\nabla^2\sum_j C_j\Psi_j + U\sum_j C_j\Psi_j, \quad j=1,2,3,\cdots,n,\cdots$$

这就是说，如果 $\Psi_1, \Psi_2, \cdots, \Psi_n, \cdots$ 所描述的均是微观粒子可能实现的状态，那么它们的线性叠加 $\Psi = \sum_j C_j\Psi_j$ 所描写的也是粒子的一个可能实现的状态. 这就是量

子力学的态的线性叠加原理.

应该指出,经典物理学中波的叠加原理也是波的线性叠加,但与量子力学中态的线性叠加有着本质区别.在经典物理学中,两经典波叠加后,绝不会造成任何观察结果的不确定性.如两相干的平面波合成(线性叠加)后,所得的一个新的波动,其振幅是确定的.而量子力学的态线性叠加后,却会导致测量结果的不确定性.如在 ψ_1 下只能测得确定能值 E_1,在 ψ_2 下测得确定能值 E_2,则在其叠加态 $C_1\psi_1 + C_2\psi_2$ 下进行测量时,我们将看到,既可能测得能值 E_1,亦可能测得能值 E_2,其测值不是确定的.此外,在经典物理学中,两个相同的波 ($\psi_1 = \psi_2$) 叠加后产生强度与之不同的波,而在量子力学中,如 $\psi_1 = \psi_2$,则 $C_1\psi_1 + C_2\psi_2 = (C_1 + C_2)\psi_1$ 与 ψ_1 是同一个态.

上面我们已经看到,态的线性叠加原理是与薛定谔方程密切相关的.我们将进一步看到它与力学量的测量、力学量算符的性质及表象理论密切相关.可以说态叠加原理是量子力学整个数学结构的重要物理基础.

5.2 力学量的平均值及力学量算符

一、力学量的平均值

由于微观粒子运动的统计规律性,测量一个与微观粒子运动相关的物理量时,一般就不像经典的宏观物理量那样可以得到确定值.如粒子的位置,在经典物理学中原则上是可确定的.但在量子力学中,由于微观粒子的波动性,其位置一般是不能确定的,而是按某种统计规律分布于空间.不过我们可求出其平均值.设粒子处于 $\Psi(\boldsymbol{r},t)$ 态中,则在 t 时刻其位置的平均值可表示为

$$\bar{\boldsymbol{r}} = \frac{\iiint \boldsymbol{r}|\Psi|^2 \, \mathrm{d}r}{\iiint |\Psi|^2 \, \mathrm{d}r}$$

$\mathrm{d}\tau$ 为 $\boldsymbol{r}$ 处的体元.如 Ψ 是归一化的,则为

$$\bar{\boldsymbol{r}} = \iiint \boldsymbol{r}|\Psi|^2 \, \mathrm{d}\tau \tag{5-1}$$

同理可得与其位置有关的物理量 $f(\boldsymbol{r})$ (如势能 $U(\boldsymbol{r})$ 的平均值)

$$\bar{f}(\boldsymbol{r}) = \iiint f(\boldsymbol{r})|\Psi|^2 \, \mathrm{d}\tau \tag{5-1'}$$

现在来计算动量的平均值.显然它是不能简单地用式(5-1′)来计算的,即

$$\bar{\boldsymbol{p}} \neq \iiint \boldsymbol{p}|\Psi|^2 \, \mathrm{d}\tau$$

因为在量子力学中,动量不是位置的函数,这可由德布罗意关系加以说明. 因为 $p = (h/\lambda)\,n$,动量与波长有关,而波长是用来衡量波动在空间的变化"快慢"的量,属整个波动,因此说"空间某点的波长"是无意义的,即波长不是空间坐标的函数,故动量也不应是 r 的函数. 动量平均值就应用动量的概率分布函数 $C(p,t)$ 来求得. $|C(p,t)|^2\,\mathrm{d}\tau_p$ 代表 t 时刻在动量坐标空间中 p 点附近,体元 $\mathrm{d}\tau$ 内找到粒子的概率,动量平均值即为

$$\bar{p} = \iiint |C(p,t)|^2 p\,\mathrm{d}\tau_p \tag{5-2}$$

下面再来讨论,用 $\Psi(r,t)$ 来计算动量平均值问题.

二、力学量算符的引入

在第 2 章建立薛定谔方程时,曾引入动量所对应的算符 $-i\hbar\nabla$,可用它来计算 $\bar{p}$,即

$$\bar{p} = \iiint \Psi^*(r,t)(-i\hbar\nabla)\Psi(r,t)\mathrm{d}x\mathrm{d}y\mathrm{d}z \tag{5-3}$$

$\bar{p}$ 的三个分量 p_x, p_y, p_z 的平均值即为

$$\bar{p}_x = \iiint \Psi^*(r,t)\left(-i\hbar\frac{\partial}{\partial x}\right)\Psi(r,t)\mathrm{d}x\mathrm{d}y\mathrm{d}z$$

$$\bar{p}_y = \iiint \Psi^*(r,t)\left(-i\hbar\frac{\partial}{\partial y}\right)\Psi(r,t)\mathrm{d}x\mathrm{d}y\mathrm{d}z \tag{5-4}$$

$$\bar{p}_z = \iiint \Psi^*(r,t)\left(-i\hbar\frac{\partial}{\partial z}\right)\Psi(r,t)\mathrm{d}x\mathrm{d}y\mathrm{d}z$$

式(5-3)是否正确呢? 答案是肯定的,因为我们可以证明由式(5-3)能导出式(5-2)(见习题 5-1 及其解答). 应当注意,在求 r 的平均值时由于 r 与 $\Psi^*\Psi$ 的相乘可以交换位置,即式(5-1)可写为

$$\bar{r} = \iiint \Psi^* r \Psi \mathrm{d}\tau$$

但求 p 的平均值式(5-3),是通过动量算符 $\hat{p}(-i\hbar\nabla)$ 作用到 $\Psi(r,t)$ 上而得到 $\bar{p}$ 的,故 $\hat{p}$ 与 Ψ^*、Ψ 的位置不能任意交换.

可将式(5-3)及式(5-4)的结果推广到其任意次幂的情况,如

$$\bar{p}_x^n = \iiint \Psi^*\left(-i\hbar\frac{\partial}{\partial x}\right)^n \Psi\mathrm{d}x\mathrm{d}y\mathrm{d}z \tag{5-5}$$

还可得到动能算符 $\hat{T} = \dfrac{1}{2\mu}(\hat{p}_x^2 + \hat{p}_y^2 + \hat{p}_z^2)$ 及其平均值为

$$\bar{T} = \iiint \Psi^* \frac{1}{2\mu}\left[\left(-i\hbar\frac{\partial}{\partial x}\right)^2 + \left(-i\hbar\frac{\partial}{\partial y}\right)^2 + \left(-i\hbar\frac{\partial}{\partial z}\right)^2\right]\Psi d\tau$$

$$= \iiint \Psi^*\left(-\frac{\hbar^2}{2\mu}\nabla^2\right)\Psi d\tau \tag{5-6}$$

由此可得动能算符的具体形式为

$$\hat{T} = -\frac{\hbar^2}{2\mu}\nabla^2$$

而总能所对应的算符就是熟知的哈密顿算符

$$\hat{H} = \hat{T} + U$$

对于角动量所对应的算符，可由 $\boldsymbol{L} = \boldsymbol{r} \times \boldsymbol{p}$ 及动量所对应的算符而得到，其为

$$\hat{\boldsymbol{L}} = \boldsymbol{r} \times \hat{\boldsymbol{p}}$$

它的三个分量所对应的算符，可写为

$$\hat{L}_x = y\hat{p}_z - z\hat{p}_y = -i\hbar\left(y\frac{\partial}{\partial z} - z\frac{\partial}{\partial y}\right)$$

$$\hat{L}_y = z\hat{p}_x - x\hat{p}_z = -i\hbar\left(z\frac{\partial}{\partial x} - x\frac{\partial}{\partial z}\right) \tag{5-7}$$

$$\hat{L}_z = x\hat{p}_y - y\hat{p}_x = -i\hbar\left(x\frac{\partial}{\partial y} - y\frac{\partial}{\partial x}\right)$$

其相应的平均值，可由下式计算得到：

$$\bar{L}_j = \iiint \Psi^* \hat{L}_j \Psi d\tau, \quad j = x, y, z$$

角动量算符的三个分量还可写成球极坐标的形式(取 z 方向为极轴)，由式(4-2)、式(4-3)及式(5-7)得

$$\hat{L}_x = i\hbar\left(\sin\varphi\frac{\partial}{\partial\theta} + \cot\theta\cos\varphi\frac{\partial}{\partial\varphi}\right)$$

$$\hat{L}_y = -i\hbar\left(\cos\varphi\frac{\partial}{\partial\theta} - \cot\theta\sin\varphi\frac{\partial}{\partial\varphi}\right) \tag{5-8}$$

$$\hat{L}_z = -i\hbar\frac{\partial}{\partial\varphi}$$

而角动量平方算符即可表示为

$$\hat{L}^2 = \hat{L}_x\hat{L}_x + \hat{L}_y\hat{L}_y + \hat{L}_z\hat{L}_z$$

$$= -\hbar^2\left[\frac{1}{\sin\theta}\frac{\partial}{\partial\theta}\left(\sin\theta\frac{\partial}{\partial\theta}\right) + \frac{1}{\sin^2\theta}\frac{\partial^2}{\partial\varphi^2}\right] \tag{5-9}$$

由式(5-9)及第 4 章的式(4-4)，即可得 ∇ 与 $\hat{L}^2$ 的关系

$$\nabla^2 = \frac{1}{r^2}\frac{\partial}{\partial r}\left(r^2\frac{\partial}{\partial r}\right) + \frac{1}{r^2}\hat{L}^2 \tag{5-10}$$

上面我们引入了动量、动能及角动量等力学量所对应的算符，它们的平均值可通过其算符作用到状态波函数上得到。下文还将阐述，任何力学量在实验上所观测到的一些数值信息，均可通过其算符作用到状态波函数而得到。其实在前面几章我们已经看到，能量的取值是通过其哈密顿算符作用到状态波函数 Ψ 上而得到的。人们在量子力学原理的发展和完善过程中得出，各个力学量在量子力学中都表现为作用于波函数的某种算符。简言之，即在量子力学中各力学量均由其对应的算符来表示。这是量子力学的一个基本原则。

各力学量算符的具体形式，还与状态波函数的表达形式有关。如位置坐标 r，在 ψ 表达形式下，其算符的形式就是坐标 $r(x,y,z)$ 本身，但在以动量为变量的波函数 $C(\boldsymbol{p},t)$ 来表述状态的情况下，位置坐标的算符 $\hat{r}$ 就应为 $i\hbar\nabla_p$（见习题 5-12）。关于此问题还将在 5.6 节中介绍。

既然力学量算符是表征力学量的，那么它们就不同于一般的数学算符，它有一些特定的性质。这就是 5.3 节所要讲的内容。

5.3　力学量算符的性质

在讲述力学量算符的性质之前，需要先了解一般算符的概念。单从数学上讲，所谓算符指的是对函数的某种运算，函数 u 经某算符作用后变为另一函数 v，即其经某一运算后变为 v

$$\hat{F}u = v \tag{5-11}$$

表示此运算的符号 $\hat{F}$ 就称为算符。例如，$\dfrac{\mathrm{d}}{\mathrm{d}x}$、$\sqrt{\ }$、$x$、$-3$ 等都可以作为算符。$\dfrac{\mathrm{d}}{\mathrm{d}x}$ 表示求微商的运算，$\sqrt{\ }$ 表示开平方运算；x、-3 表示当它们作用到 u 上时，与 u 相乘。算符运算有如下规定：

(1) 算符相等。如算符 $\hat{F}$ 和 $\hat{G}$ 分别作用于任意一个函数 u 上，有 $\hat{F}u=v$ 及 $\hat{G}u=v$，即 $\hat{F}u=\hat{G}u$，就说 $\hat{F}$ 等于 $\hat{G}$，表示为 $\hat{F}=\hat{G}$。注意，u 应是任意的，否则不能判定其相等。如 $u=x^2$，即有 $\dfrac{\mathrm{d}}{\mathrm{d}x}(x^2)=2x$，$\dfrac{2}{x}(x^2)=2x$，但不能说 $\dfrac{\mathrm{d}}{\mathrm{d}x}$ 与 $\dfrac{2}{x}$ 相等。

(2) 算符相加。如三算符 $\hat{F}$、$\hat{G}$、$\hat{M}$ 分别作用于任意一函数 u 上后，有

$$\hat{F}u + \hat{G}u = \hat{M}u$$

即称 $\hat{F}$ 与 $\hat{G}$ 的和为 $\hat{M}$ ，表示 $\hat{M} = \hat{F} + \hat{G}$.

(3) 算符相乘. 如 $\hat{F}$ 、$\hat{G}$ 、$\hat{M}$ 有 $\hat{G}(\hat{F}u) = \hat{M}u$ (u 为任意函数)，则称 $\hat{G}$ 与 $\hat{F}$ 之积为 $\hat{M}$ ，表示为 $\hat{G}\hat{F} = \hat{M}$. 如 $\hat{I}\hat{G}u = \hat{G}\hat{I}u = \hat{G}u$ ($\hat{G}$ 为任意的)，则称 $\hat{I}$ 为单位算符.

必须注意，算符相加满足交换律，但一般来说，算符相乘不满足交换律，即一般来说 $\hat{G}\hat{F} \neq \hat{F}\hat{G}$. 如 $\hat{G}\hat{F} \neq \hat{F}\hat{G}$ ，就称此二算符不可对易；如二算符有 $\hat{G}\hat{F} = \hat{F}\hat{G}$ ，就称此二算符是对易的. 如 $\hat{G}\hat{F} = -\hat{F}\hat{G}$ ，则称 $\hat{G}$ 、$\hat{F}$ 反对易. 易证 x 与 $\hat{p}_x = -i\hbar\dfrac{\partial}{\partial x}$ 是不可对易的，而 x 与 $\hat{p}_y$ 对易.

(4) 线性算符. 设 u_1 与 u_2 为任意函数，对算符 $\hat{F}$ 来说，如有下式：

$$\hat{F}\left(C_1 u_1 + C_2 u_2\right) = C_1 \hat{F}u_1 + C_2 \hat{F}u_2 \tag{5-12}$$

式中 C_1 、C_2 为任意常数，则称 $\hat{F}$ 为线性算符. 显然，x 、$\dfrac{\mathrm{d}}{\mathrm{d}x}$ 是线性的；而 $\sqrt{\ }$ 则不是线性算符.

(5) 算符的本征值与本征函数. 如 $\hat{F}$ 作用于函数 u ，所得结果为常数 λ 乘同一函数，即

$$\hat{F}u = \lambda u \tag{5-13}$$

则称 λ 为算符 $\hat{F}$ 的本征值，u 称为算符 $\hat{F}$ 的本征函数. 一般说来，对应于不同的本征值，算符有不同的本征函数，为强调此对应关系，应叙述为：u 是算符 $\hat{F}$ 属于本征值 λ 的本征函数. $\hat{F}u = \lambda u$ 称为算符 $\hat{F}$ 的本征方程. 定态薛定谔方程实际上就是哈密顿算符 $\hat{H}$ 的本征方程. 本征方程的解(即求出的本征值及本征函数)，不仅取决于算符的性质，而且还取决于函数 u 所应满足的边界条件. 这点我们在第 3 和 4 章中就已看到了. 本征值的数目可能是有限的，也可能是无限的；在本征值为无限多个时，其本征值分布既可能是离散的，也可能是连续的. 算符本征值的集合称为本征值谱. 如果本征值是一些离散值，则称离散谱；如果其是连续分布的，则称连续谱. 如氢原子薛定谔方程的能值分布，在 $E < 0$ (束缚态)时为离散谱，而在 $E > 0$ 时为连续谱. 又如角动量的 z 分量算符 $\hat{L}_z$ 的本征方程为 $\hat{L}_z\Phi = L_z\Phi$ ，解得本征值为 $L_z = m\hbar$ ，是离散谱；角动量平方算符 $\hat{L}^2$ (见式(5-9))的本征值可由式(5-9)、式(4-3)、式(4-17)得知为 $l(l+1)$ ，l 为角动量数，其相应的本征函数为球谐函数 Y_{lm} ，即 $\hat{L}^2 Y_{lm} = l(l+1)Y_{lm}$.

对应于一个本征值，算符可能只有一个本征函数，也可能有几个相互独立(线性无关)的本征函数，如为 n 个则称 n 度简并.

(6) 厄米算符. 设 u 和 v 是两个任意函数, 如算符 $\hat{F}$ 满足下列等式:

$$\int u^* \hat{F} v \mathrm{d}\tau = \int (\hat{F}u)^* v \mathrm{d}\tau$$

其积分遍及所有变量的变化区域, 则称算符 $\hat{F}$ 为厄米算符. 厄米算符有个重要性质, 就是它的本征值是实数, 我们极易证明此点. 设 $\hat{F}$ 是厄米算符, 令 λ 为本征值, u 为其本征函数, 则

$$\lambda \int u^* u \mathrm{d}\tau = \int u^* \hat{F} u \mathrm{d}\tau = \int (\hat{F}u)^* u \mathrm{d}\tau$$
$$= \lambda^* \int u^* u \mathrm{d}\tau \tag{5-14}$$

由此所得 $\lambda = \lambda^*$, 即 λ 是实数.

5.4 节我们将要讲到, 任何力学量的可能测得的值只能是其算符的本征值, 绝不会测得其本征值以外的值. 而可能测到的值只能是实数, 即力学算符的本征值必须是实数. 这样, 我们就得出, 力学量的算符必须是厄米算符. 另外, 为满足叠加原理的要求, 力学算符还需是线性的. 我们在有简并的情况下来认识此点. 设 ψ_1 和 ψ_2 都是算符 $\hat{F}$ 的本征态, 同属一个本征值 λ, 由叠加原理, $C_1 \Psi_1 + C_2 \Psi_2$ 也属于 λ 的本征态(C_1、C_2 为常数), 而这只能在 $\hat{F}$ 是线性算符时才可能成立

$$\hat{F}(C_1 \Psi_1 + C_2 \Psi_2) = C_1 \hat{F} \Psi_1 + C_2 \hat{F} \Psi_2$$
$$= C_1 \lambda \Psi_1 + C_2 \lambda \Psi_2 = \lambda(C_1 \Psi_1 + C_2 \Psi_2) \tag{5-15}$$

如算符 $\hat{F}$ 不是线性的, 就得不到此结论. 综上所述, 我们得出一个结论, 即表示力学量的算符必须是线性厄米算符, 如 $\hat{p}_x = -\mathrm{i}\hbar \dfrac{\partial}{\partial x}$.

5.4　对易关系与同时测量问题

一、力学量有确定测值的条件

前面所讲的力学量的平均值, 应该是在同一条件下的力学量进行多次测量的结果. 所谓同一条件下的多次测量, 指的是在相同设备的相同安装状态下, 对许多相同的物理体系进行测量, 而不是对一个体系进行反复测量, 因为微观体系经测量后, 一般说来是要改变状态的, 这样就得不到原状态下的平均值. 现以线偏振光的光子通过偏振片(下称晶片)的实验来说明此问题. 实验表明, 当偏振光的光子的振动方向(电矢量方向)与晶片的偏振化方向平行时(此状态表示为 $\psi_{//}$), 此光子一定能通过晶片; 当光子的偏振方向与晶片的偏振方向垂直时(此状态表示为 $\psi_\perp$), 光子将被吸收, 绝对不能通过晶片. 而当光子在入射晶片前(测量前)的偏振

方向与晶片的偏振化方向成 α 角时(其状态表示为 ψ_α, $\alpha \neq 0$ 及 $\dfrac{\pi}{2}$), 其一光子入射晶片(单次测量)的结果, 有两种可能性, 要么被吸收, 要么通过, 但不能断定每个单次测量的结果是两种中的哪一种. 假如有一光子通过了晶片, 则其状态就由 ψ_α 变为 $\psi_{//}$ 了; 如再用原偏振化方向的晶片对之进行测量(反复测量), 则光子一定能通过晶片, 这不能算作原状态 ψ_α 下的测量. 而多次测量则不同, 多次测量中的任意一次测量, 其光子均处于相同的状态 ψ_α 下, 每个单次测量的结果虽不能断定, 但多次测量的统计规律得出, 光子通过晶片的概率为 $\cos^2 \alpha$, 被吸收的概率为 $\sin^2 \alpha$, 测量后的状态变为 $\psi_{//}$ 或 $\psi_\perp$.

多次测量的概念清楚后, 我们就能从理论上来认识力学量有确定测量值的条件. 还是从平均值谈起, 当体系处于态 $\Psi(\boldsymbol{r},t)$ 时, 对力学量 $\boldsymbol{F}$ 进行多次测量而得的平均值由 $\bar{F} = \int \Psi^* \hat{F} \Psi \, \mathrm{d}r$ 表示. 为进一步分析此平均过程, 我们讨论每次测量结果与平均值 $\bar{F} = \lambda$ 间的偏差. 设多次测量力学量 F 所得的结果为 $F_1, F_2, \cdots, F_n$, 则第 i 次测量结果 F_i 与平均值 λ 的偏差 $\Delta F_i = F_i - \lambda$. 多次测量中, 这偏差有正有负, 平均为零, $\overline{\Delta F} = \overline{(F - \lambda)} = \bar{F} - \lambda = \lambda - \lambda = 0$, 故无法据此估计偏离情况. 在一般状态下, 多次测量结果与平均值 λ 的偏离情况用其平方偏差 $(\Delta F)^2 = (F - \lambda)^2$ 的平均值(均方偏差) $\overline{(F - \bar{F})^2}$ 来进行讨论. 按平均值计算式及厄米算符性质, 有

$$\overline{(\Delta F)^2} = \overline{(F - \lambda)^2} = \int \Psi^* (\hat{F} - \lambda)^2 \Psi \, \mathrm{d}\tau$$

$$= \int \Psi^* (\hat{F} - \lambda) \left[(\hat{F} - \lambda) \Psi \right] \mathrm{d}\tau = \int \left[(\hat{F} - \lambda) \Psi \right]^* \left[(\hat{F} - \lambda) \Psi \right] \mathrm{d}\tau$$

$$= \int \left| (\hat{F} - \bar{F}) \Psi \right|^2 \mathrm{d}\tau \geqslant 0 \tag{5-16}$$

由上式知, $\overline{(\Delta F)^2} = 0$ 的充要条件为 $(\hat{F} - \lambda)\Psi = 0$. 而均方偏差为零, 就意味着每次测值与平均值的偏差均为零, 即每次测量的值相同(确定测值). 这样就得出, 一力学量 F 有确定测值的充要条件是 $\hat{F}\Psi = \lambda \Psi$, 即 Ψ 所表示的状态是力学量 $\hat{F}$ 的本征态. 这一结论亦可这样描述: 当且仅当体系处于力学量的本征态时, 才能有确定测值, 且必定是此态所属的本征值.

当体系所处的态 Ψ 不是力学量 F 的本征态时, 就不能有确定的测值, 而某次测量的结果只能是 $\hat{F}$ 所有本征值中的一个, 但不确定是哪一个, $\hat{F}$ 的每个本征值在测量中都以一定概率出现, 可由下述讨论看出.

设 ψ_i 和 ψ_j 分别是力学量 $\hat{F}$ 的两个不同本征值 F_i 和 F_j 的本征函数(归一化的), 则可证明

$$\int \psi_i \psi_j \mathrm{d}\tau = \delta_{ij}, \quad i \neq j \text{ 时 } \delta_{ij} = 0, \quad i = j \text{ 时 } \delta_{ij} = 1 \tag{5-17}$$

这就是力学算符的本征函数的正交性(证明见习题 5-8 的解答). 设体系所处状态 ψ 不是 $\hat{F}$ 的本征态, 由叠加原理, ψ 即可由 $\hat{F}$ 的整个本征函数系表示出: $\psi = \sum_i C_i \psi_i$, 展开系数 $C_i = \int \psi_i^* \psi \mathrm{d}\tau$. 由式(5-17)及 $\hat{F}$ 的线性厄米性, 即得 ψ 态下测 $\hat{F}$ 时的平均值

$$\begin{aligned}
\bar{F} &= \int \psi^* \hat{F} \psi \mathrm{d}\tau = \int \left(\sum_j C_j \psi_j \right)^* \hat{F} \left(\sum_i C_i \psi_i \right) \mathrm{d}\tau \\
&= \sum_{ij} C_j^* C_i \int \psi_j^* \hat{F} \psi_i \mathrm{d}\tau \\
&= \sum_{ij} C_j^* C_i F_i \delta_{ij} = \sum_i \left| C_i \right|^2 F_i
\end{aligned} \tag{5-18}$$

用类似的计算可得 $\sum_i \left| C_i \right|^2 = 1$. 式(5-18)中的 F_i 为 $\hat{F}$ 的本征值. 由概率求平均值的法则可看出式(5-18)的含义: 在非本征态 ψ 下, 力学量 F 的可能测值均为 $\hat{F}$ 的本征值; 而测得某本征值 F_i 的概率为 $\psi = \sum_i C_i \psi_i$ 中相应系数 C_i 的模平方 $\left| C_i \right|^2$. 限于篇幅, 上述讨论仅在离散本征值谱情况下进行, 但所得结论对连续谱情况仍然成立.

二、对易关系和两力学量同时测量问题

(1) 对易关系: 如两算符 $\hat{A}$、$\hat{B}$ 满足 $\hat{A}\hat{B} = \hat{B}\hat{A}$, 则 $\hat{A}$、$\hat{B}$ 可对易; 如 $\hat{A}\hat{B} \neq \hat{B}\hat{A}$, 则说 $\hat{A}$、$\hat{B}$ 是不可对易的. 为书写简便, 常引进符号

$$\left[\hat{A}, \hat{B} \right] = \hat{A}\hat{B} - \hat{B}\hat{A} \tag{5-19}$$

$\hat{A}$、$\hat{B}$ 可对易即表示为 $\left[\hat{A}, \hat{B} \right] = 0$; 如不可对易则表示为 $\left[\hat{A}, \hat{B} \right] \neq 0$. 由式(5-19), 不难推得下述结果:

$$\left[\hat{A}, \hat{B} \right] = -\left[\hat{B}, \hat{A} \right]$$
$$\left[\hat{A}, \hat{B} + \hat{C} \right] = \left[\hat{A}, \hat{B} \right] + \left[\hat{A}, \hat{C} \right] \tag{5-20}$$
$$\left[\hat{A}\hat{B}, \hat{C} \right] = \hat{A}\left[\hat{B}, \hat{C} \right] + \left[\hat{A}, \hat{C} \right]\hat{B}$$

我们能够推出一些力学量间的对易关系, 例如, $\left[x, \hat{p}_x \right] = \mathrm{i}\hbar$, $\left[y, \hat{p}_x \right] = 0$, $\left[\hat{L}_x, \hat{L}_y \right] = \mathrm{i}\hbar\hat{L}_z$ 及 $\left[\hat{L}^2, \hat{L}_x \right] = 0$ (参见习题 5-9). 有些力学量满足 $\hat{A}\hat{B} = -\hat{B}\hat{A}$ 表示为 $\left[\hat{A}, \hat{B} \right] = \hat{A}\hat{B} + \hat{B}\hat{A} = 0$, 称 $\hat{A}$、$\hat{B}$ 反对易.

(2) 两力学量同时测得确定值的条件：上面已讲过，当体系处于力学量 $\hat{F}$ 的本征态时，则对 F 进行测量时，必有确定测值. 显然，如果态 ψ 同时是两个力学算符 $\hat{F}$ 与 $\hat{G}$ 的本征态，则在此共同本征态下，$\hat{F}$ 和 $\hat{G}$ 必能同时测得确定值. 简而言之，如 $\hat{F}$ 和 $\hat{G}$ 的共同本征函数 ψ_{ij} 不止一个，而且其集合组成一个完备系，即任意波函数 ψ 均可由此完备系的函数展开：$\psi = \sum_i C_i \psi_i$，则 $\hat{F}$ 和 $\hat{G}$ 对易，即 $\left[\hat{F},\ \hat{G}\right] = 0$. 证明如下：

设 ψ 为任一波函数，因 ψ_{ij} 组成完备系，而 ψ_{ij} 又是 $\hat{F}$ 和 $\hat{G}$ 的共同本征函数，必有 $\hat{F}\psi_{ij} = F_i\psi_{ij}$ 和 $\hat{G}\psi_{ij} = G_j\psi_{ij}$，则必有

$$\psi = \sum_{ij} C_{ij}\psi_{ij}$$

$$(\hat{F}\hat{G} - \hat{G}\hat{F})\psi = \sum_{ij} C_{ij}(F_iG_j - G_jF_i)\psi_{ij} = 0$$

因为 ψ 为任意的，必有 $(\hat{F}\hat{G} - \hat{G}\hat{F}) = \left[\hat{F},\ \hat{G}\right] = 0$.

其逆定理也成立，即如 $\hat{F}$ 和 $\hat{G}$ 可对易，则它们有共同本征函数系，此函数系是完备的(其证明可见习题 5-12 的解答).

综上所述，两力学算符若有共同本征函数，则在其共同本征态下两力学量均有确定值. 而两算符有完备的共同本征函数系的充要条件是这两算符可以对易.

如 $\hat{L}^2$ 与 $\hat{L}_z$ 可对易，它们有一个共同本征态 $Y_{lm}(\theta,\varphi)$，在这个态下二者可同时测得确定值，分别为相应的本征值 $l(l+1)\hbar^2$ 和 $m\hbar$.

5.5　不确定关系

如两力学算符 $\hat{F}, \hat{G}$ 不可对易，则一般说来就不能同时具有确定测值，则在某态下对之进行测量，就将产生偏差. 现以一例来说明两力学量偏差的关系，已知 $\hat{x}$ 和 $\hat{p}_x$ 是不可对易的. 现考察在谐振子基态 $\psi_0 = (\alpha^2/\pi)^{\frac{1}{4}} e^{-\frac{1}{2}\alpha^2 x^2}$ 下测量 x 和 p_x 时，所产生的均方误差为 $\overline{\Delta x^2} = \int \psi_0^*(x - \bar{x})^2 \psi_0 dx$ 和 $\overline{\Delta p^2} = \int \psi_0^*(\hat{p}_x - \bar{p}_x)^2 \psi dx$. 然而，因为此定积分被积函数为奇函数，$\bar{x} = \int_{-\infty}^{\infty} \psi_0^* x \psi_0 dx = 0$ 及 $\bar{p} = \int_{-\infty}^{\infty} \psi^* \left(-i\hbar \dfrac{d}{dx}\right)\psi dx = 0$，则有

$$\overline{\Delta x^2} = \int_{-\infty}^{\infty} \psi_0^* x^2 \psi_0 \,\mathrm{d}x = \frac{\alpha}{\sqrt{\pi}} \int_{-\infty}^{\infty} x^2 \mathrm{e}^{-\alpha^2 x^2} \,\mathrm{d}x$$

$$= \frac{2\alpha}{\sqrt{\pi}} \int_0^{\infty} x^2 \mathrm{e}^{-\alpha^2 x^2} \,\mathrm{d}x = \frac{1}{2\alpha^2} \tag{5-21}$$

$$\overline{\Delta p_x^2} = \int_{-\infty}^{\infty} \psi_0^* \left(-\hbar^2 \frac{\mathrm{d}^2}{\mathrm{d}x^2} \right) \psi_0 \,\mathrm{d}x = \frac{2\alpha^3}{\sqrt{\pi}} \hbar^2 \int_0^{\infty} (\mathrm{e}^{-\alpha^2 x^2} - \alpha^2 x^2 \mathrm{e}^{-\alpha^2 x^2}) \,\mathrm{d}x$$

$$= \frac{1}{2} \alpha^2 \hbar^2 \tag{5-22}$$

上两式均用了积分公式 $\int_0^{\infty} \mathrm{e}^{-x^2} \,\mathrm{d}x = \frac{\sqrt{\pi}}{2}$. 由此二式即得 $\overline{\Delta x^2 \Delta p^2} = \frac{\hbar^2}{4}$, 如令

$\Delta x = \sqrt{\overline{\Delta x^2}}$, $\Delta p = \sqrt{\overline{\Delta p_x^2}}$, 则有 $\Delta x \Delta p = \frac{\hbar}{2}$; 而在谐振子的其他状态, 可得 $\Delta x \Delta p > \frac{\hbar}{2}$.

因此, 一般可表示为 $\Delta x \Delta p \geqslant \frac{\hbar}{2}$, 由此不等式可以看出, x 坐标和动量的 x 分量 p_x

不能同时测得准确数值; 如 x 的不确定度较小, 则 p_x 的偏差就较大. 上述不等式

虽是由特殊情况得出的, 但它是普遍成立的, 而且还有相应的关系式: $\Delta y \Delta p_y \geqslant \frac{\hbar}{2}$,

$\Delta z \Delta p_z \geqslant \frac{\hbar}{2}$. 这三个不等式就是著名的不确定关系(坐标及动量的).

前面已讲过, 对于任两个不可对易的力学量, 均不能同时测得准确值, 将产生偏差, 应该指出此偏差(不确定度)不是仪器及人为因素产生的, 而是微观粒子的波粒二象性的必然结果. 可以严格证明, 如两力学量相应的算符 $\hat{F}$ 和 $\hat{G}$ 不对易,

即 $\left[\hat{F}, \hat{G} \right] = \mathrm{i} \hat{K}$, 则其均方偏差 $\overline{(\Delta \hat{F})^2}$ 和 $\overline{(\Delta \hat{G})^2}$ 不能同时为零, 且应满足下述不确

定关系式:

$$\overline{(\Delta \hat{F})^2} \overline{(\Delta \hat{G})^2} \geqslant \frac{\overline{K}^2}{4} \tag{5-23}$$

证明考虑下述这个明显成立的不等式:

$$I(\xi) = \int \left| (\xi \Delta \hat{F} + \mathrm{i} \Delta \hat{G}) \psi \right|^2 \,\mathrm{d}\tau \geqslant 0 \tag{5-24}$$

其中 ψ 为任意波函数, ξ 为任意实参数. 将不等式左端展开(注意 $\Delta \hat{F}$、$\Delta \hat{G}$ 的厄米性), 有

$$I(\xi) = \int \left[(\xi \Delta \hat{F} + \mathrm{i} \Delta \hat{G}) \psi \right]^* \left[(\xi \Delta \hat{F} + \mathrm{i} \Delta \hat{G}) \psi \right] \mathrm{d}\tau$$

$$= \int \left[\xi (\Delta \hat{F} \psi)^* - \mathrm{i} (\Delta \hat{G} \psi)^* \right] \left[\xi (\Delta \hat{F} \psi) + \mathrm{i} (\Delta \hat{G} \psi) \right] \mathrm{d}\tau$$

$$= \xi^2 \int \psi^* (\Delta \hat{F})^2 \psi \,\mathrm{d}\tau + \mathrm{i} \xi \int \psi^* (\Delta \hat{F} \Delta \hat{G} - \Delta \hat{G} \Delta \hat{F}) \psi \,\mathrm{d}\tau + \int \psi^* (\Delta \hat{G})^2 \psi \,\mathrm{d}\tau \tag{5-25}$$

而由 $\left[\hat{F},\hat{G}\right]=\mathrm{i}\hat{K}$ ，极易得到

$$\left[\hat{F},\hat{G}\right]=\left[\hat{F}-\overline{F},\hat{G}-\overline{G}\right]=\left[\Delta\hat{F},\Delta\hat{G}\right]=\mathrm{i}\hat{K} \tag{5-26}$$

将式(5-26)代入式(5-25)，并注意到平均值公式，得

$$I(\xi)=\overline{(\Delta\hat{F})^2}\,\xi^2-\overline{K}\xi+\overline{(\Delta\hat{G})^2}\geqslant 0 \tag{5-27}$$

对于任意实数 ξ ，都要求 $I(\xi)\geqslant 0$ ，必须要求

$$\overline{(\Delta\hat{F})^2}\,\overline{(\Delta\hat{G})^2}\geqslant\frac{\overline{K}^2}{4}$$

证毕.

如以 ΔF 及 ΔG 表示均方根偏差 $\sqrt{\overline{(\Delta\hat{F})^2}}$ 及 $\sqrt{\overline{(\Delta\hat{G})^2}}$ ，可简单表示为

$$\Delta F\Delta G\geqslant\frac{1}{2}\overline{K} \tag{5-28}$$

上面所述的坐标 x 与动量分量 p_x 的不确定关系，只是其中一个例子. 由 $[\hat{x},\hat{p}_x]=\mathrm{i}\hbar$ 及式(5-28)，即可得 $\Delta x\Delta p\geqslant\dfrac{\hbar}{2}$.

不过需要指出，时间与能量的不确定关系：$\Delta t\Delta E\geqslant\hbar/2$ ，虽然其形式酷似式(5-28)，但其物理意义却迥然不同，在非相对论中，时间不是力学变量，而是一个参数，故不确定关系中的 Δt 就不表示测量的均方根偏差，因此 $\Delta t\Delta E\geqslant\hbar/2$ 只能表示能量这个动力学变量取值的不确定度 ΔE 与表征体系改变率的时间间隔 Δt 的关系. 由于 t 不是力学量，故也就谈不上时间 t 和某力学量对易与否的问题，因此 t 与 E 的"不确定关系"就不能由式(5-28)导出，而应由其他方式导出(习题 5-14).

用不确定关系可对线性谐振子的零点能予以说明. 振子的平均能量应为

$$\overline{E}=\frac{\overline{p^2}}{2\mu}+\frac{1}{2}\mu\omega^2\overline{x^2} \tag{5-29}$$

而由于 $\overline{x}=0$ 和 $\overline{p}=0$(参见习题 5-2 及其解答)，即有 $\Delta x=x-\overline{x}=x$ 和 $\Delta p=p-\overline{p}=p$ ，故 $\overline{x^2}=\overline{(\Delta x)^2}$ 和 $\overline{p^2}=\overline{(\Delta p)^2}$ ，将此等式代入式(5-29)后能量平均值即为

$$\overline{E}=\frac{\overline{(\Delta p)^2}}{2\mu}+\frac{1}{2}\mu\omega^2\overline{(\Delta x)^2} \tag{5-30}$$

由不确定关系知，$(\Delta x)^2$ 和 $(\Delta p)^2$ 不能同时为零，因而 $\overline{E}$ 的最小值也不能为零，而必须是有限正值. 为求 $\overline{E}$ 的最小值，在不确定关系中取等号，即 $\overline{(\Delta p)^2}=\dfrac{\hbar^2}{4}\overline{(\Delta x)^2}$ ，代入式(5-30)后，可得

$$\overline{E} = \frac{h^2}{8\mu} \cdot \frac{1}{(\Delta x)^2} + \frac{1}{2}\mu\omega^2 \overline{(\Delta x)^2} \tag{5-31}$$

将此式对 $\overline{(\Delta x)^2}$ 求最小值, 即可得 $\overline{E}$ 最小值为 $\frac{1}{2}\hbar\omega$, 这就是谐振子基态能量, 称为零点能. 谐振子具有有限的零点能是粒子波动性最独特的表现之一, 从实验上证实它的存在有很大意义. 首先在实验上发现零点能是低温下 X 射线在晶体中的散射实验. 如无零点能, 在 $T \to 0\mathrm{K}$ 时晶格就无振动, 则 X 射线与晶格的相互作用以及散射是不会发生的, 而实验否定了此点, 证实了零点能的存在.

5.6 表象理论简介

前几节中叙述了量子力学的一些基本原理及力学量间的一些关系. 在这叙述中, 体系的态是以坐标为变量的波函数来描写的, 而力学量以作用在这种波函数上的算符来表示. 量子力学中态和力学量的具体表述方式称为表象. 前面我们采用的表象称为坐标表象, 波函数 $\Psi(\mathbf{r},t)$, 力学量 $Q(\mathbf{r},\mathbf{p})$ 用算符 $\hat{Q}(\mathbf{r},-\mathrm{i}\hbar\nabla)$ 表示. 但表述方式(表象)非此一种, 还可用其他变量的函数作为波函数来描写体系的态, 即还有另外的表象. 本节将简要叙述坐标表象与其他表象的关系及由一种表象(态及算符)变换到另一表象的方法.

一、态的表象

如体系的态用波函数 $\Psi(\mathbf{r},t)$ 描写, 则称为坐标表象, 但它还可用另外的方式来描写. 设一力学量的算符 $\hat{Q}$ 具有离散本征值 Q_1, Q_2, $\cdots$, Q_n, $\cdots$, 对应的本征函数为 $\mu_1(\mathbf{r})$, $\mu_2(\mathbf{r})$, $\cdots$, $\mu_n(\mathbf{r})$, $\cdots$, 并组成正交归一完备函数系, 则 $\Psi(\mathbf{r},t)$ 可按 $\{\mu_n(\mathbf{r})\}$ 展开

$$\Psi(\mathbf{r},t) = \sum_n C_n(t)u_n(\mathbf{r}) \tag{5-32}$$

其中

$$C_n(t) = \int \Psi(\mathbf{r},t)u_n^*(\mathbf{r})\mathrm{d}\tau \tag{5-33}$$

由 5.4 节可知, $C_n(t)$ 的物理意义是: 体系处于 $\Psi(\mathbf{r},t)$ 所描述的态下, 测得力学量 $\hat{Q}$ 为 Q_n 的概率应为 $|C_n(t)|^2$. 式(5-32)和式(5-33)把这一组系数 $\{C_n(t)\} = C_1(t)$, $C_2(t)$, $\cdots$, $C_n(t)$, $\cdots$与 $\Psi(\mathbf{r},t)$ 联系起来了, 因此我们也就可将 $\{C_n(t)\}$ 称为该状态在 Q 表象中的波函数. 如 $\hat{Q}$ 为能量算符 $\hat{H}$, 体系的能值为 E_1, E_2, $\cdots$, E_n, 相应的本征函数系为 $\{\psi_n(\mathbf{r})\}$, 即可将 $\Psi(\mathbf{r},t)$ 展成

$$\Psi(\boldsymbol{r},t) = \sum_n C_n(t)\psi_n(\boldsymbol{r})$$

在态 $\Psi(\boldsymbol{r},t)$ 下测得能值为 E_n 的概率为 $|C_n(t)|^2$. 显然，这组系数 $\{C_n(t)\}$ 可代替 $\Psi(\boldsymbol{r},t)$ 来描述该状态. $\{C_n(t)\}$ 即为该态在 H 表象(能量表象)中的波函数.

从上述内容可看出，这种表象概念与几何学中坐标系的概念相似. 在几何学中，空间的一个矢量 $\boldsymbol{A}$，可在一个坐标系中用三个分量(A_1，A_2，A_3)来描写，也可用它在另一坐标系中的三个分量(A_1'，A_2'，A_3')来描写. 与此类似，在量子力学中，可将态 ψ 看成一个矢量，称为态矢量，选取一个特定的 Q 表象，就相当于选取一特定的坐标系，Q 表象中的本征函数 u_1，u_2，$\cdots$，u_n 为这一表象中的基矢，这相当于坐标系中的单位矢量 $\boldsymbol{i}$，$\boldsymbol{j}$，$\boldsymbol{k}$；波函数 $\{C_n(t)\}$ 是态矢量在 Q 表象中各基矢"方向"的分量，相应于几何学中的坐标分量. 在几何学中矢量的三个空间分量是可表示该矢量的，在量子力学中态矢在某表象中各基矢"方向"的分量的集合也就可表示态矢.

上述讨论是基于力学量 Q 只有离散本征值的情况，现来看一下 Q 的本征值为连续谱的情况. 设 $\hat{Q}$ 的全部本征值 Q_λ 组成连续谱(λ 可连续变化)，对应的本征函数为 $u_\lambda(\boldsymbol{r})$，则 $\Psi(\boldsymbol{r},t)$ 的展开式可表示为

$$\Psi(\boldsymbol{r},t) = \int C_\lambda(t)u_\lambda(\boldsymbol{r})\mathrm{d}\lambda \qquad (5\text{-}34)$$

可看出此式与式(5-32)相似，只要将 n 换为连续变量 λ，把对 n 的求和号 $\sum\limits_n$ 换成对 λ 的积分 $\int\mathrm{d}\lambda$，即将式(5-32)的形式变为式(5-34)了. 须指出这种类比推广，还涉及连续谱本征函数的正交归一化问题. 限于篇幅，本书将不对此作详细的讨论，仅指出 u_λ 的正交"归一化"可用函数 δ 来表示(关于 δ 函数参见附录Ⅲ)，即

$$\int \mu_{\lambda'}^*(\boldsymbol{r})\mu_\lambda(\boldsymbol{r})\mathrm{d}\tau = \delta(\lambda'-\lambda) = \begin{cases} 0, & \lambda' \neq \lambda \\ \infty, & \lambda' = \lambda \end{cases} \qquad (5\text{-}35)$$

对 δ 函数而言，还有一重要性质(附录Ⅲ)，即

$$\int_{-\infty}^{\infty} \delta(x-a)f(x)\mathrm{d}x = f(a)$$

这样，式(5-34)中的 $C_\lambda(t)$ 即可表示为

$$C_\lambda(t) = \int_{-\infty}^{\infty} \Psi(\boldsymbol{r},t)u_\lambda^*(\boldsymbol{r})\mathrm{d}\tau \qquad (5\text{-}36)$$

因此

$$\int \Psi(\boldsymbol{r},t)u_\lambda^*(\boldsymbol{r})\mathrm{d}\tau = \int\left[\int C_{\lambda'}(t)u_{\lambda'}(\boldsymbol{r})\mathrm{d}\lambda'\right]u_\lambda^*(\boldsymbol{r})\mathrm{d}\tau$$

$$= \int C_{\lambda'}(t)\left[\int u_{\lambda'}(\boldsymbol{r})u_\lambda^*(\boldsymbol{r})\mathrm{d}\tau\right]\mathrm{d}\lambda$$

$$= \int C_{\lambda'}\delta(\lambda'-\lambda)\mathrm{d}\lambda = C_\lambda(t)$$

这就是 Q 表象中的波函数，动量表象即属此类. 考虑一维的情况下，动量 $\hat{p}=-\mathrm{i}\hbar\dfrac{\partial}{\partial x}$ 的本征函数是(见习题 5-5 的解答)

$$\psi_p(x) = \frac{1}{\sqrt{2\pi\hbar}}\mathrm{e}^{\frac{\mathrm{i}}{\hbar}px}$$

p 是在 $(-\infty,\infty)$ 范围内连续取值的本征值. 这样，体系的任意形状 $\Psi(x,t)$，以 $\psi_p(x)$ 为基矢的展开式为

$$\Psi(x,t) = \frac{1}{\sqrt{2\pi\hbar}}\int C(p,t)\mathrm{e}^{\frac{\mathrm{i}}{\hbar}px}\mathrm{d}p \tag{5-37}$$

而动量表象的波函数 $C(p,t)$ 即为

$$C(p,t) = \frac{1}{\sqrt{2\pi\hbar}}\int \Psi(x,t)\mathrm{e}^{\frac{\mathrm{i}}{\hbar}px}\mathrm{d}x \tag{5-38}$$

二、算符的表象

既然在不同表象中，态的波函数的形式不同，那么作用于波函数上的力学量的算符的形式也就与表象的选取有关了. 讨论如下：

设在 x 表象中，力学量 G 的算符表示为 $\hat{G}\left(x,-\mathrm{i}\hbar\dfrac{\partial}{\partial x}\right)$，当它作用于波函数 $\Psi(x,t)$ 后，得一新波函数

$$\Phi(x,t) = \hat{G}\left(x,-\mathrm{i}\hbar\frac{\partial}{\partial x}\right)\Psi(x,t) \tag{5-39}$$

并设在 Q 表象中，波函数 $\Psi(x,t)$ 和 $\Phi(x,t)$ 分别表示为 $(a_1(t),a_2(t),\cdots,a_n(t),\cdots)$ 和 $(b_1(t),b_2(t),\cdots,b_n(t),\cdots)$，即

$$\Psi(x,t) = \sum_n a_n(t)u_n(x) \tag{5-40}$$

$$\Phi(x,t) = \sum_n b_n(t)u_n(x) \tag{5-41}$$

式中 $u_n(x)$ 为 $\hat{Q}$ 的本征函数. 将此式代入式(5-39)得

$$\sum_n b_n(t)u_n(x) = \sum_n a_n(t)\hat{G}\left(x,-i\hbar\frac{\partial}{\partial x}\right)u_n(x)$$

以 $u_m^*(x)$ 乘上式，再对整个空间积分，并注意到 $u_n(x)$ 的正交归一性，其结果为

$$b_m(t) = \sum_n a_n(t)\int u_m^*(x)\hat{G}\left(x,-i\hbar\frac{\partial}{\partial x}\right)u_n(x)\mathrm{d}x \tag{5-42}$$

令 $G_{mn} = \int u_m^*(x)\hat{G}\left(x,-i\hbar\frac{\partial}{\partial x}\right)u_n(x)\mathrm{d}x$ ，则式(5-42)可写为

$$b_m(t) = \sum_n G_{mn}a_n(t) \quad (m = 1,2,3,\cdots) \tag{5-43}$$

式(5-43)表示，在 Q 表象中态 Φ 的波函数 $\{b_n(t)\}$ 是由 $\{G_{mn}\}$ 作用到态的波函数 $\{a_n(t)\}$ 而得到的. 这就意味着不同的下标 m,n 的所有元素的集合 $\{G_{mn}\}$ 就是算符 $\hat{G}$ 在 Q 的表象中的表示. 用线性代数的知识可将式(5-43)写为矩阵形式

$$\begin{bmatrix} b_1(t) \\ b_2(t) \\ \vdots \\ b_n(t) \\ \vdots \end{bmatrix} = \begin{bmatrix} G_{11} & G_{12} & \cdots & G_{1n} & \cdots \\ G_{21} & G_{22} & \cdots & G_{2n} & \cdots \\ \vdots & \vdots & & \vdots & \vdots \\ G_{n1} & G_{n2} & \cdots & G_{nn} & \cdots \\ \vdots & \vdots & & \vdots & \vdots \end{bmatrix} \begin{bmatrix} a_1(t) \\ a_2(t) \\ \vdots \\ a_n(t) \\ \vdots \end{bmatrix} \tag{5-44}$$

具体说来矩阵 $[G_{mn}]$ 就是 Q 表象中算符的表示. 薛定谔方程的矩阵形式为 $-i\hbar\frac{\partial\psi}{\partial t} = H\psi$ ，在 F 表象中 $\psi(t)$ 表示为：$\psi(t) = \sum_k a_k(t)\hat{H}\psi_k$ ，将其代入上述薛定谔方程得

$$-i\hbar\sum_k \dot{a}_k(t)\psi(k) = \sum_k a_k(t)\hat{H}\psi_k$$

左乘 ψ_j 并取标积，得

$$-i\hbar\dot{a}_j(t) = \sum_k H_{jk}a_k, \quad H_{jk} = (\psi,\hat{H}\psi_k)$$

或者表示成

$$i\hbar\begin{bmatrix} \dot{a}_1 \\ \dot{a}_2 \\ \vdots \\ \dot{a}_n \\ \vdots \end{bmatrix} = \begin{bmatrix} H_{11} & H_{12} & \cdots & H_{1n} & \cdots \\ H_{21} & H_{22} & \cdots & H_{2n} & \cdots \\ \vdots & \vdots & & \vdots & \vdots \\ H_{n1} & H_{n2} & \cdots & H_{nn} & \cdots \\ \vdots & \vdots & & \vdots & \vdots \end{bmatrix} \begin{bmatrix} a_1 \\ a_2 \\ \vdots \\ a_n \\ \vdots \end{bmatrix}$$

此即 F 表象中薛定谔方程的矩阵形式.

类比可得 $\hat{Q}$ 的本征值为连续谱时算符的表示. 以坐标算符 $\hat{x}$ 在动量表象中的表示为例加以说明, x 的本征值应为连续谱. 在坐标表象中坐标算符 $\hat{x}$ 就是其本身 x, 而动量 $\hat{p} = -\mathrm{i}\hbar\dfrac{\partial}{\partial x}$ 的本征函数为 $\psi_p(x) = \dfrac{1}{(2\pi\hbar)^{1/2}}\mathrm{e}^{\frac{\mathrm{i}}{\hbar}px}$, 故 $x\psi_p(x) = -\mathrm{i}\hbar\dfrac{\partial}{\partial p}\psi_p(x)$. 可得 $\hat{x}$ 在动量表象中的表示

$$\hat{x} = \int \psi_p^*(x)x\psi_{p'}(x)\mathrm{d}x = -\mathrm{i}\hbar\frac{\partial}{\partial p'}\int \psi_p^*(x)\psi_{p'}(x)\mathrm{d}x \tag{5-45}$$

ψ_p 的归一化用 δ 函数表示. 由 δ 函数的性质, 可得 $\hat{x} = -\mathrm{i}\hbar\dfrac{\partial}{\partial p}$, 如考虑三维情况, 可表示为 $\hat{x} = -\mathrm{i}\hbar\dfrac{\partial}{\partial p_x}$, $\hat{y} = -\mathrm{i}\hbar\dfrac{\partial}{\partial p_y}$, $\hat{z} = -\mathrm{i}\hbar\dfrac{\partial}{\partial p_z}$.

5.7　狄拉克符号

由于狄拉克符号的运算简捷且可不必涉及具体表象, 故常为量子力学的理论表述所采用. 在固体物理及量子化学中也常出现, 故有必要介绍它. 限于篇幅, 只作扼要介绍.

一、右矢与左矢

量子力学体系的一切可能状态构成了一个完备的空间, 这一空间是一抽象的线性空间. 这一空间的矢量用一个叫做右矢的符号 $|\ \rangle$ 表示. 若要标志某个特定的态, 可在 $|\ \rangle$ 内标上一个记号, 如 $|\psi\rangle$ 表示波函数 ψ 描述的状态. 对于本征态, 常用本征值或相应的量子数标在右矢内, 如 $|E_n\rangle$ 或 $|n\rangle$ 表示能量的本征态, $|lm\rangle$ 表示 $\left(\hat{l}^2, \hat{l}_z\right)$ 的共同本征态, $|p'\rangle$ 表示动量的本征态(本征值为 p'). 与 $|\ \rangle$ 相应, 左矢 $\langle\ |$ 表示共轭空间的一个抽象矢量. 如 $\langle\psi|$ 是 $|\psi\rangle$ 的复共轭矢量, $\langle x'|$ 是 $|x'\rangle$ 的复共轭.

态矢量空间是一种线性复矢量空间. 右矢与右矢, 左矢与左矢可以相加, 但右矢不能与左矢相加. 左矢与右矢可以相乘, 即所谓标积. 矢量 $|\psi\rangle$ 和 $|\varphi\rangle$ 的标识用 $|\varphi\rangle$ 的共轭 $\langle\varphi|$ 与 $|\psi\rangle$ 相乘, 表为 $\langle\varphi|\psi\rangle$, 故有 $\langle\varphi|\psi\rangle^* = \langle\psi|\varphi\rangle$. 若 $\langle\varphi|\psi\rangle = 0$, 则 $|\psi\rangle$ 与 $|\varphi\rangle$ 正交; 若 $|\varphi\rangle$ 是归一化矢量, 则 $\langle\varphi|\varphi\rangle = 1$. 如 $\hat{F}$ 的本征态是正交归一的, 则 $\langle F_k|F_j\rangle = \delta_{kj}$. 连续谱本征态的正交"归一"性可用 δ 函数表示. 如坐标表象基矢 $\langle x'|x''\rangle = \delta(x'-x'')$; 动量表象 $\langle p'|p''\rangle = \delta(p'-p'')$.

二、态矢在具体表象中的表示

上述内容中的态表示还是一个抽象矢量，尚未涉及具体的表象. 现讨论态矢在具体表象中的表示. 设 F 表象的基矢 $|k\rangle$，任意矢 $|\psi\rangle$ 可用 $|k\rangle$ 来展开

$$|\psi\rangle = \sum_k a_k |k\rangle \tag{5-46}$$

根据基矢的正交归一性可得 $a_k = \langle k|\psi\rangle$，它表示 $|\psi\rangle$ 在基矢上的投影，这样就有

$$|\psi\rangle = \sum_k \langle k|\psi\rangle |k\rangle = \sum_k |k\rangle\langle k|\psi\rangle \tag{5-47}$$

由于式(5-47)中的 $|\psi\rangle$ 是任意的，因此有 $\sum_k |k\rangle\langle k| = 1$. 对于连续谱的情况，以 x 表象来说明. x 表象的基矢为 $|x\rangle$，则任意态矢 $|\psi\rangle$ 可表示为

$$|\psi\rangle = \int |x\rangle\langle x|\psi\rangle \mathrm{d}x \tag{5-48}$$

$$\langle\varphi|\psi\rangle = \sum_j \sum_k \langle\varphi|j\rangle\langle j|k\rangle\langle k|\psi\rangle = \sum_k \langle\varphi|k\rangle\langle k|\psi\rangle \tag{5-49}$$

令 $a_k = \langle k|\psi\rangle, b_k^* = \langle k|\varphi\rangle^* = \langle\varphi|k\rangle$，则 $\langle\varphi|\psi\rangle = \sum_k b_k^* a_k$.

对于连续谱的情况仍以 x 表象为例. 由式(5-48)可知波函数 $\psi(x)$ 相当于 $\langle x|\psi\rangle$，标积可如下计算：

$$\langle\varphi|\psi\rangle = \int \langle\varphi|x\rangle\langle x|\psi\rangle \mathrm{d}x = \int \varphi^*(x)\psi(x)\mathrm{d}x \tag{5-50}$$

至于算符对态的作用，可由此作一简要叙述. $|\psi\rangle$ 经 $\hat{Q}$ 作用后变为 $|\varphi\rangle$，表示为 $|\varphi\rangle = \hat{O}|\psi\rangle$. 薛定谔方程即可表示为 $\mathrm{i}\hbar\frac{\partial}{\partial t}|\psi\rangle = \hat{H}|\psi\rangle$，而它在具体的表象(如 Q 表象)中的表示，可由 Q 表象的基矢 $|k\rangle$ 通过 $a_k = \langle k|\psi\rangle$ 及 $H_{kj} = \langle k|\hat{H}|j\rangle$ 而得

$$\mathrm{i}\hbar\frac{\partial}{\partial t}\langle k|\psi\rangle = \langle k|\hat{H}|\psi\rangle = \sum_j \langle k|\hat{H}|j\rangle\langle j|\psi\rangle$$

$$\mathrm{i}\hbar\frac{\partial}{\partial t}a_k = \sum_j H_{kj}a_j \tag{5-51}$$

此即薛定谔方程在 $\hat{Q}$ 表象中的表示.

5.8 密度算符和密度矩阵简介

现在简介一种在凝聚态物理、量子化学、量子光学等诸多方面有广泛应用的算符——密度算符，用其求力学量平均值时可较少地考虑波函数相位的影响，简

介如下.

设一量子态为 $|\psi(t)\rangle$，并已归一化，即 $\langle\psi(t)|\psi(t)\rangle = 1$，相应的密度算符定义为

$$\rho(t) = |\psi(t)\rangle\langle\psi(t)| \tag{5-52}$$

按此定义，显然有

$$\rho^+ = \rho$$
$$\rho^2 = \rho \tag{5-53}$$

当用一具体表象，如以 $\hat{G}$ 的本征态 $|n\rangle$ 为基矢的表象，$\hat{G}|n\rangle = G_n|n\rangle$，则与 $|\psi\rangle$ 相应的密度算符可以表述为矩阵形式

$$\rho_{nn'}(t) = \langle n|\rho(t)|n'\rangle = \langle n|\psi(t)\rangle\langle\psi(t)|n'\rangle = C_n(t)C_{n'}^*(t) \tag{5-54}$$

称为密度矩阵，式中 $C_n(t) = \langle n|\psi(t)\rangle$，其对角元为

$$\rho_{nn'} = |C_n(t)|^2 \geqslant 0 \tag{5-55}$$

它是 $|\psi\rangle$ 态下测量 G 得到 G_n 值的概率. 由 $|\psi\rangle$ 归一化条件，可得密度矩阵的对角元之和为 1，即

$$\mathrm{tr}(\rho) = \sum_n |C_n(t)|^2 = 1 \tag{5-56}$$

tr( ) 表示矩阵的迹，即矩阵对角元之和. 密度矩阵 ρ 即可表示为

$$\rho = |\psi(t)\rangle\langle\psi(t)| = \sum_{nn'}|n\rangle\langle n|\psi(t)\rangle\langle\psi(t)|n'\rangle\langle n'|$$

$$= \sum_{nn'}C_n(t)C_{n'}^*(t)|n\rangle\langle n'| = \sum_{nn'}\rho_{nn'}|n\rangle\langle n'| \tag{5-57}$$

由式(5-54)不难看出，如 $\rho_{nn'} = 0$，则 C_n 和 $C_{n'}$ 至少有一个为 0；仅当 C_n 和 $C_{n'}$ 都不为 0 时，$\rho_{nn'}$ 才不为 0. 故与量子态 $|\psi\rangle$ 相应的密度矩阵元 $\rho_{nn'}$ 不为 0 时，量子态 $|\psi\rangle$ 中含有 $|n\rangle$ 和 $|n'\rangle$ 态. $\rho_{nn'}$ 的值与 $|n\rangle$ 态和 $|n'\rangle$ 态在 $|\psi\rangle$ 中出现的概率和相位都有关. 如 $|\psi\rangle$ 就是 $\hat{G}$ 的某一本征态 $|k\rangle$，则

$$\rho_{nn'} = \langle n|k\rangle\langle k|n'\rangle = \delta_{nk}\delta_{n'k}$$

则 ρ 为对角矩阵，仅对角元 ρ_{kk} 不为 0，$\rho_{kk} = 1$.

用密度矩阵来表示力学量的平均值，形式上较为简略，力学量 G 的平均值可表示为

$$\langle G\rangle = \langle\psi|G|\psi\rangle = \sum_{nn'}\langle\psi|n\rangle\langle n|G|n'\rangle\langle n'|\psi\rangle$$

$$= \sum_{nn'}C_n^*G_{nn'}C_{n'} = \sum_{nn'}\rho_{nn'}G_{nn'} = \sum_{n'}(\rho G)_{nn'} = \sum_n(\rho G)_{nn} \tag{5-58}$$

故有 $\langle G\rangle = \mathrm{tr}(\rho G) = \mathrm{tr}(G\rho)$.

最后讨论密度矩阵算符 $\rho(t)$ 随时间的演化，由薛定谔方程有

$$i\hbar \frac{\partial}{\partial t}|\psi(t)\rangle = H|\psi(t)\rangle \tag{5-59}$$

由此，可得

$$\frac{\mathrm{d}}{\mathrm{d}t}\rho(t) = \frac{\partial}{\partial t}|\psi(t)\rangle\langle\psi(t)| + |\psi(t)\rangle\frac{\partial}{\partial t}\langle\psi(t)|$$

$$= \frac{H|\psi(t)\rangle}{i\hbar}\langle\psi(t)| + |\psi(t)\rangle\langle\psi(t)|\frac{H}{-i\hbar} = \frac{1}{i\hbar}(H\rho(t) - \rho(t)H) \tag{5-60}$$

即

$$\frac{\mathrm{d}}{\mathrm{d}t}\rho(t) = \frac{1}{i\hbar}[H, \rho(t)] \tag{5-60'}$$

如选择一具体表象，则上式表述成一矩阵方程．如选择能量表象，即以 H 的本征态 $|n\rangle$ 为基矢的表象 $H|n\rangle = E_n|n\rangle$，$n$ 为一组量子数完全集，则

$$\frac{\mathrm{d}}{\mathrm{d}t}\rho_{nn'}(t) = \frac{1}{i\hbar}[E_n - E_{n'}]\rho_{nn'} \tag{5-61}$$

因而 $\rho_{nn'}(t) = \rho_{nn'}(0)\mathrm{e}^{-i\omega_{nn'}t}$

$$\omega_{nn'} = \frac{E_n - E_{n'}}{\hbar} \tag{5-62}$$

非对角元 $\rho_{nn'}(t)$（其中 $n \neq n'$）以角频率 $\omega_{nn'}$ 振荡，而对角元不随时间变化．

最后，我们对纯态密度矩阵的性质总结如下：

(1) ρ 是厄米算符(见式(5-52))．

(2) ρ 的迹，$\mathrm{tr}(\rho) = 1$(见式(5-56))．

(3) 算符 G 在 $|\psi\rangle$ 态的平均值为 $\langle G \rangle = \mathrm{tr}(\rho G)$(见式(5-58))．

(4) 密度矩阵的本征能量为 0 和 1，即 $\rho^2 = \rho$．

(5) ρ 随时间的演化方程为 $i\hbar\frac{\partial}{\partial t}\rho = [H, \rho]$(见式(5-60))．

应该指出，上面的分析都是基于系统为纯态的情况下进行讨论的，纯态的主要特征表现为上述的 $\rho^2 = \rho$．而在实际的研究工作中，体系并不处于纯态(并非某一组力学量完全集的共同本征态)．再说明一点，如已知一个厄米算符 $\hat{B}$ 的本征态 $|u_n\rangle$ 构成一完备正交系，若体系恰好在算符 $\hat{B}$ 的本征态 $|u_n\rangle$，对该系统测量力学量 B，则每次测量均能给出确定值，即 $\hat{B}$ 在 $|u_n\rangle$ 态的本征值．若对该系统测量另一个力学量 A，则每次测量结果未必为一确定值，而只能给出 A 的期望值

$$\langle A \rangle = \langle u_A|A|u_A \rangle$$

若系统不处于某个本征态 $|u_k\rangle$，而处于某个态 $|\psi\rangle$，则此态矢 $|\psi\rangle$ 可以表示为

$$|\psi\rangle = \sum_k C_k \mathrm{e}^{\mathrm{i}\omega_k t} |u_k\rangle$$

即此态为一系列纯态的某种线性组合, 即不能确定体系某时刻 t 处于何态 $|u_k\rangle$, 而反知某纯态 $|u_k\rangle$ 的概率 $|C_k|^2 = P_k$, 并有 $0 \leqslant P_k \leqslant 1$, $\sum_k P_k = 1$. 用此描述的状态即为混合态, 可将此混合态的相应的密度矩阵定义为

$$\rho = \sum_k P_k |u_k\rangle\langle u_k| = \sum_k P_k \rho_k \tag{5-63}$$

由上式可得混合态密度矩阵的性质:

(1) $\rho^+ = \rho$.

(2) $\mathrm{tr}(\rho) = \sum_k P_k\, \mathrm{tr}(\rho_k) = \sum_k P_k = 1$.

(3) $\dfrac{\mathrm{d}\rho}{\mathrm{d}t} = \sum_k P_k \dfrac{\mathrm{d}}{\mathrm{d}t}\rho_k = \dfrac{1}{\mathrm{i}\hbar}\sum_k P_k[H,\rho_k] = \dfrac{1}{\mathrm{i}\hbar}\left[H,\sum_k P_k\rho_k\right] = \dfrac{1}{\mathrm{i}\hbar}[H,\rho]$.

(4) $\rho^2 = \sum_{kk'} \rho_k\rho_{k'}|\psi_k\rangle\langle\psi_k|\psi_{k'}\rangle\langle\psi_k| = \sum_{kk'} \rho_k\rho_{k'}|\psi_k\rangle\langle\psi_{k'}|\delta_{kk'} = \sum_k \rho_k^2|\psi_k\rangle\langle\psi_k|$
$$\leqslant \sum_k P_k|\psi_k\rangle\langle\psi_k| = \rho \tag{5-64}$$

注意到 $\rho_k^2 \leqslant P_k$ 有 $\rho^2 \leqslant \sum_k P_k|\psi_k\rangle\langle\psi_k| = \rho$, 即 $\rho^2 \leqslant \rho$. 上式 $\rho^2 \leqslant \rho$ 等号只有在纯态下成立, 由此可知 $\mathrm{tr}(\rho^2) \leqslant 1$.

在混合态下用密度矩阵表达的力学量的平均值为

$$\langle G\rangle = \sum_k P_k\langle\psi_A|G|\psi_A\rangle = \sum_k P_k\,\mathrm{tr}(\rho_k G) = \mathrm{tr}\sum_k P_k\rho_k G = \mathrm{tr}(\rho G) \tag{5-65}$$

此式与纯态的相关公式形式上相同(见纯态密度矩阵性质(3)).

5.9　相干态简介

相干态(coherent state)的概念是薛定谔于 1926 年首次提出的, 试图从一已知的势能下找出某个量子力学的状态, 在此态中坐标算符的平均值与经典解有相同的形式, 即求 "最接近经典物理" 的量子态, 1963 年 Glauber 提出了谐振子的相干态理论, 并相继建立了一般势能下的相干态, 为简便计, 仍从谐振子引入相干态的概念. 在本节末将介绍一种强相干场, 即所谓的修饰态(dressed state).

先定义谐振子的湮灭、产生算符分别为

$$\hat{b} = \frac{1}{\sqrt{2m\hbar\omega}}(m\omega\hat{x} + \mathrm{i}\hat{p}), \quad \hat{b}^+ = \frac{1}{\sqrt{2m\hbar\omega}}(m\omega\hat{x} - \mathrm{i}\hat{p}) \tag{5-66}$$

式中, $\hat{x}$ 和 $\hat{p}$ 为谐振子坐标算符及动量算符. 由此得, 对易关系为 $[\hat{x},\hat{p}] = \mathrm{i}\hbar$, 可

得 $\left[\hat{b},\hat{b}^{+}\right]=1$，以 $|Z\rangle$ 表示相干态，有

$$\hat{b}|Z\rangle = Z|Z\rangle \tag{5-67}$$

由于 $(\hat{b})^{+}=\hat{b}^{+}\neq\hat{b}$，故 $\hat{b}$ 不是厄米算符，因此 $\hat{b}$ 的本征值不是实数，而是复数.

由谐振子哈密顿量

$$\hat{H} = \frac{1}{2m}(\hat{p}^2 + m^2\omega^2\hat{x}^2) \tag{5-68}$$

引入粒子数算符 $\hat{n}=\hat{b}^{+}\hat{b}$，则在此粒子数表象中有 $\hat{H}=\hbar\omega\left(\hat{n}+\dfrac{1}{2}\right)$，可得

$$\hat{H}|n\rangle = \left(\hat{n}+\frac{1}{2}\right)\hbar\omega|n\rangle$$

$$\hat{n}|n\rangle = n|n\rangle \tag{5-69}$$

粒子数算符的本征态是正交归一和完备的，即

$$\begin{cases} \sum_n |n\rangle\langle n| = 1 \\ \langle n'|n\rangle = \delta_{n'n} \end{cases} \tag{5-70}$$

有 $\hat{b}|n\rangle=\sqrt{n}|n-1\rangle$，$\hat{b}^{+}|n\rangle=\sqrt{n+1}|n+1\rangle$，故

$$|n\rangle = \frac{1}{\sqrt{n!}}(\hat{b}^{+})^n|0\rangle \tag{5-71}$$

相干态 $|Z\rangle$ 按照 $|n\rangle$ 的展开有

$$|Z\rangle = \sum_n |n\rangle\langle n|Z\rangle$$

进而可得到

$$|Z\rangle = C_0 \sum_n \frac{Z^n}{\sqrt{n!}}|n\rangle$$

$$\langle Z| = C_0^* \sum_n \frac{(Z^*)^n}{\sqrt{n!}}\langle n| \tag{5-72}$$

由归一化定 C_0

$$\langle Z|Z\rangle = 1 = |C_0|^2 \sum_{nn'} \frac{Z^n}{\sqrt{n!}}\frac{(Z^*)^{n'}}{\sqrt{n'!}}\langle n'|n\rangle$$

$$= |C_0|^2 \sum_{nn'} \frac{Z^n(Z^*)^n}{n!} = |C_0|^2 \, \mathrm{e}^{|Z|^2} \tag{5-73}$$

取 C_0 是与 $|Z|$ 有关的实数，即

$$C_0 = \mathrm{e}^{-\frac{|Z|^2}{2}} \tag{5-74}$$

由式(5-73)，进而得到

$$|Z\rangle = \mathrm{e}^{-\frac{|Z|^2}{2}} \sum_n \frac{(Z\hat{b}^+)^n}{n!}|0\rangle = \mathrm{e}^{-\frac{|Z|^2}{2}} \mathrm{e}^{Z\hat{b}^+}|0\rangle \tag{5-75}$$

式(5-72)表明相干态$|Z\rangle$是包含粒子算符$\hat{n}$的不同本征值n的本征态$|n\rangle$的叠加. 由于递推关系，这些$|n\rangle$在相位上同步，故称为量子相干态. 式(5-75)可见，当$Z=0$时$|Z=0\rangle=|0\rangle$，即谐振子的基态$|n=0\rangle$，亦属于相干态系列.

下面我们讨论相干态的一个重要性质，即相干态是最小不确定态. 不确定原理告知，$\Delta x \Delta p \geqslant \dfrac{\hbar}{2}$，认为$\Delta x \Delta p = \dfrac{\hbar}{2}$所对应的状态是最小的不确定态. 由式(5-66)可得

$$\hat{p} = \sqrt{\frac{m\hbar\omega}{2}}(\hat{b}^+ - \hat{b}), \quad \hat{x} = \sqrt{\frac{\hbar}{2m\omega}}(\hat{b}^+ + \hat{b}) \tag{5-66'}$$

在相干态$|Z\rangle$下求力学量的平均值，即有

$$\langle x \rangle = \sqrt{\frac{\hbar}{2m\omega}}\langle Z|\hat{b}^+ + \hat{b}|x\rangle = \sqrt{\frac{\hbar}{2m\omega}}(Z^* + Z) \tag{5-76}$$

$$\langle p \rangle = \mathrm{i}\sqrt{\frac{m\hbar\omega}{2}}\langle Z|\hat{b}^+ - \hat{b}|Z\rangle = \mathrm{i}\sqrt{\frac{m\hbar\omega}{2}}(Z^* - Z) \tag{5-77}$$

由式(5-76)和式(5-77)，并注意到$\left[\hat{b}, \hat{b}^+\right]=1$，不难得到

$$\langle x^2 \rangle = \frac{\hbar}{2m\omega}\left[Z^{*2} + Z^2 + 2Z^*Z + 1\right] \tag{5-78}$$

$$\langle p^2 \rangle = -\frac{m\hbar\omega}{2}\langle Z|\hat{b}^{+2} + \hat{b}^2 - \hat{b}^+\hat{b} - \hat{b}\hat{b}^+|Z\rangle = -\frac{m\hbar\omega}{2}\left[Z^{*2} + Z^2 - 2Z^*Z - 1\right] \tag{5-79}$$

于是在相干态$|Z\rangle$下，位置与动量的不确定性即为

$$(\Delta x)^2 = \langle x^2 \rangle - \langle x \rangle^2$$
$$= \frac{\hbar}{2m\omega}\left[Z^{*2} + Z^2 + 2Z^*Z + 1\right] - \frac{\hbar}{2m\omega}\left[Z^{*2} + Z^2 + 2Z^*Z\right] = \frac{\hbar}{2m\omega} \tag{5-80}$$

$$(\Delta p)^2 = \langle p^2 \rangle - \langle p \rangle^2$$
$$= -\frac{m\hbar\omega}{2}\left[Z^{*2} + Z^2 - 2Z^*Z - 1\right] - (-1)\frac{m\hbar\omega}{2}\left[Z^{*2} + Z^2 - 2Z^*Z\right] = \frac{m\hbar\omega}{2} \tag{5-81}$$

所以$(\Delta x)^2(\Delta p)^2 = \dfrac{\hbar^2}{4}$，即$\Delta x \Delta p = \dfrac{\hbar}{2}$.

这说明相干态对应的态确实是最小不确定态,其所对应的态是最接近经典物理的量子态. 如果从波包方面分析,亦可得出相干态相应的波包 $\left|\langle x|Z\rangle\right|^2$ 也是最小波包态,限于篇幅,恕不详述. 还应该指出,相干态理论在 20 世纪取得了很大的发展,1996 年 Klander 引入了两参量相干态,把相干态推广到更广泛的量子力学系统. 特别是非谐振子的克莱因-戈尔登相干态得到了广泛的应用. 在处理原子和强光场相互作用时,常将原子和光场视为一个统一的整体,修饰原子哈密顿量的本征函数将构成新的函数空间,此空间不是单纯属于原子或电磁场的,而是原子的本征态和自由电磁场本征态直积的线性组合,若耦合场是个强相干场,在其作用下耦合跃迁产生修饰态 $|A\rangle$ 和 $|B\rangle$. 如此的相关表象(强相干态表象)称为修饰态表象.

小　　结

本章主要讲述了量子力学的一些基本概念,即基本假设(原理). 现将已讲述过的量子力学的基本假设,归纳于下:

(1) 微观体系的状态由波函数 Ψ 完全描写. 归一化波函数的平方 $|\Psi(r,t)|^2$ 给出了 t 时刻在 r 点附近找到粒子的概率密度. 波函数在其变量变化的全部区域内应单值、有界、连续.

(2) 量子力学中,每个力学量 Q 用同一线性厄米算符 $\hat{Q}$ 表示. 而 $\hat{Q}$ 的本征方程 $\hat{Q}u = \lambda u$ 所决定的所有本征值 λ 的集合,就是相应的力学量 Q 在微观体系中的所有可能取值,亦即实验中的所有可能测值. 如体系在 $\hat{Q}$ 的属于本征值 λ_n 的本征态 u_n 中,则 Q 有确定取值 λ_n;如体系处于任意状态 ψ,则力学量 Q 有各种可能值,其中取本征值 λ_n 的概率为 $\left|\int u_n^* \psi \mathrm{d}\tau\right|^2$.

(3) 状态的线性叠加原理.

(4) 微观体系的状态随时间的改变由含时薛定谔方程 $ih\dfrac{\partial \Psi}{\partial t} = \hat{H}\Psi$ 所决定.
再加上第 6 章将要讲到的全同性原理,就构成非相对论量子力学的公理系统. 整个量子力学的内容都是在这些假设的基础上展开的. 因而上述归纳不仅可作为本章结语且可作为量子力学理论的概述. 不过应指出,量子力学的基本假设有不同的表述方式,上述方式是以坐标表象为基础的一种表述. 另外,有的表述未将叠加原理列入,因其已含于另外的假设中,但为强调其重要性,本书也将它单独列为基本假设.

本章还简介了表象理论和狄拉克符号、密度算符及其矩阵表示(密度矩阵). 现对密度算符和密度矩阵的内容小结如下：若量子态为 $|\psi(t)\rangle$ 并已归一化，相应的算符矩阵表示为 $\rho(t)=|\psi(t)\rangle\langle\psi(t)|$，并且有 $\rho^{+}=\rho,\rho^{2}=\rho$，如果用一个具体表象 G 表示，其密度矩阵：$\rho_{nn'}=\langle n|\rho(t)|n'\rangle=\langle n|\psi(t)\rangle\langle\psi(t)|n'\rangle=C_{n}(t)C_{n}^{*}(t)$，其中 $C_{n}(t)=\langle n|\psi(t)\rangle$，其矩阵对角化后有 $\rho_{nn}=|C_{n}(t)|^{2}\geqslant 0$，并且 $\dfrac{\mathrm{d}}{\mathrm{d}t}\rho(t)=\dfrac{1}{\mathrm{i}\hbar}[H,\rho(t)]$，在此基础上简介了密度矩阵的相关性质.

在 5.9 节简介了相干态理论，一谐振子的算符 $\hat{b}=\dfrac{m\omega\hat{x}+\mathrm{i}\hat{p}}{\sqrt{2m\hbar\omega}}$ 引入相干态 $|Z\rangle$ 的概念. 其对易关系为 $[\hat{x},\hat{p}]=\mathrm{i}\hbar$，$\left[\hat{b},\hat{b}^{+}\right]=1$，由 $\hat{b}|Z\rangle=Z|Z\rangle$，可得 $|Z\rangle=C_{0}\sum_{n}\dfrac{Z^{n}}{\sqrt{n!}}|n\rangle$. 可以证明相干态为最小不确定态.

习　题

5-1　据傅里叶变换理论，可将动量概率分布函数 $C(\boldsymbol{p},t)$ 表示为

$$C(\boldsymbol{p},t)=(2\pi\hbar)^{3/2}\int_{-\infty}^{\infty}\Psi(r,t)\mathrm{e}^{-\frac{\mathrm{i}}{\hbar}p\cdot r}\mathrm{d}\tau$$

由其逆变换，亦可将波函数 $\Psi(\boldsymbol{r},t)$ 表示为

$$\Psi(\boldsymbol{r},t)=(2\pi\hbar)^{3/2}\int_{-\infty}^{\infty}C(\boldsymbol{p},t)\mathrm{e}^{\frac{\mathrm{i}}{\hbar}p\cdot r}\mathrm{d}\tau_{p}$$

试证：(1)如 $\Psi(r,t)$ 是归一化的，则 $C(\boldsymbol{p},t)$ 也是归一化的；(2) $\int_{-\infty}^{\infty}C^{*}(\boldsymbol{p},t)pC(\boldsymbol{p},t)\mathrm{d}\tau_{p}=\int_{-\infty}^{\infty}\Psi^{*}(\boldsymbol{r},t)(-\mathrm{i}\hbar\nabla)\Psi\mathrm{d}\tau$.

5-2　试求氢原子基态时的 $\bar{r}$ 及势能平均值. 试求一维线性谐振子基态时的 $\bar{x}$ 和 $\bar{p}$.

5-3　证明对于库仑场 $\overline{T}=-E,\overline{U}=2E$.

5-4　求算符 $\hat{A}=-\mathrm{e}^{\mathrm{i}x}\dfrac{\mathrm{d}}{\mathrm{d}x}$ 的本征函数.

5-5　求动量算符的本征函数.

5-6　对于一维运动，求 $\hat{p}+x$ 的本征函数和本征值，进而求 $(\hat{p}+x)^{2}$ 的本征值.

5-7　试判断下述两算符的线性厄米性，(1) $\hat{\boldsymbol{L}}=\boldsymbol{r}\times\boldsymbol{p}$；(2) $x\hat{p}_{x}$.

5-8　试证 5.4 节中的式(5-17).

5-9　试证 $[x,\hat{p}_{x}]=\mathrm{i}\hbar$，$\left[\hat{L}_{x},\hat{L}_{y}\right]=\mathrm{i}\hbar\hat{L}_{z}$，$\left[\hat{L}^{2},\hat{L}_{x}\right]=0$，$[y,\hat{p}_{x}]=0$.

5-10　试利用不确定关系估算核电荷为 Ze 的双电子原子的基态能量.

5-11　在一维无限深方势阱中，已知阱宽为 $2a$，试用不确定关系估算零点能.

5-12　试证，若 $\left[\hat{F},\hat{G}\right]=0$，则算符 $\hat{F}$ 和 $\hat{G}$ 有共同本征函数系.

5-13　以 $\hat{\boldsymbol{L}} = \boldsymbol{r} \times \hat{\boldsymbol{p}}$ 表示轨道角动量. 证明在 $\hat{L}_z$ 的任意本征态下, $\overline{L_x}$ 和 $\overline{L_y}$ 为零.

5-14　如 $\hat{Q}$ 不显含时间 t, 则 $i\hbar \dfrac{\partial}{\partial t}\Psi = \hat{H}\Psi$ 的任意解 Ψ 有关系: $i\hbar \dfrac{\mathrm{d}}{\mathrm{d}t}\int \Psi^* \hat{Q}\Psi = \int \Psi^* \left[\hat{Q}, \hat{H}\right]\Psi \mathrm{d}\tau$.

用此式证明, 若体系的 $\hat{H}$ 不显含 t, 则有 $\Delta t \Delta E \geqslant \dfrac{1}{2}\hbar$.

5-15　试求坐标 $\boldsymbol{r}$ 在动量表象中的算符 $\hat{\boldsymbol{r}}$.

5-16　证明: (1)若 ψ 为 $\hat{H}$ 的归一化本征函数, E 为相应的本征值, 而 λ 是出现在 $\hat{H}$ 中的任意参数, 则有 $\dfrac{\partial E}{\partial \lambda} = \left\langle \psi \left| \dfrac{\partial H}{\partial \lambda} \right| \psi \right\rangle$. 此即赫尔曼-费恩曼(Hellmann-Feynman)定理; (2)若 $\hat{H} = \dfrac{1}{2\mu}\dot{\boldsymbol{p}}^2 + V(r)$, 则有 $2\left\langle \hat{T} \right\rangle = \left\langle r \cdot \nabla \mathrm{V} \right\rangle$, 其中 $\hat{T} = \dfrac{\hat{\boldsymbol{p}}^2}{2\mu}$ (Virial 定理).

5-17　自旋为 $\dfrac{\hbar}{2}$ 的粒子, 分别处于如下的纯态和混合态上: 纯态为 $|x\rangle = \dfrac{1}{2}|+\rangle + \dfrac{\sqrt{3}}{2}|-\rangle$, 混合态为 $\begin{cases} |+\rangle, & \rho_+ = \dfrac{1}{4} \\ |-\rangle, & \rho_- = \dfrac{3}{4} \end{cases}$, 利用密度算符方法在此二态上分别算出 $\hat{S}_x$, $\hat{S}_y$, $\hat{S}_z$ 的平均值.

5-18　定义位移算符 $\hat{D}(z) = \exp(z\hat{b}^+ - z^*\hat{b})$, 则有 $|z\rangle = \hat{D}(z)|0\rangle$, 其中基态 $|0\rangle$ 是 $z = 0$ 的相干态.

第6章　电子自旋　泡利不相容原理

玻尔的量子论解释了一些光谱规律，从第4章看到它所得到的氢原子能级与求解薛定谔方程的结果也是一致的. 但是，随着实验技术的发展，出现了一些用前述理论所无法解释的现象，如碱金属的双线结构、反常塞曼效应 Stern-Gerlach 实验. 为解释这些现象，乌伦贝克与古德斯密特在 1925 年提出，电子还应具有自旋运动. 1927 年，泡利又提出将自旋算符及自旋波函数纳入量子力学，当然这仍属于电子自旋的唯象理论. 1928 年，狄拉克提出电子的相对论波动方程后，电子的自旋性质可由该方程自然地得出. 本章在介绍了自旋算符及自旋波函数后，介绍泡利不相容原理及原子的电子壳层结构. 在讲述了自旋的概念后，就较容易地阐述了量子纠缠态的知识. 因此，在本章最后一节简要介绍了量子纠缠概念和相关知识. 应该指出，量子纠缠在量子力学理论及量子信息、量子卫星、量子计算机等诸多应用方面具有重要意义. 下面将先介绍从实验事实引入的自旋假设.

6.1　电子自旋假设

容易直接说明电子具有自旋的实验是 Stern-Gerlach 实验(1921 年). 现简述如下，在高度真空的容器中，处于 s 态($l = 0$)的氢原子细束通过一个不均匀磁场，投射到照片上. 如按前述几章的理论(即无粒子自旋的量子理论)，由于氢原子是处于 s 态的，其电子绕核运动的轨道磁矩为零，则氢原子束不会发生偏转. 但实验结果却发现射线束方向偏转了，且在照片上出现了两条离散的谱线，如图 6-1 所示，图中 B 表示准直狭缝，P 表示屏幕. 这说明这些原子有磁矩，而且还有两个空间取向(量子化的). 其理解如下，设原子的磁矩为 M，则它在沿 z 方向的外磁场 H 中的势能为 $U = -MH_z \cos\theta$，其中 θ 为原子磁矩和外磁场间的夹角. 原子在 z 方向的受力即为

$$F_z = -\frac{\partial U}{\partial z} = -M\frac{\partial H}{\partial z}\cos\theta$$

这样，如 M 在空间可任意取向，$\cos\theta$ 即可从+1 连续变化到-1，如此，在照片上将是连续谱. 而实验结果只得到两条离散谱，相应于 $\cos\theta$ 取-1 和+1. 这就说明，这些原子有磁矩且取向只有两个. 实验进一步测得此 M 值为一玻

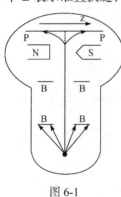

图 6-1

尔磁子. 这磁矩从何而来呢? 显然, 它既不是电子绕核运动的 "轨道" 角动量产生的(因 $l=0$), 也不是原子核的扰动产生的(因原子核磁矩甚小于玻尔磁子), 它只能是电子本身具有的固有磁矩.

除上述实验外, 钠光谱的双线结构及反常塞曼效应均表明电子确实具有上述固有磁矩. 乌伦贝克与古德斯密特二人分析了这些实验现象后, 提出了电子自旋的假设, 述之于下:

(1) 每个电子都具有自旋角动量 S, 它在空间任何方向上的投影只能取两个数值

$$S_z = \pm\frac{\hbar}{2} \tag{6-1}$$

(2) 每个电子都具有自旋磁矩 $\boldsymbol{M}_S$, 且有

$$\boldsymbol{M}_S = -\frac{e_0}{\mu c}\boldsymbol{S} \tag{6-2}$$

式中, $-e_0$ 为电子电荷, μ 为电子质量. $\boldsymbol{M}_S$ 在任意方向的投影只能取两个数值:

$M_{S_z} = \pm\dfrac{eh}{2\mu c} = \pm m_{\mathrm{B}}$, m_{B} 是玻尔磁子. 由此可得电子自旋的回转磁比率为

$$M_{S_z}/S_z = -e_0/(\mu c)$$

6.2 自旋算符及自旋波函数

乌伦贝克与古德斯密特提出电子自旋假设时, 是将电子自旋视为绕本身轴线的自转(像地球的自转), 但很快发现这是错误的, 因为这与相对论抵触. 它的角动量就不能用 $\boldsymbol{r}\times\boldsymbol{p}$ 表示, 自旋运动反映了电子本身所固有的运动属性(亦称内禀属性). 显然要确切地描述电子的运动, 就需考虑自旋. 为此我们引入一个算符 $\hat{S}$ 来表示它, 当然 $\hat{S}$ 应是线性厄米的. $\hat{S}$ 与其三分量应遵从对易关系

$$\left[\hat{S}_x,\hat{S}_y\right]=\mathrm{i}\hbar\hat{S}_z, \quad \left[\hat{S}_y,\hat{S}_z\right]=\mathrm{i}\hbar\hat{S}_x, \quad \left[\hat{S}_z,\hat{S}_x\right]=\mathrm{i}\hbar\hat{S}_y$$

$$\left[\hat{S}^2,\hat{S}_x\right]=\left[\hat{S}^2,\hat{S}_y\right]=\left[\hat{S}^2,\hat{S}_z\right]=0 \tag{6-3}$$

为简便起见, 引入无量纲算符(泡利算符) $\hat{\sigma}$, 它与 $\hat{S}$ 的关系为 $\hat{S}=\dfrac{h}{2}\hat{\sigma}$, 其三分量的对易关系为

$$\left[\hat{\sigma}_x,\hat{\sigma}_y\right]=2\mathrm{i}\hat{\sigma}_z, \quad \left[\hat{\sigma}_y,\hat{\sigma}_z\right]=2\mathrm{i}\hat{\sigma}_x$$

$$\left[\hat{\sigma}_z,\hat{\sigma}_x\right]=2\mathrm{i}\hat{\sigma}_y \tag{6-4}$$

由于 $\hat{S}$ 沿任何指定方向的投影都只能取 $\pm\hbar/2$ 的值, 即 $\hat{S}_x$、$\hat{S}_y$、$\hat{S}_z$ 的本征值都应

取 $\pm\hbar/2$，故 $\hat{\sigma}$ 的三分量 $\hat{\sigma}_x$、$\hat{\sigma}_y$、$\hat{\sigma}_z$ 的本征值只能取 ±1，而 σ_x^2、σ_y^2、σ_z^2 的取值只能是 1，即得

$$\widehat{\sigma_x^2} = \widehat{\sigma_y^2} = \widehat{\sigma_z^2} = \hat{1} \qquad \text{（单位算符）} \tag{6-5}$$

由式(6-4)及式(6-5)，可得 $\hat{\sigma}_x$、$\hat{\sigma}_y$、$\hat{\sigma}_z$ 是反对易的

$$\hat{\sigma}_x\hat{\sigma}_y = -\hat{\sigma}_y\hat{\sigma}_x (= \mathrm{i}\hat{\sigma}_z)$$
$$\hat{\sigma}_y\hat{\sigma}_z = -\hat{\sigma}_z\hat{\sigma}_y (= \mathrm{i}\hat{\sigma}_x) \tag{6-6}$$
$$\hat{\sigma}_z\hat{\sigma}_x = -\hat{\sigma}_x\hat{\sigma}_z (= \mathrm{i}\hat{\sigma}_y)$$

式(6-5)和式(6-6)及 $\hat{\sigma}$ 的线性厄米性完全刻画了泡利算符的代数性质，亦可推知 $\hat{S}$ 的代数性质。下面将讨论 $\hat{\sigma}$ 在具体表象中的形式。

习惯上选 S_z 表象(即 σ_z 为对角矩阵的表象)，在此表象中 σ_z 只能取 ±1，所以 σ_z 矩阵可表示为

$$\hat{\sigma}_z = \begin{pmatrix} 1 & 0 \\ 0 & -1 \end{pmatrix} \tag{6-7}$$

再由上述代数性质还可得 $\hat{\sigma}_x$、$\hat{\sigma}_y$ 矩阵

$$\hat{\sigma}_x = \begin{pmatrix} 0 & 1 \\ 1 & 0 \end{pmatrix}, \quad \hat{\sigma}_y = \begin{pmatrix} 0 & -\mathrm{i} \\ \mathrm{i} & 0 \end{pmatrix} \tag{6-8}$$

式(6-7)和式(6-8)就是著名的泡利矩阵。在 σ_x^2、σ_y^2、σ_z^2 的三矩阵前乘 $\hbar/2$，即分别为 $\hat{S}_x$、$\hat{S}_y$、$\hat{S}_z$ 的矩阵。

以上讨论了自旋算符的问题，现在来讨论自旋状态及自旋波函数的问题。我们说，由于电子具有自旋，描述电子所处的状态，就需要引入自旋 $\hat{S}_z$ 这个自由度，电子波函数 Ψ 即写为 $\Psi = \Psi(x, y, z, S_z, t)$。由于 S_z 只能取 $\pm\hbar/2$，故波函数实际可写为下述的两个波函数：

$$\Psi_1 = \Psi_1\left(x, y, z, +\frac{\hbar}{2}, t\right)$$
$$\Psi_2 = \Psi_2\left(x, y, z, -\frac{\hbar}{2}, t\right) \tag{6-9}$$

当 $\hat{S}$ 取上述的二阶方阵时，就要求波函数是两行一列的矩阵。在 S_z 为对角矩阵的表象中 Ψ 为

$$\Psi = \begin{pmatrix} \Psi_1\left(x, y, z, +\dfrac{\hbar}{2}, t\right) \\ \Psi_2\left(x, y, z, -\dfrac{\hbar}{2}, t\right) \end{pmatrix} \tag{6-10}$$

对 Ψ 的归一化，还必须考虑对自旋空间求和

$$\sum_{S_z=\hbar/2}\int\left|\Psi\left(r,S_z,t\right)\right|^2 \mathrm{d}\tau = \int\left(\Psi_1^*\ \Psi_2^*\right)\binom{\Psi_1}{\Psi_2}\mathrm{d}\tau$$
$$=\int\left(\left|\Psi_1\right|^2+\left|\Psi_2\right|^2\right)\mathrm{d}\tau=1 \qquad (6\text{-}11)$$

概率密度由 Ψ 及其转置共矩阵 Ψ^+ 的积表示

$$\omega(x,y,z,t)=\Psi^+\Psi=\left(\Psi_1^*\ \Psi_2^*\right)\binom{\Psi_1}{\Psi_2}=\Psi_1^*\Psi_1+\Psi_2^*\Psi_2 \qquad (6\text{-}12)$$

其中 $\Psi_1^*\Psi_1$、$\Psi_2^*\Psi_2$ 分别表示 t 时刻在(x,y,z)附近单位体积中找到自旋 $S_z=\dfrac{\hbar}{2}$ 和 $-\dfrac{\hbar}{2}$ 的电子的概率.

当电子的自旋和其轨道运动之间的相互作用甚小时，波函数 Ψ 可分离变量，即

$$\Psi(r,S_z,t)=\Psi(r,t)\chi(S_z) \qquad (6\text{-}13)$$

式中 $\chi(S_z)$ 是算符 $\hat{S}_z$ 的本征函数，即自旋波函数. $\hat{S}_z$ 的本征方程为

$$\hat{S}_z\chi(S_z)=\frac{\pm\hbar/2}{\chi(S_z)}$$

如以 $\chi_{\frac{1}{2}}$ 表示自旋为 $\hbar/2$ 的波函数，$\chi_{-\frac{1}{2}}$ 表示自旋为 $-\hbar/2$ 的波函数，则本征方程可写为如下形式：

$$\hat{S}_z\chi_{\frac{1}{2}}=\frac{\hbar}{2}\chi_{\frac{1}{2}},\quad \hat{S}_z\chi_{-\frac{1}{2}}=-\frac{\hbar}{2}\chi_{\frac{1}{2}} \qquad (6\text{-}14)$$

因 $\hat{S}_z$ 是二阶方阵，故 $\hat{S}_z$ 表象内，$\chi_{\frac{1}{2}}$ 和 $\chi_{-\frac{1}{2}}$ 应为二行一列矩阵，由式(6-14)即归一化条件可得(参见习题 6-4)

$$\chi_{\frac{1}{2}}=\binom{1}{0},\quad \chi_{-\frac{1}{2}}=\binom{0}{1} \qquad (6\text{-}15)$$

此两个自旋波函数彼此正交：$\chi_{-\frac{1}{2}}^+\chi_{\frac{1}{2}}=(0\ \ 1)\binom{1}{0}=0$.

用上述电子自旋的理论，不难对反常塞曼效应及钠原子双线光谱作出解释(见第 7 章). 电子自旋的理论在固体物理学中(特别是有关物质磁性的问题)应用是较多的.

6.3　泡利不相容原理

一、全同性原理(玻色子和费米子)

应指出，自旋不仅是电子的固有属性，而且是质子、中子和光子等微观粒子的固有属性．我们将质量、电荷及自旋等固有属性完全相同的粒子称为全同粒子，例如，所有电子是全同粒子，所有中子是全同粒子．在经典力学中，即使两个粒子的固有属性相同，但在运动过程中它们都有各自的轨道，即在任意时刻都有各自的位置和速度，这样，我们就可判定哪个是第一个粒子，哪个是第二个粒子(图 6-2(a))，这就是说，能区分这两个粒子．然而，在量子力学中，却完全不同．由于微观粒子无确定轨道，故如在初始时刻发现两个全同粒子在不同位置，经过一段时间后，一般说来，在各处均可发现这两个粒子．这样，如果在两粒子概率云重叠区域发现了一粒子，那么我们就无法辨别它究竟是第一粒子还是第二粒子(图 6-2(b))．这就是说，微观全同粒子是不可区分的．这是全同粒子的特点，是由其波动性决定的．

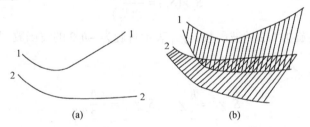

(a)　　　　　　　　　　　(b)

图 6-2　(a)经典力学中，全同粒子可区分；(b)量子力学中，全同粒子不可区分

由于微观全同粒子的不可区分性，必然会对全同粒子体系的状态波函数予以某种限定．为简便计算，以两个全同粒子组成的体系进行说明．用 q_1 表示第一粒子的坐标 r_1 及自旋 S_{z1}，用 q_2 表示第二粒子的 r_2 及 S_{z2}．用波函数 $\psi(q_1,q_2)$ 描述其状态．当两粒子互换后，波函数写为 $\psi(q_2,q_1)$，由于全同粒子是无法区分的，这样互换前后这两种情况也就无法区分，所以只能认为 $\psi(q_1,q_2)$ 与 $\psi(q_2,q_1)$ 描述的是同一个量子状态．这就是说，全同粒子体系的状态，不因粒子交换而改变．此即全同性原理，为量子力学的一个基本原理．由全同性原理可导出对全同粒子体系的波函数的限定，还是以全同二粒子体系进行讨论．既然 $\psi(q_1,q_2)$ 和 $\psi(q_2,q_1)$ 表示的是同一状态，那么这两个波函数之间只能有一个常数的差别，即

$$\psi(q_1,q_2) = C\psi(q_2,q_1) \tag{6-16}$$

式中 C 为常数，与 q_1、q_2 无关，q_1 与 q_2 互换后有

$$\psi(q_2,q_1) = C\psi(q_1,q_2) \tag{6-17}$$

将上式代入式(6-16)的右端后有 $\psi(q_1,q_2)=C^2\psi(q_1,q_2)$. 由此可得 $C^2=1$, 即 $C=\pm 1$, 代入式(6-16)后得

$$\psi(q_1,q_2)=\pm\psi(q_2,q_1) \tag{6-18}$$

上式取正号时, 表示两粒子互换后波函数不变, 此 ψ 是对称波函数, 用 ψ_s 表示; 而当式(6-18)取负号时, 两粒子互换后波函数变号, 此 ψ 是反对称波函数, 用 ψ_A 表示. 上述讨论对 N 个全同粒子组成的体系同样成立, 此时式(6-18)写为

$$\psi(q_1,\cdots,q_i,\cdots,q_j,\cdots,q_n)=\pm\psi(q_1,\cdots,q_i,\cdots,q_j,\cdots,q_n) \tag{6-19}$$

因此得一结论: 全同粒子体系的状态, 只能用对任意两个粒子的交换是对称的或反对称的波函数描写. 一切不具有这种对称性的波函数都不可能描写全同粒子体系的状态.

实验表明, 自然界中存在两类粒子: 一类是自旋为 $\hbar/2$ 的奇数倍的粒子(如电子、质子和中子等), 称为费米子, 由费米子组成的全同粒子体系的波函数必须是反对称的; 一类是自旋为零或 $\hbar$ 整数倍的粒子(如 π 介子、光子及 α 粒子等), 称为玻色子, 由玻色子组成的全同粒子体系的波函数必须是对称的.

二、泡利不相容原理

根据全同费米子体系的波函数必须是反对称的, 可以导出泡利不相容原理. 下面以两个全同费米子组成的体系来讨论. 在不考虑粒子间的相互作用时, 体系的哈密顿量 $\hat{H}$(设不显含 t)可以认为是单个粒子的哈密顿量 $\hat{H}$ 之和, 即

$$\hat{H}=\hat{H}_0(q_1)+\hat{H}_0(q_2) \tag{6-20}$$

因为是全同粒子, 所以在统一体系中两粒子的哈密顿量应是相同的. 以 ε_i、ψ_i 表示 $\hat{H}_0$ 的第 i 个本征值和本征函数, 有

$$\begin{aligned}\hat{H}_0(q_1)\psi_i(q_1)&=\varepsilon_i\psi_i(q_1)\\ \hat{H}_0(q_2)\psi_j(q_2)&=\varepsilon_j\psi_j(q_2)\end{aligned} \tag{6-21}$$

则当第一粒子处于 i 态, 第二粒子处于 j 态时, 体系的能量为 $E=\varepsilon_i+\varepsilon_j$. 此时的波函数即为

$$\Psi(q_1,q_2)=\psi_i(q_1)\psi_j(q_2) \tag{6-22}$$

如第一粒子处于 j 态, 第二粒子处于 i 态, 此时体系的能量仍为 $E=\varepsilon_i+\varepsilon_j$, 而体系波函数为

$$\Psi(q_2,q_1)=\psi_j(q_1)\psi_i(q_2) \tag{6-23}$$

波函数(6-22)及(6-23)既不是对称函数也不是反对称函数. 而全同费米子体系的波函数应是反对称的, 为此, 取二者之差作为体系的波函数

$$\begin{aligned}
\Psi_A &= \Psi(q_1, q_2) - \Psi(q_2, q_1) \\
&= \psi_i(q_1)\psi_j(q_2) - \psi_j(q_1)\psi_i(q_2) \\
&= \begin{vmatrix} \psi_i(q_1) & \psi_i(q_2) \\ \psi_j(q_1) & \psi_j(q_2) \end{vmatrix}
\end{aligned} \tag{6-24}$$

Ψ_A 显然是反对称的, 且 $\hat{H}$ 是本征函数, 对应的本征值为 $E = \varepsilon_i + \varepsilon_j$. 由式(6-24)可知, 如费米子所处状态相同, 则 $\Psi_A = 0$, 这表明不能有两个费米子处于同一状态. 由更详尽的讨论可得出 N 个全同费米子的体系的归一化反对称波函数, 由下述 N 阶行列式(J. C. Slater 行列式)表示:

$$\Psi_A = \frac{1}{\sqrt{N!}} \begin{vmatrix} \psi_i(q_1) & \psi_i(q_2) & \cdots & \psi_i(q_N) \\ \psi_j(q_1) & \psi_j(q_2) & \cdots & \psi_j(q_N) \\ \vdots & \vdots & & \vdots \\ \psi_k(q_1) & \psi_k(q_2) & \cdots & \psi_k(q_N) \end{vmatrix} \tag{6-25}$$

显然在忽略粒子间相互作用的情况下, 此 Ψ_A 是属于本征值为 $E = \varepsilon_i + \varepsilon_j + \cdots + \varepsilon_k$ 的本征函数. 由式(6-25)不难看出 Ψ_A 是反对称的, 因任何两粒子的互换相当于此行列式两列的互换, 所以行列式必改变符号. 并且, 由于行列式中有两行相同, 则行列式为零, 故如有两个或两个以上的费米子处于同一个单粒子态, 即有两个或两个以上的下标相同, 则 $\Psi_A = 0$. 这表明不能有两个或两个以上的全同费米子处于同一状态, 这结果称为广义泡利不相容原理. 泡利当初是根据光谱分析的结果提出的: 在多电子体系中, 不能有两个或两个以上的电子处于相同的量子态. 在多电子原子中, 电子的量子态是以量子数来表征的. 第 4 章已介绍了主量子数 n、角量子数 l 及磁量子数 m. 而电子的自旋, 常以其 z 分量的两个取值 $\pm h/2$ 的数字 $\pm\dfrac{1}{2}$ 来表征, 其文字符号表为 m_s, m_s 称为自旋磁量子数, 习惯上亦称自旋量子数. 这样, 对原子体系而言, 泡利原理亦可表述为: 在一原子体系中, 不可能存在两个或两个以上的电子具有完全相同的四个量子数 (n, l, m, m_s).

6.4　原子的电子壳层结构

众所周知, 元素的性质呈现周期性规律, 此即元素按原子序数 Z 排列所出现的周期性(元素周期表). 而这一周期性质与原子的电子壳层结构(电子在原子中的分布)有关. 现用量子力学的观点来对此加以说明.

前已叙述, 原子中的电子构成了一个全同费米子体系, 其电子的状态由四个量子数 (n, l, m, m_s) 决定. 从第 4 章可知, 电子的能级由 n 决定. 但应指出, 对多电子的原子体系而言，由于电子间的相互作用不可忽视，其电子能级就不仅与 n 有关，还应与 l 有关. 这可定性地加以粗略说明. 对于 l 小的情况，电子靠近中心的概率大，受核的引力较大，因此能级较低；而 l 较大的情况，由于电子离中心的平均距离较大，内层电子的屏蔽作用使之受核的引力大为减小，加之有较大的离心势能，故使能级增高. 这说明能级应与 l 有关，对于这点还可用一些近似方法予以说明(参见习题 6-9). 由于能级主要取决于 n 和 l，我们将主量子数相同的电子称为同一"壳层"的电子，按 $n = 1,2,3,4$，依次叫做 K，L，M，N 壳层；而在每个壳层中，对不同的 l 又分为几个次壳层，按 $l = 0,1,2$，依次叫做 s、p、d 次壳层. 下面我们就来谈谈，原子中的电子怎样填充这些壳层.

(1) 由于泡利不相容原理的限制，对于主量子数为 n 的壳层只能容纳 $2n^2$ 个电子. 4.2 节告知，对某一确定的 n 将对应 n^2 个不同的状态(不计其自旋)，如考虑两个自旋态，则将对应着 $2n^2$ 个完全不同的状态，这样，K、L、M、N 分别容纳 2、8、18、32 个电子. 对于每个次壳层，最多能容纳 $2(2l+1)$ 个电子，如 $l = 2$ 的 d 次壳层最多就能容纳 10 个电子.

(2) 填充次序，还应遵从能量最低原理. 所谓能量最低原理，其意为：原子中电子的分布，将尽可能地使原子体系的能量最低. 一般来说，较小的 n 对应的能量较低，故应先填 K 壳层，后填 L、M. 但对多电子原子来说，能级不仅取决于 n，还与 l 极相关. 故亦有 n 小但 l 较大的能级高于 n 大但 l 较小的能级，如 $E_{3d} > E_{4s}$，就应先填 4s 后填 3d. 由于求解多电子原子的薛定谔方程的困难，E_{nl} 极难算出，故难于从理论上算出其准确的填充次序. 从光谱分析得出了一个经验公式，即 $(n + 0.7l)$ 值越大，能级就越高，用此式可得 $E_{3d} > E_{4s}$，$E_{6d} > E_{7s}$.

由以上两点，我们可得出原子的电子壳层结构. 试举一例说明，如 Ti，核外电子共 22 个，其排布为 K(2)L(8)M(10)N(2)，其中 M 壳层分别为 $3s^2 3p^6 3d^2$，由于 $E_{3d} > E_{4s}$，故先填充 $4s^2$，然后再将剩下的两个电子填到 3d 次壳层.

6.5　贝尔不等式及量子纠缠态简介

如本书前言所述，20 世纪初掀起了一场科学革命，诞生了相对论和量子力学，推动了社会进步，产生了 20 世纪的物质文明和精神文明. 对于量子力学的基本原理和基本概念诘难，爱因斯坦等与玻尔之哥本哈根学派的争论，在二位逝世多年后仍未停息，量子力学也正是在这样的发展中日益完善，玻尔和爱因斯坦的这场争论于 1927 年第五次 Solvay 会议展开讨论(1911 年后每隔三年在 Solvay 召开的一次物理学会议)，其争论的焦点主要概括为两点：①量子力学对独立于之外的客观世界给出了什么表现；②量子力学是否是完备的理论.

这些问题的表述似乎超出了物理范畴而涉及哲学，这次争论的问题较具体地反映在 1933 年 Einstein, Podolsky 和 Rosen 三人提出的所谓 EPR 悖论中. 下面简要讲述一下 EPR 悖论.

一、关于 EPR 悖论

Einstein, Podolsky 和 Rosen 三人在 1935 年《物理评论》(*Physical Review*, 1935, 47(10): 777)上发表了一篇文章，对量子力学提出了诘难，这常被称为 EPR 悖论，其要点为：

(1) 量子力学对于"物理实在"(physical reality)的描述是不完备的.

(2) 量子力学理论是否自洽，表现为量子力学的非定域性(nonlocality).

(3) 自然界中一切信息的传输速度不能违背狭义相对论而超过光速.

玻尔即刻在《物理评论》(*Physical Review*, 1935, 48(8): 696)上发表一同样的题目予以回击，确实有点真假是非难辨. 于是有人认为，量子力学对微观客体描述的那些不完备，是否意味着量子力学背后还有着更深刻的理论. 博姆等就提出了所谓的隐变量理论以回应，下面对此作一简述.

二、隐变量理论及贝尔不等式简介

隐变量理论有多种类型，难于尽述，并且因很多隐变量理论还不能给出新的可由实验检验的结论，而仅博姆的决定论型定域隐变量理论即可得出由实验检验的结论，所以我们主要简介此理论.

博姆提出的这个隐变量理论给出了一个理想实验：设 ψ 为由两自旋为 $1/2$ 的费米子组成的自旋为 0 的单态，态矢为：$\chi(1,2) = \dfrac{1}{\sqrt{2}}\left[\chi_n^+(1)\chi_n^-(2) - \chi_n^-(1)\chi_n^+(2)\right]$，

其中 $\chi_n^{\pm}$ 为自旋在 $\boldsymbol{n}$ 方向的算符，$\boldsymbol{\sigma}\cdot\boldsymbol{n}$ 的本征值分别为 ± 1 的本征态(以 $\dfrac{h}{2}$ 为单位)，

即 $\boldsymbol{\sigma}\cdot\boldsymbol{n}\chi_n^{\pm} = \pm\chi_n^{\pm}$. 若以 α_a 表示粒子 1 沿 a 方向自旋分量的测量结果，以 β_b 表示粒子 2 沿 b 方向自旋分量的测量结果，则由量子力学可以推出，粒子 1 的自旋沿 a，粒子 2 的自旋沿 b 的平均值为

$$P(a,b) = \langle\psi|\sigma_1\cdot a\sigma_2\cdot b|\psi\rangle = -a\cdot b$$

$$P(a,b) = -1 \tag{6-26}$$

若存在隐变量，记为 $\xi_n(n=1,2,\cdots)$，其态表示为 $|\xi\rangle$，而用 Σ 表示 $|\xi\rangle$ 的集合 $\{|\xi\rangle\}$ 的线性空间，不一定是希尔伯特空间[①]，只要在该空间作概率测量即可. 设空间的

---

① 一个完备的无限维酉空间称为希尔伯特空间(H 空间)，酉空间是一复数域 F 上的线性空间 V，而 V 中两矢量的内积 $(\boldsymbol{a},\boldsymbol{b})$ 满足：① $(\boldsymbol{a},\boldsymbol{b})=(\boldsymbol{b},\boldsymbol{a})$，② $(\boldsymbol{a},\boldsymbol{a})\geqslant 0$，仅当 $\boldsymbol{a}=0$ 时等式成立. ③ $(\boldsymbol{a}_1\boldsymbol{a}_1 + \boldsymbol{a}_2\boldsymbol{a}_2,\boldsymbol{b}) = \boldsymbol{a}_1(\boldsymbol{a}_1,\boldsymbol{b}) + \boldsymbol{a}_2(\boldsymbol{a}_2,\boldsymbol{b})$，其中 $\boldsymbol{a}_1$、$\boldsymbol{a}_2$、$\boldsymbol{b}\in V$，$\boldsymbol{a}_1$、$\boldsymbol{a}_2\in F$，则称 V 为酉空间，亦称内积空间.

分布函数为 p，则有 $\iint_\Sigma \mathrm{d}p = 1$，于是由决定型隐变量理论，在态 $|\xi\rangle$ 中测量 $\alpha_a \beta_b$ 应该有确定的值. 又由于定域性，对所有的方向 a 和 b 以及属于 Σ 的态 $|\xi\rangle$ 均有

$$\alpha_a \beta_b |\xi\rangle = \alpha_a(\xi)\beta_b(\xi) \tag{6-27}$$

此式表示态 $|\xi\rangle$ 确定并且粒子 1 和粒子 2 彼此远离，则对粒子 1 的测量不受粒子 2 的影响，从而对 α 的测量只依赖于 ξ 和 a，对 β 的测量只依赖于 ξ 和 b；而 $\alpha\beta$ 作为 ξ 的函数变为 α 独立地作为 ξ 的函数，β 也独立地作为 ξ 的函数，此即定域性. 由于粒子 1 和粒子 2 的总自旋为 0，对粒子 1 的自旋在 a 方向上的分量 $\sigma_1 \cdot a$ 的测量结果为+1，则对另一粒子 2 的自旋分量 $\sigma_2 \cdot a$ 的测量结果必为–1，即当 $\alpha_a(\xi) = -\beta_b(\xi)$ 时，$P(a,a) = -1$. 若隐变量 $|\xi\rangle$ 的概率分布为 $\rho(\xi)$，则在决定论型定域隐变量理论的框架中，平均值应表示为

$$P(a,b) = \int_\Sigma \alpha_a(\xi)\beta_b(\xi)\rho(\xi)\mathrm{d}\xi \tag{6-28}$$

由上式，贝尔证明

$$|P(a,b) - P(a,c)| \leqslant 1 + P(b,c) \tag{6-29}$$

此式称为贝尔不等式，贝尔不等式是决定型定域隐变量理论的必然推论，不难看出它与量子力学预言的结果"不一致".

举一简例说明，取 a,b,c 三个单位矢共面，设夹角 $\widehat{ab}$，$\widehat{bc}$ 均为 $\dfrac{\pi}{3}$，显然有

$$a \cdot b = b \cdot c = \cos\frac{\pi}{3} = \frac{1}{2}, a \cdot c = \cos\frac{2\pi}{3} = -\frac{1}{2}，按量子力学$$

$$|P(a,b) - P(a,c)| = \left|-\frac{1}{2} - \frac{1}{2}\right| = 1$$

而 $1 + P(a,c) = 1 - \dfrac{1}{2} = \dfrac{1}{2}$，不满足贝尔不等式，谁是谁非，当然得由实验检验. 用实验验证贝尔不等式就是检验量子力学的完备性，事实上，从 1972 年以来，绝大多数实验都是否定贝尔不等式的，实验上就是肯定量子力学的非定域性. 20 世纪 90 年代有诸多证明量子力学非定域性的实验方案，其中之一就是生成非定域性的 (相关空间可分离的)量子纠缠态. 下面对此作一简介.

三、量子纠缠态简介

所谓量子纠缠态是指当两个量子系统处于该态时，彼此相互影响，并且存在非定域、非经典的强关联，它们之间的信息传递速度可能不遵守狭义相对论. 其实就连隐变量理论的创始人博姆也不得不承认会出现瞬间超距作用. 当处于纠缠态的两自旋为1/2的粒子不遵从贝尔不等式时，意味着定域隐变量理论是不正确

的. 下面我们定义一最简单的纠缠态(entangled state).

设体系是由 A 和 B 组成的二体系，其中 A 的一组力学量完全集的共同本征态记为 $|n\rangle$，n 代表一组完备量子数；B 的一组力学量完全集的公用本征态记为 $|l\rangle$，l 代表一组完备量子数，则 $|n\rangle_A \otimes |l\rangle_B$ (直积形式，简记为 $|n\rangle_A |l\rangle_B$，可以作为复合体系 $A+B$ 的一个完备基)，复合体系的任意量子态 $|\psi\rangle_{AB}$ 可表示成 $|n\rangle_A |l\rangle_B$ 的线性叠加

$$|\psi\rangle_{AB} = \sum_{nl} C_{nl} |n\rangle_A |l\rangle_B \tag{6-30}$$

且此二体系不能表示成一个直积形式的态，将为二体系的纠缠态(意即 $|\psi\rangle_{AB}$ 至少应表示为两个不同 $|n\rangle_A |l\rangle_B$ 之和). 反之，如果 $|\psi\rangle_{AB}$ 能表示为一项直积 $|n\rangle_A |l\rangle_B$ 的态，则为非纠缠的. 二体系纠缠态的一个例子，即著名的薛定谔猫态. 猫有两态 $|死\rangle$ 和 $|活\rangle$. 设猫与毒瓶共处一坚固盒内，毒瓶由一放射源的传动装置控制其开和关，则此薛定谔猫态即可表示为

$$|\psi\rangle = \alpha |活\rangle |闭\rangle + \beta |死\rangle |开\rangle, \quad |\alpha^2| + |\beta^2| = 1 \tag{6-31}$$

近些年来，在量子光学的研究中，有很多薛定谔猫态的例子.

现再举一个二体系纠缠态的例子：自旋为 1/2 的二粒子体系，其两个自旋态可用 S_z 的本征值 $(\pm 1/2)$ 来标记，记为 $\left|\frac{1}{2}\right\rangle = |\uparrow\rangle$ 和 $\left|-\frac{1}{2}\right\rangle = |\downarrow\rangle$. 对于自旋为 1/2 的二粒子组成之体系的自旋态，在角动量耦合理论中，常用角动量耦合表象和非耦合表象表述. 其非耦合表象是以一粒子体系(A 和 B)的自旋力学量完全集 (S_z^A, S_z^B) 的四个共用本征态为基的表象，即为

$$|m_A m_B'\rangle = |m\rangle_A |m\rangle_B = \left|\frac{1}{2}\right\rangle_A \left|\frac{1}{2}\right\rangle_B, \quad \left|-\frac{1}{2}\right\rangle_A \left|\frac{1}{2}\right\rangle_B, \quad \left|-\frac{1}{2}\right\rangle_A \left|-\frac{1}{2}\right\rangle_B, \quad \left|\frac{1}{2}\right\rangle_A \left|-\frac{1}{2}\right\rangle_B$$

可形象地记为

$$|\uparrow\rangle_A |\uparrow\rangle_B, \quad |\downarrow\rangle_A |\uparrow\rangle_B, \quad |\downarrow\rangle_A |\downarrow\rangle_B, \quad |\uparrow\rangle_A |\downarrow\rangle_B \tag{6-32}$$

此四态均为单粒子自旋的直积形式，均为非纠缠态. 而用非耦合表象的基矢，即为

$$\chi_{00} = \frac{1}{\sqrt{2}} \left[|\uparrow\rangle_A |\downarrow\rangle_B - |\downarrow\rangle_A |\uparrow\rangle_B \right]$$

$$\chi_{10} = \frac{1}{\sqrt{2}} \left[|\uparrow\rangle_A |\downarrow\rangle_B + |\downarrow\rangle_A |\uparrow\rangle_B \right] \tag{6-33}$$

$$\chi_{11} = |\uparrow\rangle_A |\uparrow\rangle_B, \quad \chi_{1-1} = |\downarrow\rangle_A |\downarrow\rangle_B$$

从以上各式可以看出 χ_{00} 和 χ_{10} 为纠缠态，而 χ_{11} 和 χ_{1-1} 为非纠缠态，通常把 χ_{11} 和 χ_{1-1} 进行等权重叠加，即可构成二粒子体系的另外两个纠缠态，这样即可得到自旋为 1/2 的两粒子体系的 4 个自旋纠缠态，表示为

$$|\pm\rangle_{AB} = \frac{1}{\sqrt{2}}\Big[|\uparrow\rangle_A|\downarrow\rangle_B \pm |\downarrow\rangle_A|\uparrow\rangle_B\Big]$$

$$|\pm\rangle_{AB} = \frac{1}{\sqrt{2}}\Big[|\uparrow\rangle_A|\uparrow\rangle_B \pm |\downarrow\rangle_A|\downarrow\rangle_B\Big]$$

(6-34)

近些年来，关于量子纠缠态在理论和实验以及实际应用等方面的研究均有较大进展，这些研究成果将对量子光学、量子信息、量子卫星、量子测量及量子计算等诸多方面带来革命性的变化.

小　结

本章共讲述了四部分内容：

(1) 电子自旋：自旋是电子的固有属性(内禀属性)；自旋角动量 S 的 z 分量有两取值 $S_z = \pm\hbar/2$ ，相应的磁矩 $M_{S_z} = \pm\dfrac{e_0 h}{2\mu c}$ ，自旋算符 $= \dfrac{\hbar}{2}\hat{\sigma}$ ，而 $\hat{\sigma}_x = \begin{pmatrix} 0 & 1 \\ 1 & 0 \end{pmatrix}$ ，$\hat{\sigma}_y = \begin{pmatrix} 0 & -\mathrm{i} \\ \mathrm{i} & 0 \end{pmatrix}$ ，$\hat{\sigma}_z = \begin{pmatrix} 1 & 0 \\ 0 & -1 \end{pmatrix}$ ，此三矩阵即为泡利矩阵. 在 $\hat{S}_z$ 表象中，自旋波函数取 $\chi_{\frac{1}{2}} = \begin{pmatrix} 1 \\ 0 \end{pmatrix}$ ，$\chi_{-\frac{1}{2}} = \begin{pmatrix} 0 \\ 1 \end{pmatrix}$.

(2) 全同性原理：全同粒子不可区分，全同粒子体系的状态，不因粒子互换而改变，故体系的状态波函数只能是对称的或反对称的. 全同费米子体系波函数是反对称的，全同玻色子体系为对称波函数. 由全同性原理可得泡利不相容原理：不可能有两个或两个以上全同费米子处于同一状态(在一个全同费米子体系中).

(3) 原子的电子壳层结构(核外电子排布)，主要由泡利不相容原理及能量最低原理决定.

(4) 对 EPR 悖论和贝尔不等式、量子纠缠等内容做了简述. 在最后一节简介了 EPR 悖论、贝尔不等式，以及最简单的纠缠态形式. 设纠缠态的最简明定义为：如果有两个子系构成的符合体系的纯态不能写成两个子系纯态的直积，则称此纯态就是一个纠缠态，反之，复合体系的纯态 $|\psi\rangle$ 可以表示为构成此复合体系的两子系 A 和 B 的纯态 $|\psi_A\rangle$ 和 $|\psi_B\rangle$ 的直积，即 $|\psi\rangle = |\psi_A\rangle|\psi_B\rangle$ ，则称此态为非纠缠态(亦称为分离态).

习　题

6-1　设电子自旋 z 分量为 $+\hbar/2$ ，问沿着 z 轴成 θ 角的 z' 轴方向上，自旋取 $+\hbar/2$ 和 $-\hbar/2$

的概率是多少？求此方向上自旋分量的平均值.

6-2　由式(6-3)及 $\hat{\sigma}_x^2 = \hat{\sigma}_y^2 = \hat{\sigma}_z^2 = \hat{I}$，试证明：$\hat{\sigma}_x\hat{\sigma}_y + \hat{\sigma}_y\hat{\sigma}_x = 0$ 及 $\hat{S}_x\hat{S}_y + \hat{S}_y\hat{S}_x = 0$；再证不确定关系 $\overline{(\Delta S_x)^2}\,\overline{(\Delta S_y)^2} \geqslant \dfrac{\hbar^2}{4}$.

6-3　由 $\hat{\sigma}$ 的性质及式(6-7)推出式(6-8).

6-4　试由式(6-14)及归一化条件推出式(6-15).

6-5　证明不存在和 $\hat{\sigma}$ 的三个分量均反对易的非零二维矩阵.

6-6　由 $\hat{S}_z$ 表象的泡利矩阵求 $\hat{S}_y$ 的本征函数.

6-7　测得一电子自旋 z 分量为 $\hbar/2$，再测 S_x，可能得到何值？各值的概率为多少？平均值为何？

6-8　在有心势阱中运动的两个电子，如果只有三个单粒子态 ψ_1、ψ_2、ψ_3，试写出此系统的波函数.

6-9　单价原子中价电子所受原子实(原子核及内层电子)的作用势可以近似表示为

$$U(r) = -\frac{e_0^2}{r} - \lambda\frac{e_0^2 a_0}{r^2}, \quad 0 < \lambda \ll 1$$

a_0 为玻尔半径，试求价电子能级.

6-10　两个不同壳层的 p 电子可以形成多少个态？两个同一壳层中的 p 电子可以形成多少个态？

6-11　试写出 Z=79 的元素的电子壳层结构.

6-12　由三个 $\dfrac{1}{2}$ 自旋粒子(非全同)组成的系统，其哈密顿量为

$$H = \frac{A}{\hbar^2}S_1 \cdot S_2 + \frac{B}{\hbar^2}(S_1 + S_2) \cdot S_3$$

S_1、S_2、S_3 分别表示三个粒子的自旋算符，求系统的能级.

6-13　若多粒子体系分别处于状态：$|\psi_1\rangle = \sin\dfrac{\theta}{2}|0\rangle + \cos\dfrac{\theta}{2}\mathrm{e}^{i\varphi}|1\rangle$ 及 $|\psi_2\rangle = \sin\dfrac{\theta}{2}|0\rangle + \cos\dfrac{\theta}{2}|1\rangle$，试用密度算符 $\rho = |\psi\rangle\langle\psi|$ 证明这两个态矢描述的并非同一个状态，式中 θ 和 φ 是两个常数分布的随机变量.

第7章 量子力学的常用近似方法

第 3 和 4 章求解了一些势场中运动的粒子的定态薛定谔方程. 在这些问题中,由于体系的哈密顿算符比较简单,故易于精确求解. 但对许多实际问题来说,体系的哈密顿算符较为复杂,往往不能精确求解,只能求助于一些近似方法. 其中以微扰论应用较广,在固体物理中也不乏广泛的应用实例. 本章先讲述定态微扰论及其应用, 继而介绍了含时微扰理论及其应用. 量子力学中近似方法甚多,限于篇幅除了微扰论外,本章仅仅简介了变分法. 现在首先介绍非简并的定态微扰论.

如体系的哈密顿量 $\hat{H}$ (不显含 t)可表示为

$$\hat{H} = \hat{H}_0 + \hat{H}' = \hat{H}_0 + \lambda \hat{h} \tag{7-1}$$

其中 $\hat{H}_0$ 的本征值及本征函数可以求解,而 $\lambda \ll 1$,其意为 $\hat{H}$ 与 $\hat{H}_0$ 相差甚微, $\hat{H}'$ 甚小, 将之看作微扰. 微扰利用式(7-1)及 $\hat{H}_0$ 的本征函数及本征值, 逐级地求出 $\hat{H}\psi = E\psi$ 的近似解. 微扰论的具体形式甚多,但基本精神相同,现仅介绍其中的一种. 由于我们讨论的 $\hat{H}$ 不显含 t,称为定论微扰论. 分非简并及简并的情况进行讨论. 所谓的非简并就现在的问题而论,就是一个本征值对应一个波函数. 同时,我们简单介绍了变分法及含时微扰的内容.

7.1 非简并的定态微扰论

设下面方程已解出, 其能级为非简并的

$$\hat{H}_0 \psi_n^{(0)} = E_n^{(0)} \psi_n^{(0)} \tag{7-2}$$

体系的 $\hat{H} = \hat{H}_0 + \lambda \hat{h}$, 因 $\lambda \ll 1$, 故其 ψ、E 按下式展开:

$$E = E^{(0)} + \lambda^1 E^{(1)} + \lambda^2 E^{(2)} + \cdots$$
$$\psi = \psi^{(0)} + \lambda^1 \psi^{(1)} + \lambda^2 \psi^{(2)} + \cdots \tag{7-3}$$

$E^{(0)}$、$\psi^{(0)}$ 由式(7-2)决定, 称为零级近似解. 现将式(7-3)代入 $H\psi = E\psi$, 比较方程两边 λ 的同级幂次项,可得到各级近似解

$$\lambda^0: \quad \hat{H}_0 \psi^{(0)} = E^{(0)} \psi^{(0)} \tag{7-4a}$$

$$\lambda^1: \quad \hat{H}_0\psi^{(1)} + \hat{h}\psi^{(0)} = E^{(0)}\psi^{(1)} + E^{(1)}\psi^{(0)} \tag{7-4b}$$

$$\lambda^2: \quad \hat{H}_0\psi^{(2)} + \hat{h}\psi^{(1)} = E^{(0)}\psi^{(2)} + E^{(1)}\psi^{(1)} + E^{(2)}\psi^{(0)} \tag{7-4c}$$

……

以下逐渐求解. 先求一级近似, 为此, 令

$$\psi^{(1)} = \sum_n a_n^{(1)}\psi_n^{(0)} \tag{7-5}$$

选取任意非简并态 $\psi_k^{(0)}$, 对应能级为 $E_k^{(0)}$, 则将式(7-5)代入式(7-4b)可得

$$\sum_n a_n^{(1)}E_n^{(0)}\psi_n^{(0)} + \hat{h}\psi_k^{(0)} = E_k^{(0)}\sum_n a_n^{(1)}\psi_n^{(0)} + E^{(1)}\psi_k^{(0)}$$

两边左乘 $\psi_m^{(0)*}$ 并积分, 利用 $\psi_n^{(0)}$ 的正交归一性, 得

$$a_m^{(1)}E_m^{(0)} + h_{mk} = E_k^{(0)}a_m^{(1)} + E^{(1)}\delta_{mk} \tag{7-6}$$

其中 $h_{mk} = \int_{-\infty}^{\infty}\psi_m^{(0)*}\hat{h}\psi_k^{(0)}\mathrm{d}\tau$. 当 $m=k$ 时, 由式(7-6)可得

$$E^{(1)} = h_{kk} = \int_{-\infty}^{\infty}\psi_k^{(0)*}\hat{h}\psi_k^{(0)}\mathrm{d}\tau \tag{7-7}$$

此即能量的一级修正. 它是微扰在零级波函数下的平均值. 在式(7-6)中, 当 $m \neq k$ 时得

$$a_m^{(1)} = \frac{h_{mk}}{E_k^{(0)} - E_m^{(0)}} \quad (m \neq k) \tag{7-8}$$

而可取为零(参见习题 7-1). 这样, 在一级近似下, 可得

$$E_k = E_k^{(0)} + \lambda h_{kk} = E_k^{(0)} + H_{kk}' \tag{7-9}$$

求和号 $\sum_n'$ 表示对 n 求和时, 要除去 $n=k$ 的项.

$$\psi_k = \psi_k^{(0)} + \sum_n' \frac{H_{nk}'}{E_k^{(0)} - E_n^{(0)}}\psi_n^{(0)} \tag{7-10}$$

沿用此法可得二级近似, 先将二级方程式(7-4c)写为

$$\left(\hat{H}_0 - E_k^{(0)}\right)\psi^{(2)} = \left(E^{(1)} - \hat{h}\right)\psi^{(1)} + E^{(2)}\psi_k^{(0)} \tag{7-11}$$

并令

$$\psi^{(2)} = \sum_n a_n^{(2)}\psi_n^{(0)} \tag{7-12}$$

将之代入式(7-11), 并利用已得的一级近似解, 得

$$\sum_n a_n^{(2)}E_n^{(0)}\psi_n^{(0)} + \hat{h}\sum_n' a_n^{(1)}\psi_n^{(0)}$$

$$= E_k^{(0)}\sum_n a_n^{(2)}\psi_n^{(0)} + h_{kk}\sum_n' a_n^{(1)}\psi_n^{(0)} + E^{(2)}\psi_k^{(0)} \tag{7-13}$$

等式两边左乘 $\psi_m^{(0)*}$ 并积分, 即有

$$a_m^{(2)} E_m^{(0)} + \sum_n{}' a_m^{(1)} h_{mn} = E_k^{(0)} a_m^{(2)} + h_{kk} a_m^{(1)} + E^{(2)} \delta_{mk} \tag{7-14}$$

因此, 在二级近似下, 能量本征值为

$$E_k = E_k^{(0)} + \lambda h_{kk} + \lambda^2 \sum_n{}' \frac{\left|h_{kk}\right|^2}{E_k^{(0)} - E_n^{(0)}} \tag{7-15}$$

$$= E_k^{(0)} + H_{kk}' + \sum_n{}' \frac{\left|H_{nk}'\right|^2}{E_k^{(0)} - E_n^{(0)}}$$

二级近似的波函数, 可由一级近似波函数(7-10)再加上 $\lambda^2 \psi^{(2)}$ 得到, 由式(7-12)知, 要得到 $\psi^{(2)}$ 需求出 α_2, 由式(7-14), 可得在 $m \neq k$ 时, 有

$$a_m^{(2)} = \sum_n{}' \frac{h_{mn} h_{nk}}{(E_k^{(0)} - E_m^{(0)})(E_k^{(0)} - E_n^{(0)})} - \frac{h_{mk} h_{kk}}{(E_k^{(0)} - E_m^{(0)})^2} \tag{7-16}$$

可由波函数的归一化条件, 在 $a_k^{(0)}$ 取实值的情况下, 得到 $m = k$ 时的 $a_k^{(2)}$ (参见习题 7-1)

$$a_k^{(2)} = -\frac{1}{2} \sum_n{}' \left|a_n^{(1)}\right|^2 = -\frac{1}{2} \sum_n{}' \frac{\left|h_{nk}\right|^2}{(E_k^{(0)} - E_n^{(0)})^2} \tag{7-17}$$

将其代入式(7-12)即可得到 $\psi^{(2)}$.

在应用微扰论时, 要恰当地选择 $\hat{H}_0$. 除 $\hat{H}_0$ 的本征函数及本征值已知或较易求出之外, 还需要求 $\hat{H}_0$ 与 $\hat{H}$ 相差甚微, 以保证微扰造成的修正较小, 其微扰项的收敛才会较快. 由式(7-10)及式(7-15)知, 需求 $\left|\dfrac{H_{nk}'}{E_k^{(0)} - E_n^{(0)}}\right| \ll 1$, 此即本章开始所提出的 $\hat{H}'$ 应很小的条件的具体表示.

7.2　有简并的定态微扰论

现讨论 $\hat{H}_0$ 的本征值 $E^{(0)}$ 有简并时的情况. 设 $E_k^{(0)}$ 有 f 度简并, 即对应着 f 个线性无关的本征函数 $\psi_{ki}^{(0)}(i = 1, 2, \cdots, f)$, 均满足下面方程:

$$\hat{H}_0 \psi_{ki}^{(0)} = E_k^{(0)} \psi_{ki}^{(0)}, \quad i = 1, 2, \cdots, f \tag{7-18}$$

这 f 个 $\psi_{ki}^{(0)}$ 的线性组合仍为 $\hat{H}_0$ 的本征函数, 所对应的本征值仍为 $E_k^{(0)}$, 并假设 $\psi_{ki}^{(0)}$ 已正交归一化. 以此 $\psi_{ki}^{(0)}$ 的线性组合为零级近似波函数 $\psi_k^{(0)}$, 即

$$\psi_k^{(0)} = \sum_i^f c_i^{(0)} \psi_{ki}^{(0)} \tag{7-19}$$

$c_i^{(0)}$ 为待定系数. 通过下式求能量的一级修正:

$$\left(\hat{H}_0 + \lambda \hat{h}\right)\psi_k^{(0)} = \left(E_k^{(0)} + \lambda E^{(1)}\right)\psi_k^{(0)} \tag{7-20}$$

将式(7-19)代入式(7-20)有

$$\sum_{i=1}^f C_i^{(0)} \hat{H}_0 \psi_{ki}^{(0)} + \lambda \sum_{i=1}^f C_i^{(0)} \hat{h} \psi_{ki}^{(0)} = E_k^{(0)} \sum_{i=1}^f C_i^{(0)} \psi_{ki}^{(0)} + \lambda E^{(1)} \sum_{i=1}^f C_i^{(0)} \psi_{ki}^{(0)}$$

因 $\hat{H}_0 \psi_{ki}^{(0)} = E_k^{(0)} \psi_{ki}^{(0)}$,故由上式得

$$\sum_{i=1}^f C_i^{(0)} \hat{h} \psi_{ki}^{(0)} = E^{(1)} \sum_{i=1}^f C_i^{(0)} \psi_{ki}^{(0)} \tag{7-21}$$

以 $\psi_{kj}^{(0)*}$ 左乘上式并积分,可得

$$\sum_{i=1}^f C_i^{(0)} h_{kjki} = E^{(1)} \sum_{i=1}^f C_i^{(0)} \delta_{ji} \tag{7-22}$$

其中矩阵元 h_{kjki} 为

$$h_{kjki} = \int \psi_{kj}^{(0)*} \hat{h} \, \psi_{ki}^{(0)} \mathrm{d}\tau \tag{7-23}$$

并将 h_{kjki} 简记为 h_{ji},则可将式(7-22)改写为

$$\sum_{i=1}^f (h_{ji} - E^{(1)} \delta_{ji}) C_i^{(0)} = 0, \quad j = 1, 2, \cdots, f \tag{7-24}$$

式(7-24)是一个以 $C_i^{(0)}$ 为未知数的线性齐次方程组,它有不全为零的解的条件是

$$\begin{vmatrix} h_{11} - E^{(1)} & h_{12} & \cdots & h_{1f} \\ h_{21} & h_{22} - E^{(1)} & \cdots & h_{2f} \\ \vdots & \vdots & & \vdots \\ h_{f1} & h_{f2} & \cdots & h_{ff} - E^{(1)} \end{vmatrix} = 0 \tag{7-25}$$

由此久期方程可解出 $E^{(1)}$ 的 f 个根. 因为 $E_k = E_k^{(0)} + \lambda E^{(1)}$,故若 $E^{(1)}$ 的 f 个根都不相等,则一级微扰的结果,将使 f 度简并完全消除;若 $E^{(1)}$ 有几个重根,说明简并只是部分消除;若 $E^{(1)}$ 的 f 个根完全相同,则简并完全未消除,必须进一步考虑二级能量修正,才有可能得到因微扰而引起的能级分裂.

　　将 $E_k^{(1)}$ 的每个根代入式(7-24),则对每个 $E_k^{(1)}$ 值可求得一组系数 $C_i^{(0)}$. 每组 $C_i^{(0)}$ 可确定一个零级波动函数(式(7-19)). 如 f 个 $E_k^{(1)}$ 各不相等,则 $\psi_k^{(0)}$ 应有 f 个. 注意,要完全确定每组系数 $C_i^{(0)}$,还须用归一化条件 $\sum_{i=1}^f \left| C_{ij}^{(0)} \right|^2 = 1$. 如 $E_k^{(1)}$ 有几个

重根，仅部分消除简并，则其未解出简并的能级所对应的波函数，仍不能完全决定.

关于高级近似的计算：如前级近似简并已全部消除，则其后最后一级近似即可直接按非简并微扰处理；如简并未全部消除，可按前述步骤逐级进行.

7.3　定态微扰论的应用

一、电介质的极化

若电介质各向同性，其中质量为 μ、电荷为 q 的离子是在平衡位置附近做谐振动. 现沿 x 轴方向加一均匀电场 ε，则离子在此方向的哈密顿量为

$$\hat{H} = -\frac{h^2}{2\mu}\frac{\mathrm{d}^2}{\mathrm{d}x^2} + \frac{1}{2}\mu\omega_0^2 x^2 - q\varepsilon x \tag{7-26}$$

此问题可用改换变量的方法处理，但如 ε 较弱，将 $q\varepsilon x$ 作微扰处理，其求解亦甚简洁. 取

$$\hat{H}_0 = -\frac{h^2}{2\mu}\frac{\mathrm{d}^2}{\mathrm{d}x^2} + \frac{1}{2}\mu\omega_0^2 x^2 \tag{7-27}$$

$$\hat{H}' = -q\varepsilon x \tag{7-28}$$

$\hat{H}_0$ 的本征值为谐振子能级 $E_n^{(0)} = \left(n + \dfrac{1}{2}\right)h\omega_0$，本征函数 $\psi_n^{(0)}$ 为谐振子波函数，故可用非简并微扰公式. 由于 $\int \psi_k^{(0)*} x \psi_k^{(0)} \mathrm{d}x = 0$，故由式(7-7)可得 $H'_{kk} = 0$，即一级能量修正为零. 其二级能量修正由式(7-15)得到，为 $E_k^{(2)} = \sum\limits_{k}' \dfrac{\left|H'_{nk}\right|^2}{E_k^{(0)} - E_n^{(0)}}$，而式中的 H'_{nk} 为

$$H'_{nk} = -q\varepsilon \int \psi_n^{(0)*} x \psi_k^{(0)} \mathrm{d}x$$

$$= -q\varepsilon \sqrt{\frac{\hbar}{2\mu\omega_0}} \left(\sqrt{n}\,\delta_{k,n-1} + \sqrt{n+1}\,\delta_{k,n+1}\right) \tag{7-29}$$

这样，就可得到

$$E_k^{(2)} = \frac{q^2\varepsilon^2\hbar}{2\mu\omega_0} \cdot \frac{1}{h\omega_0} \sum\limits_{n}' \frac{1}{k-n} \left(\sqrt{n}\,\delta_{k,n-1} + \sqrt{n+1}\,\delta_{k,n+1}\right)$$

$$= -\frac{q^2\varepsilon^2}{2\mu\omega_0^2}$$

其一级近似的能值及波函数为

$$E_k = \left(k + \frac{1}{2}\right)h\omega_0 - \frac{q^2\varepsilon^2}{2\mu\omega_0^2}$$

$$\psi_k = \psi_k^{(0)} + q\varepsilon\sqrt{\frac{1}{2\mu h\omega_0^3}}(\sqrt{k+1}\psi_{k+1}^{(0)} - \sqrt{k}\psi_{k-1}^{(0)})$$

在不加外电场时离子的平均位置为零(即在平衡位置),而加入电场 ε 后,将发生偏移,由

$$\bar{x} = \int \psi_k x \psi_k \mathrm{d}x = \frac{\varepsilon q}{\mu\omega_0^2}$$

可知,正离子沿电场方向移动了 $|q|\varepsilon/(\mu\omega_0^2)$;负离子沿相反方向移动了 $|q|\varepsilon/(\mu\omega_0^2)$. 使之极化,电偶极矩为

$$D = \frac{2|q|\varepsilon}{\mu\omega_0^2} \cdot |q| = \frac{2\varepsilon q^2}{\mu\omega_0^2}$$

二、钠光谱的双线结构

第 6 章曾提到碱金属原子光谱的双线结构问题,并说明这是由电子自旋引起的反应. 现以钠原子为例,用微扰法来定量计算这一效应,以解释其双线结构. 钠原子为一价金属,如认为价电子与原子实(核及内层电子)相对静止,并认为价电子仅受原子实产生的电场 E 的作用,$E = \frac{1}{e_0}\frac{\mathrm{d}U}{\mathrm{d}r} \cdot \frac{r}{r}$,在忽略内层电子的屏蔽作用时,$U(r) = -Ze_0^{(2)}/r$,原子实相对于价电子的速度即为 $-v$. 因此,原子实产生的磁场 $B = \frac{1}{c}(-v) \times E$,对价电子自旋磁矩就有作用,其轨道-自旋相互作用能为

$$-M \cdot B = \frac{e_0}{\mu c}S \cdot \frac{1}{c}(-v) \times E = \frac{1}{\mu^2 c^2}\left(\frac{1}{r}\frac{\mathrm{d}U}{\mathrm{d}r}\right)S \cdot L$$

其中 $L = r \times v$. 此式与相对论波动方程所得到的结果仅有 $1/2$ 的因子的差别. 现将此作用能取为微扰 $\hat{H}'$,而 $\hat{H}_0$ 取作 $-\frac{h^2}{2\mu}\nabla^2 - \frac{Ze_0^2}{r}$,其 $\hat{H}'$ 为

$$\hat{H}' = \frac{1}{2\mu^2 c^2}\left(\frac{1}{r}\frac{\mathrm{d}U}{\mathrm{d}r}\right)\hat{S} \cdot \hat{L} \tag{7-30}$$

总哈密顿量为 $\hat{H} = \hat{H}_0 + \hat{H}'$,此 $\hat{H}_0$ 与氢原子的哈密顿量类似(仅有一个常数 Z 的差别),故 $\hat{H}_0$ 的本征值 $E_{nl}^{(0)}$ 有 $2(2l+1)$ 度简并,它对应 $2(2l+1)$ 个本征函数(包括自旋波函数),其为

$$\psi_{nlmm_s} = R_{nl}(\boldsymbol{r})\mathrm{Y}_{lm}(\theta,\varphi)\chi_{m_s}(S_z) \tag{7-31}$$

因此需用简并态的微扰论来解此问题.

现先引入总角动量算符 $\hat{J} = \hat{L} + \hat{S}$,则有

$$\hat{J}^2 = (\hat{L}+\hat{S})^2 = \hat{L}^2 + \hat{S}^2 + 2\hat{S}\cdot\hat{L} \tag{7-32}$$

由于 $\hat{L}$ 与 $\hat{S}$ 对易,则根据式(7-32)不难证明: $\hat{H}_0$、$\hat{L}^2$、$\hat{S}^2$、$\hat{J}^2$ 和 $\hat{J}_z$ 有共同的本征函数,此函数亦为 $\hat{S}\cdot\hat{L}$ 的本征函数. 为方便起见,将脚标 $nlmm_s$ 更换为 $nljm_j$,此本征函数为 $\psi^{(0)}_{nljm_j}$,其中 $j = l+\dfrac{1}{2}$ 和 $\left|l-\dfrac{1}{2}\right|$, $m_j = m+\dfrac{1}{2}$ 和 $m-\dfrac{1}{2}$. 由第 4 和 6 章知, $\hat{L}^2$ 的值为 $l(l+1)\hbar^2$, $\hat{S}^2$ 的值为 $s(s+1)\hbar^2$,而 $\hat{J}^2$ 的值为 $j(j+1)\hbar^2$. 这样. 根据式(7-23)可算出微扰的矩阵元,注意本征函数的正交归一性,即得

$$\begin{aligned}
H'_{j'm'_j,\,jm_j} &= \int \psi^{(0)}_{nlj'm'_j}\hat{H}'\psi^{(0)}_{nljm_j}\mathrm{d}\tau \\
&= \frac{\hbar^2}{4\mu^2c^2}\left[j(j+1)-l(l+1)-\frac{3}{4}\right]\delta_{j'j}\delta_{m'_jm_j}\times\int_0^\infty R_{nl}^2\left(\frac{1}{r}\frac{\mathrm{d}U}{\mathrm{d}r}\right)r^2\,\mathrm{d}r
\end{aligned} \tag{7-33}$$

由此式知,在久期方程(7-25)中的行列式,除对角元素外,其余元素全为零. 由 $U(r) = -\dfrac{Ze_0^2}{r}$,所以, $\displaystyle\int_0^\infty R_{nl}^2\left(\frac{1}{r}\frac{\mathrm{d}U}{\mathrm{d}r}\right)r^2\mathrm{d}r = Ze_0^2\overline{r^{-3}}$, $\overline{r^{-3}} = \left\langle nl\left|\dfrac{1}{r^3}\right|nl\right\rangle$ 仅与 nl 有关 (参见习题 4-7 的解答). 但对于确定的 l 而言, j 可取 $l+1/2$ 和 $\left|l-1/2\right|$ 两个值($l=0$ 除外,此时 $j=1/2$). 因此碱金属原来的能级,在计及电子的轨道-自旋相互作用后,一般都分裂为两个能级(s 能级除外). 上述能级的分裂就形成了碱金属原子光谱的双线结构. 图 7-1 表示了钠 D 线的双线结构. 在不计及自旋时,此谱线为 5893Å,但由于轨道-自旋相互作用,实应为两条谱线,用分辨本领较高的仪器即可观察到其为两条谱线:5890Å 和 5896Å.

从上述讨论,还可看出,在计及轨道-自旋相互作用后,由于 n、l、j 取定值时 m_j 还可取 $2j+1$ 个不同值,此即表示钠原子的能级 E_{n_j} 仍是简并的.

如将钠原子置于弱磁场 B 中,还会产生反常塞曼效应(光谱线分裂为偶数条). 此时的哈密顿量 $\hat{H}$ 为

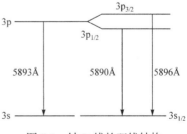

图 7-1 钠 D 线的双线结构

$$\hat{H} = -\frac{\hbar^2}{2\mu}\nabla^2 + U(r) + \frac{1}{2\mu^2c^2}\left(\frac{1}{r}\frac{\mathrm{d}U}{\mathrm{d}r}\right)\hat{S}\cdot\hat{L} + \frac{e_0}{2\mu c}(\hat{L}+2\hat{S})\cdot B$$

令 $\hat{H} = \hat{H}_0 + \hat{H}'$，将 $\hat{H}' = \dfrac{e_0}{2\mu c}(\hat{L} + 2\hat{S}) \cdot B$ 作为微扰项，而 $\hat{H}_0$ 为上述之总哈密顿量，故可借用 7.2 节的结果，将它代入微扰公式，即可解释反常塞曼效应.

7.4　变分法简介

微扰法求解问题的条件是体系哈密顿量可以分解为 $\hat{H}_0$ 和 $\hat{H}'$ 之和，且 $\hat{H}_0$ 的本征函数、本征值已知及 $\hat{H}'$ 很小，如果不满足这些条件，微扰法失败. 现在将要讲述的变分法却不受这些条件的限制，现叙之如下：设体系的本征值的排列次序为 $E_0, E_1, E_2, \cdots, E_n, \cdots$，与它们对应的波函数为 $\psi_0, \psi_1, \psi_2, \cdots, \psi_n, \cdots$，为简单计，设 $\hat{H}$ 的本征值 E_n 都是离散的，本征函数 ψ_n 组成完全正交系，故有

$$\hat{H}\psi_n = E_n\psi_n$$

再设一个任意的归一化波函数 ψ，并将 ψ 用 ψ_n 展开，即

$$\psi = \sum_n C_n \psi_n \tag{7-34}$$

体系在 ψ 所描述的状态下的能量平均值为

$$\bar{H} = \int \psi^* \hat{H} \psi \, \mathrm{d}\tau \tag{7-35}$$

将式(7-34)代入式(7-35)即有

$$\bar{H} = \sum_{n,m} C_m^* C_n \int \psi_m^* \hat{H} \psi_n \mathrm{d}\tau = \sum_{n,m} C_m^* C_n E_n \int \psi_m^* \psi_n \mathrm{d}\tau$$

$$= \sum_{n,m} C_m^* C_n E_n \delta_{mn} = \sum_m \left| C_m \right|^2 E_m \tag{7-36}$$

以 E_0 表示体系基态能，即有 $E_0 < E_m$ $(m = 1, 2, \cdots)$，并且有

$$\bar{H} \geqslant E_0 \sum_m \left| C_m \right|^2 \tag{7-37}$$

因为 $\sum_m \left| C_m \right|^2 = 1$，即有

$$\overline{H} \geqslant E_0 \tag{7-38}$$

如此，即有

$$E_0 \leqslant \int \psi^* \hat{H} \psi \, \mathrm{d}\tau \tag{7-39}$$

如 ψ 非归一化，则为

$$\bar{H} = \frac{\displaystyle\int \psi^* \hat{H} \psi \,\mathrm{d}\tau}{\displaystyle\int \psi^* \psi \,\mathrm{d}\tau} \tag{7-40}$$

故有

$$E_0 \leqslant \frac{\displaystyle\int \psi^* \hat{H} \psi \,\mathrm{d}\tau}{\displaystyle\int \psi^* \psi \,\mathrm{d}\tau} \tag{7-41}$$

上式中的等号仅当波函数 ψ 是体系基态波函数 ψ_0 时才成立. 因此用任意的波函数 ψ 算出的 $\hat{H}$ 的平均值能给出体系基态时能量 E_0 的上限. 如选取很多不同的任意波函数 ψ, 用它们算出 $\hat{H}$ 的平均值, 则平均能中最小的一个最接近于 E_0. 用其求体系近似基态能的步骤为:

(1) 选取一个含有参量 λ 的试探波函数 $\psi(\lambda)$, 将其代入式(7-39)或式(7-41), 算出平均值, 这样求出 $\hat{H}$ 的平均值是参量 λ 的函数.

(2) 对所求得的含有 λ 的函数求最小值, 所得到的结果即为所要求的 E_0 的近似值. 用求极值的方法可以求得到的近似基态能所对应的基态波函数. 现在具体叙述如下.

由式(7-34)及式(7-36)知, $\bar{H}$ 是依赖于参量 $C_0, C_1, C_2, \cdots, C_n, \cdots$ 的, 按上述变分法的阐述, 变化参数使 $\bar{H}$ 取极值, $\partial \bar{H} = 0$, 即

$$\sum_i \frac{\partial \bar{H}}{\partial C_i} \delta C_i = 0 \tag{7-42}$$

由于 δC_i 是任意的, 所以要求 $\dfrac{\partial \bar{H}}{\partial C_i} = 0 (i = 1, 2, 3, \cdots)$, 即是参数 C_i 满足的方程组, 对方程组用一般线性代数中所述的方法求解得 C_i, 代入试探基态波函数 $\psi(C_1, C_2, \cdots)$, 由式(7-34)及式(7-40)即可得到基态波函数和基态能量的较佳近似值. 这种变分方法称为 Ritz 变分法. 用此方法的一个简单的例子为习题 7-9.

如果所选取的试探波函数与体系所有低能级的本征函数正交, 则我们还可以用变分法求激发态的能量近似值, 表述如下.

设 ψ 与 $\psi_0, \psi_1, \psi_2, \cdots, \psi_i$ 正交, 且可以令

$$\psi = \sum_i C_i \psi_i$$

如其系数 $C_0, C_1, C_2, \cdots, C_i$ 均为 0, 则其求和从 $i+1$ 开始, 如按照式(7-36), 则有

$$\bar{H} \geqslant E_{i+1} \sum_m |C_{i+1}|^2 = E_{i+1}$$

如此, 即可用变分法求得第 $i+1$ 个能级的近似值.

　　由上述可知，要求得第 $i+1$ 个能级的近似值，关键是如何选取尝试波函数，此尝试波函数要与所有比它低的能级 $E_0, E_1, E_2, \cdots, E_i$ 之本征波函数正交. 通过下述步骤来解决.

　　如果基态的本征函数 ψ_0 已"精确"解出，或者用变分法等方法已经足够精确地求解出 ψ_0，由 ψ_0 可以算得精确的基态波函数，则试探波函数 ψ 可取为 $\psi_0 \int \psi^* \psi \mathrm{d}\tau$，显然与 ψ_0 正交，因而可用其求第一激发态能量的近似值，用同样的方法可以找到下一激发态能量的试探波函数.

　　下面我们再介绍另一种变分法，即哈特里自洽场法. 此法的物理根据是：在原子(体系)中，电子(粒子)受到原子核及其他电子的 u 作用，可近似地用一平均场来代替(平均场近似或者独立粒子模型)，在近似中，体系的基态波函数可表示为

$$\psi(r_1, r_2, \cdots, r_z) = \Phi_{k_1}(r_1) \Phi_{k_2}(r_2) \cdots \Phi_{k_z}(r_z) \tag{7-43}$$

即各单电子波函数之积(未计交换对称性)在此近似下的哈密顿量为

$$H = \sum_{i=1}^{z} h_i + \frac{1}{2} \sum_{i \neq j}^{z} \sum_j \frac{1}{r_{ij}}$$

$$h_j = -\frac{1}{2} \nabla_i^2 - \frac{z}{r_i} \tag{7-44}$$

其平均值为

$$\bar{H} = \sum_{i=1}^{z} \int \Phi_i^*(r_i) h_i \Phi_{k_i}(r_i) \mathrm{d}\tau + \frac{1}{2} \sum_{i \neq j}^{z} \sum_j \iint \left| \Phi_{k_i}(r_i) \right|^2 \frac{1}{r_{ij}} \left| \Phi_{k_j}(r_j) \right|^2 \mathrm{d}\tau_i \mathrm{d}\tau_j \tag{7-45}$$

在归一化条件下，

$$\int \left| \Phi_{k_i}(r_i) \right|^2 \mathrm{d}\tau_i = 1, \quad i = 1, 2, \cdots, z$$

求 $\bar{H}$ 的极值，有

$$\delta \bar{H} = \sum_i \varepsilon_i \delta \int \left| \Phi_{k_i}(r_i) \right| \mathrm{d}\tau_i \tag{7-46}$$

其中 $\varepsilon_i (i = 1, 2, \cdots, z)$ 是待定的拉格朗日乘子，由式(7-44)可得

$$\delta \bar{H} = \sum_i \left[\int \delta \Phi_{k_i}^* h_i \Phi_{k_i} \mathrm{d}\tau_i + \Phi_{k_i}^* h_i \delta \Phi_{k_i} \right] \mathrm{d}\tau_i$$

$$+ \frac{1}{2} \sum_{i \neq j}^{z} \sum_j \iint \left[\delta \Phi_{k_j}^* \Phi_{k_j} + \Phi_{k_j}^* \delta \Phi_{k_j} \right] \frac{1}{r_{ij}} \left| \Phi_{k_j}(r_j) \right|^2 \mathrm{d}\tau_i \mathrm{d}\tau_j$$

$$+ \frac{1}{2} \sum_{i \neq j}^{z} \sum_j \iint \left| \Phi_{k_i}(r_i) \right|^2 \frac{1}{r_{ij}} \left[\delta \Phi_{k_j}^* \Phi_{k_j} + \Phi_{k_j}^* \delta \Phi_{k_j} \right] \mathrm{d}\tau_i \mathrm{d}\tau_j$$

$$= \sum_i \iint \left[\delta\Phi_{k_i}^* h_i \Phi_{k_i} + \Phi_{k_i}^* h_i \delta\Phi_{k_i} \right] \mathrm{d}\tau_i$$

$$+ \sum_{i \neq j}^z \sum_j \iint \left[\delta\Phi_{k_j}^* \Phi_{k_j} + \Phi_{k_j}^* \delta\Phi_{k_j} \right] \frac{1}{r_{ij}} \left| \Phi_{k_j}(r_j) \right|^2 \mathrm{d}\tau_i \mathrm{d}\tau_j \qquad (7\text{-}47)$$

将其代入式(7-46)，同时注意到 $\delta\Phi_{k_i}^*$、$\delta\Phi_{k_i}$ 可以任意，故有

$$\left[h_i + \sum_{i \neq j} \left| \Phi_{k_j}(r_j) \right|^2 \frac{1}{r_{ij}} \mathrm{d}\tau_j \right] = \varepsilon_i \Phi_{k_j}, \quad i = 1, 2, \cdots, z \qquad (7\text{-}48)$$

及其共轭方程，此即哈特里方程，是单电子波函数满足的方程. 方程左边第二项表示其余电子对第 i 电子的库仑排斥作用.

哈特里单电子方程似乎比原来的多电子薛定谔方程简单一些，但它却是一个非线性的微分积分方程，严格求解相当困难. 哈特里提出逐步近似，最后达到自洽的方案解方程. 即先设一适当的中心势 $V(r_i)$ 来代替方程中的 $-\dfrac{z}{r_i} + \sum_{i \neq j} \int \left| \Phi_{k_j}(r_j) \right|^2 \dfrac{1}{r_{ij}} \mathrm{d}\tau_j$ ，算出其能量后，用所得的波函数代入 $-\dfrac{z}{r_i} + \sum_{i \neq j} \int \left| \Phi_{k_j}(r_j) \right|^2 \dfrac{1}{r_{ij}} \mathrm{d}\tau_j$ 算出其值，与原来所设的 $V(r_i)$ 相比较，若有差别，可据其差别，重新调整所设的中心势(包括参数)，取为 $V^1(r_i)$ ，再重复上述过程，直至在要求的精度范围内. 当假设中心势与计算的中心势一致时，前后自洽，此即哈特里自洽场法. 注意到电子交换的反对称性，每个电子的量子态应不同(泡利原理).

7.5 含时微扰论与跃迁概率

以上所述近似方法的哈密顿量 $\hat{H}$ 均不显含时间 t，如果 $\hat{H}$ 含时，即 $\hat{H}(t)$ 又有何近似方法求解? 下文将介绍求解一含时哈密顿量 $\hat{H}(t)$ 体系问题的近似方法——含时微扰论. 继而讲述用此方法讨论体系受外界作用而产生的状态跃迁概率问题.

一、含时微扰论

若体系的 $\hat{H}$ 显含时间 t，并可表示为 $\hat{H}(t) = \hat{H}_0 + \hat{H}'(t)$ ，因 $\hat{H}'(t)$ 的作用，体系的总能量不可能守恒，最常见的外场作用为 $\hat{H}'(t)$. 如电磁场，假设体系为一原子，则在电磁场 $\hat{H}'(t)$ 作用下，原子可以由一定态跃迁到另一定态，电磁场对原子的作用若可视为含时微扰，可由无微扰的定态波函数来确定有微扰的波函数，从而得到其跃迁的概率，其过程如下.

由 $\hat{H}(t)|\psi(t)\rangle = i\hbar\dfrac{\partial}{\partial t}|\psi(t)\rangle$ ，　$\hat{H}(t) = \hat{H}_0 + \hat{H}'(t)$ ，令

$$\hat{H}_0|\Phi(t)\rangle = i\hbar\frac{\partial}{\partial t}|\Phi(t)\rangle, \quad |\Phi(t)\rangle = e^{\frac{i}{\hbar}E_n t}|E_n\rangle, \quad \hat{H}_0|E_n\rangle = E_n|E_n\rangle \tag{7-49}$$

$$|\psi(t)\rangle = \sum_n |\Phi_n(t)\rangle\langle\Phi_n(t)|\psi(t)\rangle \tag{7-50}$$

代入 $\hat{H}(t)$ 的方程，可得

$$i\hbar\sum_n\left(\frac{\partial}{\partial t}|\Phi_n(t)\rangle\right)\langle\Phi_n(t)|\psi(t)\rangle + i\hbar\sum_n|\Phi(t)\rangle\frac{\partial}{\partial x}\langle\Phi_n(t)|\psi(t)\rangle$$

$$= \sum_n(\hat{H}_0|\Phi(t)\rangle)\langle\Phi_n(t)|\psi(t)\rangle + \sum_n(\hat{H}'(t)|\Phi(t)\rangle)\langle\Phi_n(t)|\psi(t)\rangle,$$

$$i\hbar\sum_n|\Phi_n(t)\rangle\frac{\partial}{\partial x}\langle\Phi_n(t)|\psi(t)\rangle = \sum_n(\hat{H}'(t)|\Phi_n(t)\rangle)\langle\Phi_n(t)|\psi(t)\rangle \tag{7-51}$$

以 $\langle\Phi_n(t)|$ 左乘并取内积，有

$$i\hbar\sum_n\left(\frac{\partial}{\partial x}\langle\Phi_n(t)|\psi(t)\rangle\right)\delta_{mn} = \sum_n\langle\Phi_n(t)|\psi(t)\rangle\langle E_m|\hat{H}|E_n\rangle e^{\frac{i}{\hbar}(E_m - E_n)t}$$

令 $\omega_{mn} = \dfrac{1}{\hbar}(E_m - E_n)$ ，$\alpha_n(t) = \langle\Phi_n(t)|\psi(t)\rangle$ ，$\hat{H}'_{mn} = \langle E_m|\hat{H}|E_n\rangle$ ，则有

$$i\hbar\frac{d\alpha_m(t)}{dt} = \sum_n \alpha_n(t)\hat{H}'_{mn}e^{i\omega_{mn}t} \tag{7-52}$$

引入微扰参量 λ 有 $\hat{H}(t) = \hat{H}_0 + \lambda\hat{H}'(t)$ ，设

$$\alpha_n(t) = \alpha_n^{(0)} + \lambda\alpha_n^{(0)} + \lambda^2\alpha_n^{(0)} + \cdots \tag{7-53}$$

并将式(7-53)代入式(7-52)，得

$$i\hbar\left(\frac{d\alpha_m^{(0)}(t)}{dt} + \lambda\frac{d\alpha_m^{(1)}(t)}{dt} + \lambda^2\frac{d\alpha_m^{(2)}(t)}{dt} + \cdots\right) = \sum_n(\alpha_n^{(0)} + \lambda\alpha_n^{(0)} + \lambda^2\alpha_n^{(0)} + \cdots)\lambda\hat{H}'_{mn}e^{i\omega_{mn}t}$$

则按 λ 同次幂的系数应该相等，而得到下列诸方程：

$$\lambda^0: \quad \frac{d\alpha_m^{(0)}}{dt} = 0 \tag{7-54a'}$$

$$\lambda^1: \quad i\hbar\frac{d\alpha_m^{(1)}}{dt} = \sum_n \alpha_n^{(0)}\hat{H}'_{mn}e^{i\omega_{mn}t} \tag{7-54b''}$$

$$\lambda^2: \quad i\hbar\frac{d\alpha_m^{(2)}}{dt} = \sum_n \alpha_n^{(1)}\hat{H}'_{mn}e^{i\omega_{mn}t} \tag{7-54c'''}$$

$$\cdots\cdots$$

$$\lambda^k:\quad i\hbar\frac{d\alpha_m^{(k)}}{dt}=\sum_n \alpha_n^{(k-1)}\hat{H}_{mn}'e^{i\omega_{mn}t}\qquad (k=0,1,2,\cdots)\qquad (7\text{-}54d)$$

解上述各幂次系数方程，即可求得 $\alpha_m(t)$ 的各级近似解. 零级近似，因为 $\alpha_m^{(0)}$ 为常数，是系统未受微扰时的初始状态，由未引入微扰的 $\hat{H}(t)$ 初始状态决定. 设 $t=0$ 时体系处于 $\hat{H}_0$ 的第 k 个本征态 $|E_k\rangle$，即取

$$\alpha_m^{(0)}=\delta_{mk}=\begin{cases}1 & (m=k)\\ 0 & (m\neq k)\end{cases}$$

将一级近似代入式(7-54)，得

$$\frac{d\alpha_m^{(1)}}{dt}=\frac{1}{i\hbar}\sum_n \delta_{nk}H'e^{i\omega_{mn}t}=\frac{1}{i\hbar}H_{mk}'e^{i\omega_{mk}t}$$

对上式积分有

$$\alpha_m^{(1)}=\frac{1}{i\hbar}\int_0^t H_{mk}'e^{i\omega_{mk}t}dt=\frac{1}{i\hbar}\int_0^t \langle E_m|\hat{H}'|E_k\rangle e^{\frac{i}{\hbar}(E_m-E_k)t}dt\qquad (7\text{-}55)$$

即得到一级近似解，按此方法，再逐级求得更高阶近似解.

二、跃迁概率

假设在 $t=0$ 之前体系未受到 $\hat{H}'(t)$ 的作用，处于本征态 Φ_k，此后，体系受微扰 $\hat{H}'(t)$ 的作用，将可能在某时刻 t 由原来 $t=0$ 的初态跃迁到另一状态 $\psi(t)$，设此 $\psi(t)$ 为本征态 Φ_n. 下面将用上述含时微扰法，求出在 $\hat{H}'(t)$ 的作用下，由 $t=0$ 的 Φ_k 跃迁到 Φ_n 的跃迁概率.

欲算出跃迁概率，需要知道 $\hat{H}'$ 的具体形式，现按下列几种情况进行讨论.

(1) 设微扰仅在 $t=0$ 到 $t=t_1$ 时间内作用，而当 $t<0$ 和 $t>t_1$ 时，$\hat{H}'(t)=0$. 在 $0<t<t_1$ 时间内，微扰算符是时间的函数 $\hat{H}'(t)$，在这种情况，可对式(7-55)将积分限延拓至 $(-\infty,+\infty)$，有

$$\alpha_m^{(1)}=\frac{1}{i\hbar}\int_0^t H_{mk}'e^{i\omega_{mk}t}dt=\frac{1}{i\hbar}\int_{-\infty}^{+\infty}H_{mk}'e^{i\omega_{mk}t}dt\qquad (7\text{-}56)$$

由傅里叶变换，函数 $H_{mk}'(t)$ 可展开为傅里叶积分

$$H_{mk}'(t)=\int H_{mk}'(\omega)e^{-i\omega t}(\omega)d\omega\qquad (7\text{-}57)$$

由傅里叶原理，有

$$H_{mk}'(\omega)=\frac{1}{2\pi}\int_{-\infty}^{+\infty}H_{mk}'(t)e^{i\omega t}dt\qquad (7\text{-}58)$$

不难得到

$$\alpha_m^{(1)} = \frac{2\pi}{\mathrm{i}\hbar} H'_{mk}(\omega_{mk}) \tag{7-59}$$

由于 $\alpha_m^{(0)} = \delta_{mk}$ 表示体系最初处于 $\hat{H}_0$ 的第 k 个本征态，故在微扰的作用下，体系跃迁到 m 态的概率取决于系数 $\alpha_m(t)$ 的一级近似，如式(7-59). 因此得到由 Φ_k 跃迁到 Φ_m 的跃迁概率为

$$W = \frac{4\pi^2}{\hbar^2} \left| H'_{mk}(\omega_{mk}) \right|^2 \tag{7-60}$$

其中 $\omega_{mk} = \dfrac{E_m - E_k}{\hbar}$. 由此可知，仅当微扰矩阵元的傅里叶积分变换内含有 ω_{mk} 时，才可能从 Φ_k 态跃迁到 Φ_m 态. 下面讨论第二种情况：

(2) $\hat{H}'$ 在 $0 < t < t_1$ 时间内不为 0，但与时间无关，此时可以对式(7-55)积分，得到

$$\alpha_m^{(1)} = \frac{-H'_{mk}(\mathrm{e}^{\mathrm{i}\omega_{mk}t} - 1)}{\hbar\omega_{mk}} \tag{7-61}$$

因此，由于微扰的作用，在时刻 t，体系处于 Φ_m 态的概率为

$$W = \left| \alpha_m^{(1)}(t) \right|^2 = \frac{\left| H'_{mk} \right|^2}{\hbar^2 \omega_{mk}^2} \left| (\mathrm{e}^{\mathrm{i}\omega_{mk}t} - 1) \right|^2 = \frac{\left| H'_{mk} \right|^2}{\hbar^2 \omega_{mk}^2} (\mathrm{e}^{\mathrm{i}\omega_{mk}t} - 1)(\mathrm{e}^{-\mathrm{i}\omega_{mk}t} - 1)$$

$$= \frac{2 \left| H'_{mk} \right|^2}{\hbar^2 \omega_{mk}^2} (1 - \cos\omega_{mk}t) \tag{7-62}$$

或者

$$W = \frac{4 \left| H'_{mk} \right|^2}{\hbar^2} \frac{\sin^2\left(\dfrac{1}{2}\omega_{mk}t\right)}{\omega_{mk}^2}$$

为了说明上式的物理意义，我们作出 $I(\omega_{mk}) = \dfrac{\sin^2\left(\dfrac{1}{2}\omega_{mk}t\right)}{\omega_{mk}^2}$ 随 ω_{mk} 变化的曲线图(图 7-2). 由简单的数学分析可知，当 $\omega_{mk} = 0$ 时，得到曲线的主峰值为 $\dfrac{1}{4}t^2$，主峰的宽度与 t^{-1} 成比例，其后的峰值随 ω_{mk} 的增大而减小.

定义单位时间的跃迁概率 $\omega_{k \to m}$，若令 $\omega_{k \to m} = \dfrac{W_{k \to m}}{t}$ ，则其分立末态将有 $W_{k \to m} \propto t^2$，$\omega_{k \to m} \propto t$，此结果在物理上不合理的. 因为，当 t 很大时，设 $t \to +\infty$，

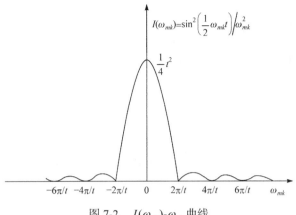

图 7-2　$I(\omega_{mk})$-ω_{mk} 曲线

会出现 $W_{k \to m} \to +\infty$，它与跃迁过程中的总概率为 1 的物理要求相矛盾，当然也与实验事实不符. 故需要考虑连续或者"准连续"末态，其实质乃是因为同时存在两确定能量的定态 $|E_k\rangle \to |E_m\rangle$ 的假设是不合理的. 若初态 $|E_k\rangle$ 确定，末态 $|E_m\rangle$ 就不可能有严格的确定值. 根据不确定关系 $\Delta t_m \Delta E_m \sim h$，除基态外，所有激发态都有一定的寿命，即 Δt_m 有限，ΔE_m 就有一定的范围，因而将定义改为

$$W = \int \left| \alpha_m(t) \right|^2 \rho(m) \mathrm{d}E_m \tag{7-63}$$

$$\omega = \frac{W}{t} = \frac{1}{t} \int \left| \alpha_m(t) \right|^2 \rho(m) \mathrm{d}E_m$$

设 $\rho(m)$ 为末态的变函数，而 $I(\omega_{mk})$ 只在 ω_{mk} 为 0 附近有显著值，可将 ω_{mk} 的积分限延拓为 $(-\infty, +\infty)$，可得

$$W = \frac{4 \left| H'_{mk} \right|^2}{\hbar t} \rho(m) \int_{-\infty}^{+\infty} \frac{\sin^2 \left(\frac{1}{2} \omega_{mk} t \right)}{\omega_{mk}^2} \mathrm{d}\omega_{mk}, \quad \mathrm{d}E_m = \hbar \mathrm{d}\omega_{mk} \tag{7-64}$$

由于 $\int_{-\infty}^{+\infty} \frac{\sin^2 \theta}{\theta^2} \mathrm{d}\theta = \pi$，则

$$\omega = \frac{2\pi}{\hbar} \rho(m) \left| H'_{mk} \right|^2 \tag{7-65}$$

如此，单位时间的跃迁概率 ω 就与 t 无关了，常常称此结果为费米黄金规则.

对于末态密度 $\rho(m)$ 的具体形式，当然取决于体系末态的具体形式，若末态为自由粒子动量本征态，且采用箱归一化，即不难算出 $\rho(m)$. 因 $\langle r | E_m \rangle = \varphi_m(r) = L^{-\frac{3}{2}} \mathrm{e}^{\frac{\mathrm{i}}{\hbar} p \cdot r}$，其中 $p_x = \frac{2\pi\hbar}{L} n_x$，$p_y = \frac{2\pi\hbar}{L} n_y$，$p_z = \frac{2\pi\hbar}{L} n_z$，$n_x$、$n_y$、$n_z$ 为整数，每组 (n_x, n_y, n_z) 值确定一个态，动量在 $p_x \to p_x + \mathrm{d}p_x$，$p_y \to p_y + \mathrm{d}p_y$ 和 $p_z \to$

$p_z + \mathrm{d}p_z$ 间的态数为 $\mathrm{d}n_x \mathrm{d}n_y \mathrm{d}n_z = \left(\dfrac{L}{2\pi\hbar} \right)^3 \mathrm{d}p_x \mathrm{d}p_y \mathrm{d}p_z$.

若用动量空间的球坐标系，则在 $p \to p + \mathrm{d}p$，$\theta \to \theta + \mathrm{d}\theta$，$\varphi \to \varphi + \mathrm{d}\varphi$ 范围内的态数为 $\left(\dfrac{L}{2\pi\hbar} \right)^3 p^2 (\mathrm{d}p) \sin\theta \mathrm{d}\theta \mathrm{d}\varphi$，而能量末态有多个，其动量大小均为 p，仅方向不同，则有

$$\rho(m)\mathrm{d}E_m = \left(\frac{L}{2\pi\hbar} \right)^3 p^2 (\mathrm{d}p) \sin\theta \mathrm{d}\theta \mathrm{d}\varphi \tag{7-66}$$

它给出了动量大小为 p，方向在 $\mathrm{d}\Omega = \sin\theta \mathrm{d}\theta \mathrm{d}\varphi$ 立体角内的态密度. 此结果常应用在量子散射问题中. 非定态中，对具有确定动量初态的粒子被一势场散射的问题，可通过跃迁概率给出散射概率.

现在讲述第三种微扰问题，即所谓的周期微扰问题. 从 $t=0$ 始，其微扰 $\hat{H}'(t) = A\cos\omega t$，为了便于表述，将含时 $\hat{H}'(t)$ 改写为指数形式 $\hat{H}'(t) = \hat{F}\mathrm{e}^{\mathrm{i}\omega t} + \hat{F}^*\mathrm{e}^{-\mathrm{i}\omega t}$，$\hat{F}$ 为与 t 无关的微扰算符，$\hat{F}^*$ 为 $\hat{F}$ 的复共轭，ω 为微扰作用随时间 t 变化的角频率，当微扰为光波时，ω 为光波的角频率. 现在计算微扰矩阵元

$$H'_{mk} = \int \psi_m^* \left[\hat{F}\mathrm{e}^{\mathrm{i}\omega t} + \hat{F}^*\mathrm{e}^{-\mathrm{i}\omega t} \right] \psi_k \mathrm{d}\tau = F_{mk}\mathrm{e}^{\mathrm{i}\omega t} + F^*\mathrm{e}^{-\mathrm{i}\omega t} \tag{7-67}$$

式中

$$F_{mk} = \int \psi_m^* \hat{F} \psi_k \mathrm{d}\tau$$

将上式代入决定跃迁概率的式(7-55)，可得

$$\begin{aligned}
\alpha_m^{(1)} &= \frac{1}{\mathrm{i}\hbar} \int_{-\infty}^{+\infty} H'_{mk} \mathrm{e}^{\mathrm{i}\omega_{mk}t} \mathrm{d}t = \frac{1}{\mathrm{i}\hbar} \left[\int_0^t F_{mk}\mathrm{e}^{\mathrm{i}\omega t}\mathrm{e}^{\mathrm{i}\omega_{mk}t}\mathrm{d}t + \frac{1}{\mathrm{i}\hbar}\int_0^t F_{mk}^*\mathrm{e}^{-\mathrm{i}\omega t}\mathrm{e}^{\mathrm{i}\omega_{mk}t}\mathrm{d}t \right] \\
&= \frac{1}{\mathrm{i}\hbar} \left[\int_0^t F_{mk}\mathrm{e}^{\mathrm{i}(\omega+\omega_{mk})t}\mathrm{d}t + \frac{1}{\mathrm{i}\hbar}\int_0^t F_{mk}^*\mathrm{e}^{-\mathrm{i}(\omega-\omega_{mk})t}\mathrm{d}t \right]
\end{aligned} \tag{7-68}$$

积分后得到

$$\begin{aligned}
\alpha_m^{(1)} &= \frac{1}{\mathrm{i}\hbar} \left[\frac{F_{mk}}{\mathrm{i}(\omega+\omega_{mk})}\mathrm{e}^{\mathrm{i}(\omega+\omega_{mk})t} - \frac{F_{mk}^*}{\mathrm{i}(\omega-\omega_{mk})}\mathrm{e}^{-\mathrm{i}(\omega-\omega_{mk})t} \right]_0^t \\
&= -\frac{F_{mk}(\mathrm{e}^{\mathrm{i}(\omega+\omega_{mk})t}-1)}{\hbar(\omega+\omega_{mk})} + \frac{F_{mk}^*(\mathrm{e}^{-\mathrm{i}(\omega-\omega_{mk})t}-1)}{\hbar(\omega-\omega_{mk})}
\end{aligned} \tag{7-69}$$

由式(7-69)可看出 $\omega = \omega_{mk}$ 时，第二项分子、分母均为 0，用数学分析求极限法则(L'Hospital 法则)，同时将分子和分母对 $(\omega - \omega_{mk})$ 求微商，可得与 t 成正比的项，但是，由于第一项不随时间增加，故当 $\omega = \omega_{mk}$ 时，仅第二项起主要作用. 反之，

如果 $\omega = -\omega_{mk}$ ，则第一项随时间 t 变化，第二项不随时间 t 变化，第一项起主要作用. 可见，只有 $\omega = \pm\omega_{mk}$ 或者 $\varepsilon_m = \varepsilon_k \pm \hbar\omega$ 时才出现明显的跃迁. 故只需要讨论 $\omega = \pm\omega_{mk}$ 的情况. 事实上，也只有当外界微扰中含有此二频率时，才可能从 k 态跃迁到 m 态，并且由上式不难得到其跃迁概率：

$$W = \left| \alpha_m^{(1)} \right|^2 = \frac{4\left| F_{mk} \right|^2 \left[\sin \frac{1}{2}(\omega_{mk} \pm \omega)t \right]^2}{\hbar^2 (\omega_{mk} \pm \omega)^2}$$

上式中，当 $\omega = \omega_{mk}$ 时，括号中取负号；当 $\omega = -\omega_{mk}$ 时，括号中取正号. 体系在微扰作用下，吸收和发射的能量是 $\hbar\omega_{mk}$. 当 $\omega = 0$ 时就回归到上述第二类微扰情况. 含时微扰理论在量子光学及电磁场与物质相互作用等诸多方面有重要作用.

小　结

(1) 定态微扰论的条件：体系 $\hat{H}$ 不显含 t，且可写为两部分 $\hat{H} = \hat{H}_0 + \hat{H}'$. 对 $\hat{H}_0$ 的要求：① $\hat{H}_0$ 的本征值及本征函数是已知的；② $\hat{H}$ 与 $\hat{H}_0$ 相差甚微，即 $\hat{H}$ 为一小量 $\left(\left| \dfrac{H'_{kn}}{E_k - E_n} \right| \ll 1 \right)$.

(2) 非简并的定态微扰论：其一级(微扰)近似为 $E_k = E_k^{(0)} + H'_{kk}$ ，$\psi_k = \psi_k^{(0)} + \sum_n' \dfrac{H'_{kn}}{E_k^{(0)} - E_n^{(0)}} \psi_n^{(0)}$ ，$H'_{kk} = \int_{-\infty}^{\infty} \psi_k^{(0)*} \hat{H}' \psi_k^{(0)} \mathrm{d}\tau$.
二级近似的能量公式为

$$E_k = E_k^{(0)} + H'_{kk} + \sum_n' \frac{\left| H'_{nk} \right|^2}{E_k^{(0)} - E_n^{(0)}}$$

(3) 简并的定态微扰论：$E_h^{(0)}$ 为 f 度简并，故 $\hat{H}_0 \psi_{ki}^{(0)} = E_k^{(0)} \psi_{ki}^{(0)}, i = 1, 2, \cdots, f$. 如 $\psi_{ki}^{(0)}$ 已正交归一化，将其线性组合作为零级近似波函数 $\psi_k^{(0)}$，即 $\psi_k^{(0)} = \sum_i^f C_i^{(0)} \psi_{ki}^{(0)}$. 微扰矩阵元 $H'_{kjki} = H'_{ji} = \int \psi_{kj}^{(0)*} \hat{H}' \psi_{ki}^{(0)} \mathrm{d}\tau$ ，如将能量的一级微扰修正表示为 $E^{(1)}$，则有

$$\sum_i \left(H'_{ji} - E^{(1)} \delta_{ji} \right) C_j^{(0)} = 0 \quad (j = 1, 2, \cdots, f)$$

为使 $C_i^{(0)}$ 不全为零，其必要条件为下列久期方程：

$$\det \left| H'_{ji} - E^{(1)} \delta_{ji} \right| = 0$$

如所解出的 f 个根 $E_k^{(1)}$ 互不相等(无重根)，则得 f 个能级的一级修正，能量的一级近似即为 $E_k = E_k^{(0)} + E_{ki}^{(0)}$；能量简并完全消除，可得到一组完全确定的系数 $C_i^{(0)}$．如所解出的结果有几个重根，其一级微扰解除简并．如所解出的根完全相同，则一级微扰完全没有消除简并，需考虑能量二级修正，才可能得到能级分裂．

(4) 定态微扰论的应用：①用非简并微扰论计算了电介质的极化；②用简并微扰论讨论了钠原子光谱的双线结构．顺便指出，微扰论在固体物理中的应用也较多．如固体的能带理论中的准自由电子法、紧束缚法等，都是以微扰论为基础的．又如晶体中粒子间的相互作用(结合力和结合能)的计算，以及固体的热学与电磁学性质的一些讨论，均会用到微扰论，限于篇幅未能详细介绍，但有本篇所述的知识，是不难看懂固体物理书中的有关内容的．

(5) 变分法的基本内容：变分法的基本原理 $H\psi = E\psi$．其 $\hat{H}$ 之本征值 $E_0 \leqslant E_1 \leqslant E_2 \leqslant \cdots \leqslant E_n \leqslant \cdots$，相应的本征函数为 $\psi_0, \psi_1, \psi_2, \cdots, \psi_n, \cdots$，而对于任意一组所要求边界条件的函数 Φ 均有 $\dfrac{\langle \Phi | H | \Phi \rangle}{\langle \Phi | \psi \rangle} \geqslant E_0$，用此方法可对系统近似求解．建立一组波函数边界条件的尝试波函数 $\Phi(r, c_1, c_2, \cdots, c_n)$，则

$$\bar{H}(r, c_1, c_2, \cdots, c_n) = \frac{\langle \Phi | H | \Phi \rangle}{\langle \Phi | \psi \rangle} \geqslant E_0$$

选择适当的参量 $\{c_i\}$ 使得 E 取极小值．其相应的参数下的 Φ 即近似基态波函数，而这些函数组是 $\dfrac{\partial \bar{H}}{\partial c_i} = 0 (c_i = 1, 2, \cdots, l)$，求解此方程组可确定较佳的参数值 $\{c_i\}$，可得到近似的 E_0 和相应波函数，并用与之相同的步骤求得下一能级近似值及相关近似波函数．变分法有多种，主要简介了 Ritz 变分法和哈特里自洽场法．

(6) 含时微扰论：若微扰与时间 t 有关，引入微扰变量法，$\hat{H}$ 可表示为 $\hat{H}(t) = \hat{H}_0 + \lambda \hat{H}'(t)$，体系在微扰的作用下，将由 $\hat{H}_0$ 的一个定态跃迁到另外一个定态，用含时微扰的方法，可算出 t 时刻其近似的跃迁概率 $W_{k \to m} = |C_m(t)|^2$，$C_m(t) = \dfrac{1}{\mathrm{i}\hbar} \int_0^t H'_{mk} \mathrm{e}^{\mathrm{i}\omega_{mk} t} \mathrm{d}t$．我们介绍了三种情况下的跃迁概率：①微扰 $\hat{H}'$ 仅在 $(0, t)$ 内起作用，在这种情况下在 t 时刻跃迁到 Φ_m 态的跃迁概率为 $W = \dfrac{4\pi^2}{\hbar^2} |H'_{mk}(\omega_{mk})|^2$；②微扰 $\hat{H}'$ 在 $(0, t)$ 有作用，但与 t 无关，可以算出在 t 时刻跃迁到 Φ_m 态的跃迁概率为 $W = \dfrac{4|H'_{mk}|^2}{\hbar^2} \dfrac{\sin^2\left(\dfrac{1}{2}\omega_{mk} t\right)}{\omega_{mk}^2}$，其单位时间的跃迁概率为 $\dfrac{2\pi}{\hbar^2} \rho(m) |H'_{mk}|^2$ 称为"黄

金规则"；③周期微扰 $\hat{H}' = A\cos\omega t$，复数形式为 $\hat{H}'(t) = \hat{F}e^{i\omega t} + \hat{F}^*e^{-i\omega t}$，$\hat{F}$ 与 t 无关，$\hat{F}^*$ 为 $\hat{F}$ 的复共轭，其跃迁概率为

$$W = \left| \alpha_m^{(1)} \right|^2 = \frac{4\left| F_{mk} \right|^2 \left[\sin\frac{1}{2}(\omega_{mk} \pm \omega)t \right]^2}{\hbar^2(\omega_{mk} \pm \omega)^2}$$

习　　题

7-1　说明式(7-6)中 $a_m^{(1)}$ 为何取零. 试证明式(7-17).

7-2　一带电粒子处于势 $U = \frac{1}{2}kx^2$ 内，如在其 x 轴方向上加一恒定均匀电场 ε，试计算基态能级修正.

7-3　如核电荷均布于半径为 $R = 1.6\times10^{-15}z^{\frac{1}{3}}$ 的球内，试估算此效应对类氢原子 1s 能级的修正.

7-4　在分子晶体中起重要作用的是范德瓦耳斯力. 现以两个相距较远的氢原子的相互作用来说明此力. 试证 $F = -\dfrac{\mathrm{d}E}{\mathrm{d}R} \propto \dfrac{1}{R^7}$，$R$ 为其距离.

7-5　将电子之间的排斥势作为微扰项，试估算 He 原子的基态能量(一级近似).

7-6　估算氢原子抗磁矩 $|\mu| = \left| \dfrac{-\partial E_1^{(1)}}{\partial B} \right|$，$B$ 为磁场.

7-7　取高斯函数为试探函数 ($\psi(x) = Ae^{-bx^2}$)，试用变分法求出势 $V(x) = \alpha x^4$ 的基态能量的最优上限.

7-8　放置于电场 $E = \varepsilon(t)\hat{k}$ 中的氢原子，如可将 E 视为微扰，试计算 $H' = eEz$ 在基态($n=1$) 与四重简并的第一激发态($n=2$)之间的四个矩阵元和 H'_{ij}.

7-9　试用变分法求具有第二个电子，核电荷数为 Ze 的原子的基态能量，试探函数用

$$\psi(r_1, r_2) = \frac{\lambda^3}{\pi\alpha^3}e^{\frac{-\lambda' r_1}{\alpha}}e^{\frac{-\lambda' r_2}{\alpha}}$$

其中 r_1 和 r_2 分别是两个电子与原子核的距离，$\alpha = \dfrac{\hbar^3}{me^2}$，$m$ 为电子的质量，e 为电子的电荷，λ' 为可调参数.

习 题 解 答

第 1 章　早期量子论及物质的波粒二象性

1-1　求证：(1)当波长较短(频率较高)、温度较低时，普朗克公式简化为维恩公式；(2)当波长较长(频率较低)、温度较高时，普朗克公式简化为瑞利-金斯公式.

证　由普朗克公式 $\rho_\nu \mathrm{d}\nu = \dfrac{8\pi h\nu^3}{c^3} \cdot \dfrac{\mathrm{d}\nu}{\mathrm{e}^{h\nu/kT}-1}$ 可得：

(1) 当频率较高、温度较低时，$\mathrm{e}^{h\nu/kT} \gg 1$，故 $1/(\mathrm{e}^{h\nu/kT}-1) \approx \mathrm{e}^{-h\nu/kT}$. 这样，

$\rho_\nu \mathrm{d}\nu = \dfrac{8\pi h\nu^3}{c^3} \mathrm{e}^{-h\nu/kT} \mathrm{d}\nu$，此即维恩公式.

(2) 当频率较低、温度较高时 $h\nu/kT \ll 1$，故 $\mathrm{e}^{h\nu/kT} \approx 1 + \dfrac{h\nu}{kT}$，则 $\rho_\nu \mathrm{d}\nu = \dfrac{8\pi h\nu^2}{c^3} \cdot kT\mathrm{d}\nu$，

此即瑞利-金斯公式.

1-2　单位时间内太阳辐射到地球上每单位面积的能量为 $1324\mathrm{J} \cdot \mathrm{m}^{-2} \cdot \mathrm{s}^{-1}$，假设太阳平均辐射波长是 55000nm，问这相当于多少光子？

解　$\nu = \dfrac{c}{\lambda} = 5.45 \times 10^{14} \mathrm{Hz}$，一个光子的能量为 $h\nu = 3.61 \times 10^{-19} \mathrm{J}$，则光子数 $N = 3.67 \times 10^{21} \mathrm{m}^{-2} \cdot \mathrm{s}^{-1}$.

1-3　一个质点弹性系统，质量 $m=1.0\mathrm{kg}$，弹性系数 $k=20\mathrm{N} \cdot \mathrm{m}^{-1}$. 这个系统的振幅为 0.01m. 若此系统遵从普朗克量子化条件，问量子数 n 为多少？若 n 变为 $n+1$，则能量改变的百分比有多大？

解　系统能量为 $\dfrac{1}{2}kA^2 = 1.0 \times 10^{-3} \mathrm{J}$；

频率 $\nu = 2\pi\sqrt{k/m} = 28.1\mathrm{Hz}$；

量子数 $n = \dfrac{1}{2}kA^2/h\nu = 5.38 \times 10^{38}$；

能量改变的百分比 $1/n = 1.86 \times 10^{-29}$.

1-4　试导出体积为 V 的空腔黑体的频率在 ν 到 $\nu + \mathrm{d}\nu$ 间的振动方式数.

解　设空腔为正方体，边长为 L. 由于在空腔内的波是驻波，应满足条件

$n_x \dfrac{\lambda_x}{2} = L, n_x = 1,2,3,\cdots$. 所以 $n_x = \dfrac{2L}{\lambda_x}$, 同理 $n_y = \dfrac{2L}{\lambda_y}, n_z = \dfrac{2L}{\lambda_z}$, 则

$$n_x^2 + n_y^2 + n_z^2 = 4L^2 \left(\frac{1}{\lambda_x^2} + \frac{1}{\lambda_y^2} + \frac{1}{\lambda_z^2} \right)$$

$$= \frac{4L^2}{c^2} (\nu_x^2 + \nu_y^2 + \nu_z^2) = \frac{4L^2 \nu^2}{c^2}$$

$$= R^2$$

$R = \dfrac{2L\nu}{c}$. 一组 (n_x, n_y, n_z) 即为一种振动方式, 在半径为 R 的球体内的方式数为 $\dfrac{4}{3}\pi R^3 = \dfrac{32}{3}\pi V \cdot \dfrac{\nu^3}{c^3}$. 由于 (n_x, n_y, n_z) 只取正数, 故上面结果还应除以 8, 即为 $\dfrac{4}{3}\pi V \cdot \dfrac{\nu^3}{c^3}$,
则在 ν 到 $\nu + \mathrm{d}\nu$ 中的振动方程数为

$$\mathrm{d}\left(\frac{4}{3}\pi V \cdot \frac{\nu^3}{c^3} \right) = 4\pi V \cdot \frac{\nu^2 \mathrm{d}\nu}{c^3}$$

考虑到光子的两个偏振态, 上面结果还要乘 2, 故得振动方式数为 $\dfrac{8\pi V}{c^3}\nu^2 \mathrm{d}\nu$.

1-5 由康普顿实验得到, 当 X 射线被轻元素中的电子散射后, 其波长要发生改变, 令 λ 为 X 射线原来的波长、λ' 为散射后的波长. 试用光子假说推出其波长改变量与散射角的关系为

$$\Delta\lambda = \lambda' - \lambda = \frac{4\pi\hbar}{\mu c}\sin^2\left(-\frac{\theta}{2} \right)$$

式中, μ 为电子质量, θ 为散射光子动量与入射方向的夹角(散射角).

解 设散射前后光子的频率分别为 ν_0 和 ν, 电子散射后的速度为 v.

由能量守恒: $h\nu_0 + \mu c^2 = h\nu + \mu c^2 \big/ \sqrt{1 - v^2/c^2}$

由动量守恒: $\dfrac{h\nu_0}{c} = \dfrac{h\nu}{c}\cos\theta + \mu v\cos\varphi \big/ \sqrt{1 - v^2/c^2}$ (x 方向)

$$0 = \frac{h\nu}{c}\sin\theta - \mu v\sin\varphi \big/ \sqrt{1 - v^2/c^2}$$ (y 方向)

其中 φ 是电子的散射角. 解上面方程组得

$$c\left(\frac{1}{\nu} - \frac{1}{\nu_0} \right) = \frac{h}{\mu c}(1 - \cos\theta)$$

则

$$\Delta\lambda = c\left(\frac{1}{\nu} - \frac{1}{\nu_0}\right) = \frac{4\pi\hbar}{\mu c}\sin^2\frac{\theta}{2}$$

1-6 根据相对论、能量守恒定律及动量守恒定律，讨论光子与自由电子之间的碰撞：

(1) 证明处于静止的自由电子是不能吸收光子的；(2)证明处于运动状态的自由电子也是不能吸收光子的.

证 (1) 如能吸收光子，则静止电子吸收光子后的动能为

$$h\nu = \mu c^2(1/\sqrt{1 - v^2/c^2} - 1)$$

则动量为 $h\nu/c = \mu c(1/\sqrt{1 - v^2/c^2} - 1)$. 又由动量守恒得

$$\frac{\mu v}{\sqrt{1 - v^2/c^2}} = \mu c\left(\frac{1}{\sqrt{1 - v^2/c^2}} - 1\right)$$

上式解得 $v = c$. 由于电子在吸收光子后的速度不可能达到光速，因此说明静止的自由电子如吸收光子则不可能是能量守恒和动量守恒同时满足，故静止的自由电子不能吸收光子.

(2) 这里与(1)的情况相同，运动的自由电子若吸收光子也不能使能量守恒和动量守恒同时满足. (计算过程从略).

1-7 用玻尔理论计算氢原子中的电子在第一至第四轨道上运动的速度及这些轨道的半径.

解 电子的轨道容许速度 $v_n = e^2/(2\varepsilon_0 hn)$；轨道半径 $r_n = n^2\varepsilon_0 h^2/(\pi\mu e^2)$. 代入数据计算得

$$v_1 = 2.18\times10^6\,\mathrm{m\cdot s^{-1}},\ v_2 = 1.09\times10^6\,\mathrm{m\cdot s^{-1}},\ v_3 = 7.28\times10^5\,\mathrm{m\cdot s^{-1}},\ v_4 = 5.46\times10^5\,\mathrm{m\cdot s^{-1}}$$

$$r_1 = 5.3\times10^{-11}\mathrm{m},\ r_2 = 2.12\times10^{-1}\mathrm{m},\ r_3 = 4.77\times10^{-10}\mathrm{m},\ r_4 = 8.48\times10^{-10}\mathrm{m}$$

1-8 利用玻尔-索莫菲量子化条件，求在均匀磁场中做圆周运动的电子轨道的可能半径.

解 电子所受洛伦兹力 $F = evB$，由牛顿定律有 $evB = \mu\dfrac{v^2}{r}$，由玻尔-索莫菲量子化条件有 $\mu vr = eBr^2 = n\hbar$，所以 $r_n = (n\hbar/eB)^{1/2}$.

1-9 假定由同种原子构成的固体中，各个原子独立地以角频率 ω 做振动，且如普朗克假说所述，这些振子的能量只取 $n\hbar\omega$ 的值，其中 $n = 0,1,2,\cdots$. 求此固体的摩尔比热 $c_V = \dfrac{\partial\overline{E}}{\partial T}$，并讨论当温度 $T\to 0\mathrm{K}$ 时的情况.

解 振子的摩尔平均能量 $\overline{E} = N_0\hbar\omega/(\mathrm{e}^{\hbar\omega/RT} - 1)$，其中 N_0 是阿伏伽德罗常量，

则摩尔比热

$$c_V = \frac{\partial \overline{E}}{\partial T} = \frac{N_0 h^2 \omega^2}{kT^2} \cdot \frac{\mathrm{e}^{\hbar\omega/kT}}{(\mathrm{e}^{\hbar\omega/kT} - 1)^2}$$

当 $T \ll \dfrac{\hbar\omega}{k}$ 时，$\mathrm{e}^{\hbar\omega/kT} - 1 \approx \mathrm{e}^{\hbar\omega/kT}$，所以 $c_V = \dfrac{N_0 h^2 \omega^2}{kT^2} \cdot \mathrm{e}^{-\hbar\omega/kT}$. 当 $T \to 0\mathrm{K}$ 时，

$c_V \to 0$.

1-10 写出实物粒子的德布罗意波长与粒子动能 E_k 和静止质量 μ_0 的关系，并证明 $E_\mathrm{k} \ll \mu_0 c^2$ 时，$\lambda \approx h / \sqrt{2\mu_0 E_\mathrm{k}}$；$E_\mathrm{k} \gg \mu_0 c^2$ 时，$\lambda \approx hc/E_\mathrm{k}$.

解 粒子动量 $p = \dfrac{1}{c}(E_\mathrm{k}^2 + 2\mu_0 c^2 E_\mathrm{k})^{\frac{1}{2}}$；

德布罗意波长 $\lambda = \dfrac{h}{p} = hc(E_\mathrm{k}^2 + 2\mu_0 c^2 E_\mathrm{k})^{-\frac{1}{2}}$.

当 $E_\mathrm{k} \ll \mu_0 c^2$ 时，$E_\mathrm{k} + 2\mu_0 c^2 \approx 2\mu_0 c^2$，所以 $\lambda \approx h(2\mu_0 E_\mathrm{k})^{-\frac{1}{2}}$. 当 $E_\mathrm{k} \gg 2\mu_0 c^2$ 时，$E_\mathrm{k} + 2\mu_0 c^2 \approx E_\mathrm{k}$，所以 $\lambda \approx hc/E_\mathrm{k}$.

1-11 计算动能 $E_\mathrm{k} = 0.01\mathrm{MeV}$ 的电子的德布罗意波长.

解 $\lambda = hc(E_\mathrm{k}^2 + 2\mu_0 c^2 E_\mathrm{k})^{-\frac{1}{2}}$，所以 $\lambda = 1.22 \times 10^{-11}\mathrm{m}$.

1-12 电子与光子的波长为 20nm，试算出其相应的动量与能量.

解 电子动量 $p = h/\lambda = 3.31 \times 10^{-24}\mathrm{kg \cdot m \cdot s^{-1}}$；

能量 $E = (p^2 c^2 + \mu_0^2 c^4)^{\frac{1}{2}} = 8.19 \times 10^{-14}\mathrm{J}$；

光子动量 $p = h/\lambda = 3.31 \times 10^{-24}\mathrm{kg \cdot m \cdot s^{-1}}$；

能量 $E = hc/\lambda = 9.93 \times 10^{-16}\mathrm{J}$.

1-13 讨论受热氦原子束为简单立方晶格(其晶格常数 $d \approx 20\mathrm{nm}$)所衍射的情况. 问在什么温度下氦原子的衍射才是明显的?

解 受热氦原子的平均能量 $\overline{E} = \dfrac{3}{2}kT$，动量 $\overline{p} = \sqrt{2\mu_0 \overline{E}} = \sqrt{3\mu_0 kT}$. 德布罗意波长 $\lambda = h(3\mu_0 kT)^{-\frac{1}{2}}$.

由布拉格公式 $2d \sin\varphi = kT$ 决定衍射情况. 当 d 与 λ 有相同数量级时衍射才是明显的. 令 $\lambda = d$，则 $T = h^2(3\mu_0 k\lambda^2)^{-1} = h^2(3\mu_0 kd^2)^{-1} = 59.7\mathrm{K}$.

1-14 试证明在椭圆轨道情况下，德布罗意波长在电子轨道上波长的数目等于整数.

解　在一个圆周上的波长数为 $\int_0^{2\pi} \dfrac{R\mathrm{d}\varphi}{\lambda}$，由量子化条件 $\int_0^{2\pi} p_\varphi \mathrm{d}\varphi = nh$，而

$$\int_0^{2\pi} p_\varphi \mathrm{d}\varphi = \int_0^{2\pi} mvR\mathrm{d}\varphi = \int_0^{2\pi} \frac{h}{\lambda} R\mathrm{d}\varphi，\text{则}\int_0^{2\pi} \frac{R\mathrm{d}\varphi}{\lambda} = n.$$

第 2 章　薛定谔方程

2-1　设粒子的波函数为 $\psi(x,y,z)$，求在 $(x, x+\mathrm{d}x)$ 范围内发现粒子的概率.

解　在单位体积内发现粒子的概率为 $|\psi(x,y,z)|^2$，则在 $(x, x+\mathrm{d}x)$ 内发现粒子的概率为

$$W = \int_{-\infty}^{\infty} \int_{-\infty}^{\infty} \int_{x}^{x+\mathrm{d}x} |\psi(x,y,z)|^2 \, \mathrm{d}y\mathrm{d}z\mathrm{d}x$$

2-2　设在球极坐标系中粒子的波函数可表示为：$\psi(r,\theta,\varphi)$. 试求出在球壳 $(r, r+\mathrm{d}r)$ 中找到粒子的概率.

解　在 $\mathrm{d}V = r^2 \sin\theta\mathrm{d}\theta\mathrm{d}\varphi\mathrm{d}r$ 中的概率为 $|\psi|^2 \mathrm{d}V$，则在 $(r, r+\mathrm{d}r)$ 的球壳中的概率为

$$W = \int_{r}^{r+\mathrm{d}r} \int_{0}^{2\pi} \int_{0}^{\pi} |\psi(r,\theta,\varphi)|^2 \sin\theta\mathrm{d}\theta\mathrm{d}\varphi \cdot r^2 \mathrm{d}r$$

2-3　设做一维运动的粒子的波函数可表示为

$$\psi(x) = \begin{cases} Ax(a-x), & 0 < x < a \\ 0, & x < 0, x > a \end{cases}$$

试求归一化常数 A. 粒子在何处的概率最大？

解　由 $\int_{-\infty}^{\infty} |\psi(x)|^2 \, \mathrm{d}x = 1$ 得

$$A = \left(\int_0^a x^2(a-x)^2 \, \mathrm{d}x \right)^{-\frac{1}{2}} = (30/a^5)^{\frac{1}{2}}$$

由 $\dfrac{\mathrm{d}}{\mathrm{d}x}|\psi(x)|^2 = 0$ 可得粒子在 $x = \dfrac{a}{2}$ 处的概率最大.

2-4　沿直线运动的粒子的波函数 $\psi(x) = \dfrac{1+\mathrm{i}x}{1+\mathrm{i}x^2}$.

(1) 试将 ψ 归一化. (2) 画出概率分布曲线. (3) 在何处最易发现粒子，而该处的概率密度为何？

解　令归一化波函数为 $\psi(x) = A(1+\mathrm{i}x)/(1+\mathrm{i}x^2)$.

(1) $\quad A = \left(\int_{-\infty}^{\infty} \left| \dfrac{1+ix}{1+ix^2} \right|^2 dx \right)^{-\frac{1}{2}} = 1 \Big/ (\sqrt{2\pi})^{\frac{1}{2}}$

其中用到

$$\int \frac{dx}{1+x^4} = \frac{1}{4\sqrt{2}} \left[\ln \left| \frac{x^2+\sqrt{2}x+1}{x^2-\sqrt{2}x+1} \right| + 2\arctan\left(\frac{\sqrt{2}x}{1-x^2}\right) \right]$$

$$\int \frac{x^2 dx}{1+x^4} = \frac{1}{4\sqrt{2}} \left[\ln \left| \frac{x^2-\sqrt{2}x+1}{x^2+\sqrt{2}x+1} \right| + 2\arctan\left(\frac{\sqrt{2}x}{1-x^2}\right) \right]$$

归一化波函数为 $\psi(x) = (\sqrt{2\pi})^{-\frac{1}{2}} (1+ix) \big/ (1+ix^2)$.

(2) 概率密度 $|\psi(x)|^2 = (\sqrt{2\pi})^{-1} (1+x^2)/(1+x^4)$，其图形如下：

令 $\dfrac{d}{dx}|\psi(x)|^2 = 0$ 的极值点为

$$x = \pm(\sqrt{2}-1)^{\frac{1}{2}}$$

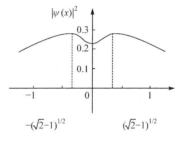

(3) 将 $x = \pm(\sqrt{2}-1)^{\frac{1}{2}}$ 代入 $|\psi(x)|^2$ 时得在最易找到粒子处的概率

$$\left| \psi(\pm\sqrt{\sqrt{2}-1}) \right|^2 \approx 0.27$$

2-5 一维运动的粒子处在

$$\Psi(x,t) = \begin{cases} Axe^{-\lambda x} \cdot e^{-it/2}, & x \geqslant 0 \\ 0, & x \leqslant 0 \end{cases}$$

的状态中, 其中 $\lambda > 0$. (1) 将此波函数归一化, 试说明如其在 $t=0$ 时刻归一化了, 那么在以后的任何时刻都是归一化的. (2) 求粒子的概率分布函数.

解 (1)

$$|\Psi(x,t)|^2 = \begin{cases} A^2 x^2 e^{-2\lambda x}, & x \geqslant 0 \\ 0, & x < 0 \end{cases}$$

则

$$A = \left(\int_0^{\infty} x^2 e^{-2\lambda x} dx \right)^{-\frac{1}{2}} = 2\lambda^{\frac{3}{2}}$$

由于 $|\Psi(x,t)|^2$ 与时间无关, 故在 $t=0$ 时刻归一化了, 以后任何时刻都是归一化的.

(2) 概率分布函数为

$$|\Psi(x,t)|^2 = 4\lambda^3 x^2 e^{-2\lambda x}$$

2-6　如在势能 $U(r)$ 上加一常数,则其薛定谔方程的定态解将如何变化? 试说明变化后为何不能观察到(选择无穷远处的 U 为 0).

解　设在势能上加一常数 C,则薛定谔方程为

$$-\frac{\hbar}{2\mu}\nabla^2\Psi(r,t)+[U(r)+C]\Psi(r,t)=i\hbar\frac{\partial}{\partial t}\Psi(r,t)$$

在定态方程中没有 C 出现, 故定态解没有变化, 仅在 $\Psi(r,t)$ 中多了一项 $e^{-iCt/\hbar}$, 该项在 $|\Psi(r,t)|^2$ 中不出现, 因此实际观察不到.

2-7　一系统由两粒子组成,以致其定态波函数 $\psi(r_1,r_2)$ 是每个粒子坐标的函数. 其概率解释为何? 写出其含时薛定谔方程.

解　$|\psi(r_1,r_2)|^2$ 表示一个粒子处于以 (r_1,θ_1,φ_1) 为中心的单位体积中,而另一粒子同时处于以 (r_2,θ_2,φ_2) 为中心的单位体积中的概率.

含时薛定谔方程为

$$-\frac{\hbar^2}{2\mu_1}\nabla_1^2\Psi(r_1,r_2,t)-\frac{\hbar^2}{2\mu_2}\nabla_2^2\Psi(r_1,r_2,t)+U(r_1,r_2)\Psi(r_1,r_2,t)=i\hbar\frac{\partial}{\partial t}\Psi(r_1,r_2,t)$$

其中 μ_1、μ_2 分别为两粒子的质量, $U(r_1,r_2)$ 是两粒子的势能及相互作用势能.

2-8　指出下列的 Ψ 所描写的状态是否为定态:

(1) $\Psi(x,t)=u(x)e^{(ix-iEt)}+v(x)e^{(-ix-iEt)}$.

(2) $\Psi(x,t)=u(x)(e^{-iE_1t}+e^{-iE_2t})$ $(E_1\ne E_2)$.

(3) $\Psi(x,t)=u(x)(e^{-iEt}-e^{iEt})$.

解　(1) $|\Psi(x,t)|^2=u(x)^2+v(x)^2+2v(x)v(x)\cos(2x)$, $|\Psi(x,t)|^2$ 与 t 无关, 故描写的是定态.

(2) $|\Psi(x,t)|^2=2u(x)^2[1+\cos(E_1-E_2)t]$, $|\Psi(x,t)|^2$ 与 t 有关, 故描写的不是定态.

(3) $|\Psi(x,t)|^2=4u(x)^2$, 故描写的是定态.

2-9　设 $\Psi_1(r,t)$ 和 $\Psi_2(r,t)$ 是薛定谔方程

$$i\hbar\frac{\partial\Psi}{\partial t}=-\frac{\hbar^2}{2\mu}\nabla^2\Psi+U(r)\Psi$$

的两个解. 证明 $\int_\infty\Psi_1^*\Psi_2d\tau$ 与时间无关.

证　$\dfrac{d}{dt}\int\Psi_1^*\Psi_2d\tau=\int\dfrac{d\Psi_1^*}{dt}\Psi_2d\tau+\int\Psi_1^*\dfrac{d\Psi_2}{dt}d\tau$, 将薛定谔方程

$i\hbar\dfrac{\partial \Psi}{\partial t}=-\dfrac{\hbar^2}{2\mu}\nabla^2\Psi+U(\boldsymbol{r})\Psi$ 代入上式得

$$\frac{\mathrm{d}}{\mathrm{d}t}\int \Psi_1^*\Psi_2\mathrm{d}\tau=-\frac{1}{\mathrm{i}\hbar}\int(\hat{H}\Psi_1)^*\Psi_2\mathrm{d}\tau+\frac{1}{\mathrm{i}\hbar}\int \Psi_1^*\hat{H}\Psi_2\mathrm{d}\tau=0$$

故 $\int \Psi_1^*\Psi_2\mathrm{d}\tau$ 与时间无关. 其中利用了 $\hat{H}$ 算符的厄米性

$$\int(\hat{H}\Psi_1)^*\Psi_2\mathrm{d}\tau=\int \Psi_1^*(\hat{H}\Psi_2)\mathrm{d}\tau$$

2-10 设一维粒子的波函数为 $\mathrm{e}^{\mathrm{i}kx}$, 粒子的质量为 μ, 试求其概率流密度.

解
$$j=-\frac{\mathrm{i}\hbar}{2\mu}\left[\psi^*\nabla\psi-\psi\nabla\psi^*\right]$$

$$=-\frac{\mathrm{i}\hbar}{2\mu}\left[\psi^*\frac{\mathrm{d}}{\mathrm{d}x}\psi-\psi\frac{\mathrm{d}}{\mathrm{d}x}\psi^*\right]=\frac{k\hbar}{\mu}$$

2-11 设有大量做三维运动的电子, 其波函数为 $\dfrac{1}{r}\mathrm{e}^{\pm\mathrm{i}kr}$, 求电流密度.

解
$$j=-\frac{\mathrm{i}e\hbar}{2\mu}\left[\psi^*\nabla\psi-\psi\nabla\psi^*\right]$$

$$=-\frac{\mathrm{i}e\hbar}{2\mu}\left[\frac{\mathrm{e}^{-\mathrm{i}kr}}{r}\nabla\left(\frac{\mathrm{e}^{\mathrm{i}kr}}{r}\right)-\frac{\mathrm{e}^{\mathrm{i}kr}}{r}\nabla\left(\frac{\mathrm{e}^{-\mathrm{i}kr}}{r}\right)\right]$$

$$=\frac{ek\hbar}{\mu r^2}\hat{r}$$

其中 μ 为电子质量, e 为电子电量.

2-12 证明从单粒子的薛定谔方程得出的粒子速度场是非旋的, 即证明 $\nabla\times v=0$, 其中速度 $v=\boldsymbol{j}/\rho$, $\rho=\Psi^*\Psi$, $\boldsymbol{j}$ 是概率流密度矢量.

证
$$\boldsymbol{j}=-\frac{\mathrm{i}\hbar}{2\mu}(\Psi^*\nabla\Psi-\Psi\nabla\Psi^*),\quad \rho=\Psi^*\Psi$$

$$\nabla\times v=-\frac{\mathrm{i}\hbar}{2\mu}\nabla\times\left(\frac{\Psi^*\nabla\Psi-\Psi\nabla\Psi^*}{\Psi^*\Psi}\right)$$

$$=-\frac{\mathrm{i}\hbar}{2\mu}\nabla\times\left(\frac{\nabla\Psi}{\Psi}-\frac{\nabla\Psi^*}{\Psi^*}\right)$$

$$=-\frac{\mathrm{i}\hbar}{2\mu}\nabla\times\nabla\left(\ln\frac{\Psi}{\Psi^*}\right)=0$$

因为标量 $\ln(\Psi/\Psi^*)$ 梯度的旋度必为零.

第 3 章　一维定态问题及实例

3-1　若在一维无限深势阱中运动的粒子的量子数为 n，试问：(1)左壁至 1/4 阱宽区域内发现粒子的概率为多少？(2)1/4 宽度处 n 取何值时概率密度最大？

解　$\psi_n(x) = \sqrt{2/a}\sin\dfrac{n\pi}{a}x$

(1)　$W = \displaystyle\int_0^{a/4} \Psi_n^2(x)\mathrm{d}x = \left(1 - \dfrac{2}{n\pi}\sin\dfrac{n\pi}{2}\right)\Big/4$.

(2) 当 n 取偶数时概率最大，为 0.25.

3-2　原子中的电子如粗略地看成是一维无限深势阱中的粒子，设阱宽为 $10^{-10}\mathrm{m}$，求其能级.

解　已知 $a = 10^{-10}\mathrm{m}$，则

$$E_n = \frac{n^2\pi^2\hbar^2}{2\mu a^2} = 6\times10^{-18}n^2\mathrm{J}$$

3-3　质量为 μ 的粒子在下述势场中运动：当 $x < 0$ 时，$U = \infty$；当 $0 \leqslant x \leqslant a$ 时，$U = 0$；当 $x > a$ 时，$U = V_0$. 证明束缚态能级由 $\tan(\sqrt{2\mu E}a/\hbar) = -\left[E/(V_0 - E)\right]^{\frac{1}{2}}$ 给出.

证　对束缚态，$E < V_0$，当 $x < 0$ 时 $\psi = 0$；

当 $x > a$ 时，$\psi = C_1\mathrm{e}^{-k_1 x}$，其中 $k_1 = \sqrt{2\mu(V_0 - E)}\big/\hbar$；

当 $0 < x < a$ 时，$\psi = C_2\sin(k_2 x + \varphi)$，其中 $k_2 = \sqrt{2\mu E}\big/\hbar$；

由边界上 ψ 的连续条件有

$$C_2\sin\varphi = 0, \quad C_2\sin(k_2 a + \varphi) = C_1\mathrm{e}^{-k_1 a}$$

由边界上 ψ' 的连续条件有

$$C_2 k_2\cos(k_2 a + \varphi) = -k_1 C_1\mathrm{e}^{-k_1 a}$$

由上面几式可解得 $\varphi = 0$；$\tan(k_2 a) = -k_2/k_1$. 所以 $\tan(\sqrt{2\mu E}a/\hbar) = -\left[E/(V_0 - E)\right]^{\frac{1}{2}}$.

3-4　一束粒子入射在一窄势垒（$k_2 a \ll 1$）上，如其垒高 V_0 为粒子动能的二倍，证明在此情况下，粒子几乎完全透射过势垒.

证　方势垒透射系数

$$D = \frac{16k_1^2 k_2^2}{(k_1^2 - k_2^2)^2(\mathrm{e}^{k_2 a} - \mathrm{e}^{-k_2 a})^2 + 4k_1^2 k_2^2(\mathrm{e}^{k_2 a} + \mathrm{e}^{-k_2 a})^2}$$

其中 $k_1 = \sqrt{2\mu E/\hbar^2}$，$k_2 = \sqrt{2\mu(V_0 - E)/\hbar^2}$.

由于 $V_0 = 2E$ ，所以 $k_1 = k_2$. 又 $k_2 a \ll 1$ ，所以 $e^{k_2 a} \approx 1$ ， $e^{-k_2 a} \approx 1$ ，则

$$D = \frac{16k_1^4}{4k_1^4(1+1)^2} = 1$$

3-5 用以下一维势场模型：

$$U(x) = \begin{cases} -V_0, & x < 0 \\ 0, & x > 0 \end{cases}$$

来研究金属电子的发射，求 $E > 0$ 时的透射系数 D.

解 当 $x > 0$ 时， $\psi_1 = A e^{ik_1 x} + B e^{-ik_1 x}$

当 $x < 0$ 时， $\psi_2 = C e^{ik_2 x}$ ，其中 $k_1 = \sqrt{2\mu(E+V_0)/\hbar^2}, k_2 = \sqrt{2\mu E/\hbar^2}$. 在 $x = 0$ 处，

$\psi_1 = \psi_2$ ， $\psi_1' = \psi_2'$. 所以 $A + B = C$ ， $k_1 A - k_2 B = k_2 C$ ，则透射系数 $D = \left| \dfrac{C}{A} \right|^2 =$

$\left[2k_1/(k_1 + k_2) \right]^2$ ，将 k_1 、 k_2 代入得

$$D = 4(E+V_0) \Big/ \left[\sqrt{E} + \sqrt{E+V_0} \right]^2$$

3-6 一势垒的势能为

$$U(x) = \begin{cases} 0, & x < 0 \\ V_0 + A e^{-ax}, & x > 0 \end{cases}$$

式中 V_0 、 A 、 a 均为正数. 试估算 $A < E < V_0 + A$ 的粒子穿过这个势垒的概率.

解 透设概率 $D = D_0 e^{-\frac{2}{\hbar} \int_0^x \sqrt{2\mu(V-E)} \, \mathrm{d}x}$.

令 $V = E = V_0 + A e^{-ax}$ ，则得 $x = -\dfrac{1}{a} \ln \dfrac{E-V_0}{A}$. 所以

$$D = D_0 e^{-\frac{2}{\hbar} \int_0^{-\frac{1}{a} \ln \frac{E-V_0}{A}} \sqrt{2\mu(V_0 + A e^{-ax} - E)} \, \mathrm{d}x}$$

其中积分为

$$-\frac{2}{\hbar} \int_0^{-\frac{1}{a} \ln \frac{E-V_0}{A}} \sqrt{2\mu(V_0 + A e^{-ax} - E)} \, \mathrm{d}x$$

$$= -\frac{2\sqrt{2\mu}}{\hbar a} \left[\sqrt{V_0 - E + A} - 2\sqrt{E - V_0} \times \arctan \sqrt{\frac{V_0 - E + A}{E - V_0}} \right]$$

3-7 求谐振子处于基态 ψ_0 和第一激发态 ψ_1 时概率最大的位置.

解 谐振子基态 $\psi_0(x) = (\alpha/\sqrt{\pi})^{\frac{1}{2}} e^{-\alpha^2 x^2/2}$.

概率密度为 $\psi_0^2(x) = \dfrac{\alpha}{\sqrt{\pi}} e^{-\alpha^2 x^2}$.

第一激发态 $\psi_1(x) = (2\alpha / \sqrt{\pi})^{\frac{1}{2}} \alpha x e^{-\alpha^2/2}$

$$\psi_1^2(x) = \frac{2\alpha^3}{\sqrt{\pi}} x^2 e^{-\alpha^2 x^2}$$

令 $\dfrac{\mathrm{d}\psi_0^2(x)}{\mathrm{d}x} = 0$ 得 $x = 0$，即基态概率密度最大为 $x = 0$ 处. 令 $\dfrac{\mathrm{d}\psi_1^2(x)}{\mathrm{d}x} = 0$，得 $x = 1/\alpha$，即第一激发态概率密度最大为 $x = 1/\alpha$ 处.

3-8 粒子处于势阱

$$U(x) = \begin{cases} \infty, & x \leqslant 0 \\ \dfrac{\mu\omega^2}{2} x^2, & x > 0 \end{cases}$$

中，试求粒子的能级.

解 当 $x > 0$ 时，ψ 满足谐振子薛定谔方程. 因此，在 $x > 0$ 的区域中 ψ 为满足条件

$$\psi_{x=0} = 0$$

的谐振子波函数. 当 n=奇数时，ψ_n 在 $x = 0$ 处为零，因此能级为

$$E_n = \hbar\omega\left(n + \frac{1}{2}\right), \quad n = 1, 3, 5, \cdots, 2k+1, \cdots \quad \text{或} \quad E_k = \hbar\omega\left(2k + \frac{3}{2}\right), \quad k = 0, 1, 2, \cdots$$

3-9 证明谐振子波函数 ψ_0 与 ψ_2 是正交的，即 $\displaystyle\int_{-\infty}^{\infty} \psi_0 \psi_2 \cdot \mathrm{d}x = 0$.

证
$$\int_{-\infty}^{\infty} \psi_0 \psi_2 \mathrm{d}x = \frac{\alpha}{\sqrt{2\pi}} \int_{-\infty}^{\infty} (2\alpha^2 x^2 - 1) e^{-\alpha^2 x^2} \mathrm{d}x$$

$$= -\frac{\alpha}{\sqrt{2\pi}} x e^{-\alpha^2 x^2} \Big|_{-\infty}^{\infty} = 0$$

3-10 试求在 z 方向受如下式表达之"三角"势阱作用的粒子之能级.

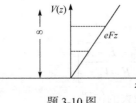
题 3-10 图

$$V(z) = \begin{cases} \infty, & z < 0 \\ eFz, & z > 0 \end{cases}$$

解 如题 3-10 图所示，$z > 0$ 处加有电场 F，而 $z < 0$ 处 $V = \infty$，只是 $V = V_0$，$V_0 \geqslant E_z$. 由于势能只是 z 的函数，故

$$\left[\hat{H}, \quad \hat{p}_x\right] = 0, \quad \left[\hat{H}, \quad \hat{p}_y\right] = 0$$

所以 $\hat{H}, \hat{p}_x, \hat{p}_y$ 有共同的本征函数. 已知 $\hat{p}_x$ 和 $\hat{p}_y$ 的本征函数分别是 $e^{ik_x x} / \sqrt{L}$ 和

$e^{ik_y y} / \sqrt{L}$ ，则

$$\psi(x,y,z) = \frac{1}{L} e^{i(k_x x + k_y y)} \Phi(z), \quad E = \frac{\hbar^2}{2m^*}(k_x^2 + k_y^2) + E_z \tag{1}$$

其中 L 是 $x\text{-}y$ 平面的空间边长，$\Phi(z)$ 满足

$$\left[\frac{-\hbar^2}{2m^*} \frac{d^2}{dz^2} + V(z) \right] \Phi(z) = E_z \Phi(z) \tag{2}$$

由于 $V(\infty) = \infty$ ，束缚态的 $E_z > 0$ ，$\Phi(z)$ 可归一化. 由于 $z < 0$ 时 $V(z) = \infty$ ，故 $\Phi(z) = 0$ ；因波函数连续，所以 $\Phi(0) = 0$. 将方程(2)简化为

$$z > 0, \quad \frac{d^2}{dz^2} \Phi(z) + \left(\frac{2m^* E_z}{\hbar^2} - \frac{2m^* eF}{\hbar^2} z \right) \Phi(z) = 0$$

边界条件

$$\Phi(0) = 0, \quad \Phi(\infty) = 0 \tag{3}$$

为了使方程简化，引入无量纲变数. 先令方程(2)中的常数为

$$\frac{2m^* eF}{\hbar^2} = \frac{1}{l^3}, \quad \frac{2m^*}{\hbar^2} E_z = \frac{\lambda}{l^2} \tag{4}$$

其中的 l 为特征长度，λ 为无量纲能量. 无量纲的坐标 z 变量是以 l^2 乘以方程(2)得到的

$$\frac{d^2 \Phi}{d\left(\dfrac{z}{l}\right)^2} + \left(\lambda - \frac{z}{l} \right) \Phi = 0$$

引入无量纲变数

$$\xi = \frac{z}{l} - \lambda \tag{5}$$

则方程简化为

$$\frac{d^2}{d\xi^2} \Phi(\xi) - \xi \Phi(\xi) = 0 \tag{6}$$

因 $z > 0$ ，则 $\xi \geqslant -\lambda$ ，边界条件变为

$$\Phi(\xi = -\lambda) = 0, \quad \Phi(\xi = \infty) = 0 \tag{7}$$

$\xi \to \infty$ 时，$\Phi(z)$ 的渐近解为 $e^{\pm \frac{2}{3} \xi^{3/2}}$ ，不难验证

$$\frac{d}{dz} e^{\pm \frac{2}{3} \xi^{3/2}} = \pm \xi^{\frac{1}{2}} e^{\pm \frac{2}{3} \xi^{\frac{3}{2}}}, \quad \frac{d^2}{dz^2} e^{\pm \frac{2}{3} \xi^{\frac{3}{2}}} = \xi e^{\pm \frac{2}{3} \xi^{\frac{3}{2}}} + \xi^{-\frac{1}{2}} e^{\pm \frac{2}{3} \xi^{\frac{3}{2}}} \approx \xi e^{\pm \frac{2}{3} \xi^{\frac{3}{2}}}$$

为了满足 $\Phi(z=\infty)=0$ 的要求，只能取渐近解为 $e^{-\frac{2}{3}\xi^{\frac{3}{2}}}$ 的解，这种解称为艾里函数，记为 $Ai(\xi)$. 由 $\Phi(\xi=-\lambda)=0$，得

$$Ai(-\lambda)=0$$

设 $-\lambda_n(n=1,2,3,\cdots)$ 是 $Ai(z)$ 的第 n 个零点，则 $\lambda=\lambda_n$，$0<\lambda_1<\lambda_2<\cdots<\lambda_n<\cdots$，于是由式(4)得

$$E_{zn}=\frac{\hbar^2}{2m^*}\frac{1}{l^2}\lambda_n=\frac{\hbar^2}{2m^*}\left(\frac{2m^*eF}{\hbar^2}\right)^{\frac{2}{3}}\lambda_n=\left(\frac{\hbar^2F^2e^2}{2m^*}\right)^{1/3}\lambda_n \tag{8}$$

3-11 一粒子的运动如在 x,y 方向均受量子限制作用(即一维运动的"量子线限制")，如其量子线限制的截面为圆形，在相应的 x-y 平面的限制势垒可表示为 $V(\rho)=\begin{cases}0,\rho<a\\\infty,\rho\geq a\end{cases}$，试求其能级.

解 x-y 平面取平面极坐标 (ρ,φ) 时的波函数 $\psi(\rho,\varphi)$ 满足定态薛定谔方程

$$\hat{H}\psi=\left[\frac{-\hbar^2}{2m}\left(\frac{1}{\rho}\frac{\partial}{\partial\rho}\rho\frac{\partial}{\partial\rho}+\frac{1}{\rho^2}\frac{\partial^2}{\partial\varphi^2}\right)+V(\rho)\right]\psi(\rho,\varphi)=\varepsilon\psi(\rho,\varphi) \tag{1}$$

由于 $V(\rho)$ 与 φ 无关，波函数 $\psi(\rho,\varphi)$ 可分离变量

$$\psi(\rho,\varphi)=R(\rho)\Phi(\varphi) \tag{2}$$

由于束缚态的波函数是可归一化的，故

$$\int_0^\infty \mathrm{d}\rho\rho|R(\rho)|^2=1$$

即

$$\sqrt{\rho}R(\rho)\xrightarrow[\rho\to\infty]{\rho\to 0}0 \tag{3}$$

$$\int_0^{2\pi}|\Phi(\varphi)|^2\,\mathrm{d}\varphi=1$$

而且，$\Phi(\varphi)$ 还要满足单值性要求

$$\Phi(\varphi)=\Phi(\varphi+2\pi) \tag{4}$$

由于 $\hat{L}_z=\frac{\hbar}{i}\frac{\partial}{\partial\varphi}$ 和 $\hat{H}$ 对易，它们有共同的本征函数；已知 $\Phi(\varphi)=\frac{1}{\sqrt{2\pi}}e^{im\varphi}$ 是 $\hat{L}_z$ 的本征函数，

$$\begin{cases}\hat{L}_z\Phi(\varphi)=m\hbar\Phi(\varphi),\quad m=0,\pm1,\pm2,\cdots\\\Phi(\varphi)=\Phi(\varphi+2\pi)\end{cases} \tag{5}$$

所以

$$\psi(\rho,\varphi) = R(\rho)\frac{1}{\sqrt{2\pi}}e^{im\varphi} \tag{6}$$

将上式代入方程(1)，得到

$$\left[\frac{-\hbar^2}{2m}\left(\frac{1}{\rho}\frac{\partial}{\partial\rho}\rho\frac{\partial}{\partial\rho} - \frac{m^2}{\rho^2}\right) + V(\rho)\right]R(\rho) = \varepsilon R(\rho) \tag{7}$$

由于 $V(\rho)$ 是分段表示的，需要分段求解. 因为 $\rho \geqslant a$ 处 $V = \infty$ ，则 $R = 0$. 对于 $\rho < a$ 处，$R(\rho)$ 满足 m 阶的贝塞尔方程

$$\frac{1}{\rho}\frac{\partial}{\partial\rho}\rho\frac{\partial}{\partial\rho}R(\rho) + \left(\mu^2 - \frac{m^2}{\rho^2}\right)R(\rho) = 0, \quad \mu^2 = \frac{2m}{\hbar^2}\varepsilon$$

满足 $\rho = 0$ 时 $\sqrt{\rho}R(\rho) = 0$ 的解是 m 阶贝塞尔函数 $J_m(\mu\rho)$. 当 $\rho = a$ 时

$$J_m(\mu a) = 0, \quad \mu = \frac{1}{a}\lambda_{m_j}$$

其中 λ_{m_j} 为 m 阶贝塞尔函数的第 j 个零点. 所以

$$\varepsilon_{m_j} = \frac{\hbar^2}{2m}\left(\frac{\lambda_{m_j}}{a}\right)^2 \tag{8}$$

$$\psi_{m_j}(\rho,\varphi) = \begin{cases} J_m\left(\frac{1}{a}\lambda_{m_j}\rho\right)\dfrac{e^{im\varphi}}{\sqrt{2\pi}}, & \rho < a \\ 0, & \rho \geqslant a \end{cases} \tag{9}$$

其中 $m = 0$，$j = 1$ 对应基态，$\lambda_{01} = 2.4^+$，$J_m(\lambda) = 0$.

z 方向载流的量子线，若其截面为圆形，则波函数、基态能量为

$$\begin{cases} \psi(\rho,\varphi,z) = \psi_{01}(\rho,\varphi)\dfrac{1}{\sqrt{2\pi}}e^{ikz} \\ E_{01k} = \varepsilon_{01} + \dfrac{\hbar^2}{2m^*}k^2 \end{cases} \tag{10}$$

第4章　中心力场氢原子

4-1　如氢原子中的电子仅能在一平面中运动(二维氢原子)，试写在平面极坐标下的定态薛定谔方程.

解
$$\nabla^2 = \frac{\partial^2}{\partial x^2} + \frac{\partial^2}{\partial y^2} \tag{1}$$

$$\frac{\partial}{\partial x} = \frac{\partial \rho}{\partial x} \cdot \frac{\partial}{\partial \rho} + \frac{\partial \theta}{\partial x} \cdot \frac{\partial}{\partial \theta} = \cos\theta \frac{\partial}{\partial \rho} - \frac{\sin\theta}{\rho} \cdot \frac{\partial}{\partial \theta} \tag{2}$$

$$\frac{\partial}{\partial y} = \frac{\partial \rho}{\partial y} \cdot \frac{\partial}{\partial \rho} + \frac{\partial \theta}{\partial y} \cdot \frac{\partial}{\partial \theta} = \sin\theta \frac{\partial}{\partial \rho} + \frac{\cos\theta}{\rho} \cdot \frac{\partial}{\partial \theta} \tag{3}$$

将(2)、(3)两式代入(1)式得

$$\nabla^2 = \frac{\partial^2}{\partial \rho^2} + \frac{1}{\rho}\frac{\partial}{\partial \rho} + \frac{1}{\rho^2}\frac{\partial^2}{\partial \theta^2} = \frac{1}{\rho}\frac{\partial}{\partial \rho}\rho\frac{\partial}{\partial \rho} + \frac{1}{\rho^2}\frac{\partial^2}{\partial \theta^2}$$

因此在平面极坐标下，二维氢原子薛定谔方程为

$$-\frac{\hbar^2}{2\mu}\left(\frac{1}{\rho}\frac{\partial}{\partial \rho}\rho\frac{\partial}{\partial \rho} + \frac{1}{\rho^2}\frac{\partial^2}{\partial \theta^2}\right)\psi - \frac{e^2}{4\pi\varepsilon_0\rho}\psi = E\psi$$

4-2　试写出 $l=2$ 和 $l=4$ 时角动量平方 $\hat{L}^2$ 的本征值及角动量第三分量 L_z 的可能取值.

解　$l=2$ 时，$\hat{L}^2$ 的本征值为 $l(l+1)\hbar^2 = 6\hbar^2$，$\hat{L}_z$ 的可能值为 $0, \pm\hbar, 2\hbar$. $l=4$ 时，$\hat{L}^2$ 的本征值为 $l(l+1)\hbar^2 = 20\hbar^2$，$\hat{L}_z$ 的可能值为 $0, \pm\hbar, \pm 2\hbar, \pm 3\hbar, \pm 4\hbar$.

4-3　试求出在 Y_{10} 及 Y_{21} 态下，电子按角度的分布概率取极大值和极小值的 θ 角.

解　$Y_{10} = \sqrt{3/(4\pi)}\cos\theta$；$Y_{10}^2 = \frac{3}{4\pi}\cos^2\theta$.

$Y_{21} = -\sqrt{15/(8\pi)}\cos\theta\sin\theta e^{i\varphi}$；$Y_{21}^2 = \frac{15}{8\pi}\cos^2\theta\sin^2\theta$.

当 $\theta = 0, \pi$ 时，Y_{10}^2 有极大值 $3/(4\pi)$.

当 $\theta = \pm\frac{\pi}{4}, \pm\frac{3\pi}{4}$ 时，Y_{21}^2 有极大值 $15/(32\pi)$.

4-4　如坐标轴绕 z 轴旋转一个 α 角，试问氢原子波函数的角度部分 $Y_{lm}(\theta, \varphi)$ 将如何变化？

解　在绕 z 轴转动的情况下，相当于作变换 $\theta \to \theta$，$\varphi \to \varphi \pm \alpha$，则

$$Y_{lm}(\theta, \varphi) \to Y_{lm}(\theta, \varphi + \alpha) = N_{lm}P_l^{|m|}(\cos\theta) \cdot e^{im(\varphi\pm\alpha)} = Y_{lm}(\theta, \varphi)e^{\pm i\alpha}$$

由于只多了一个 $e^{\pm i\alpha}$ 因子，并且该因子对观察没有影响，故绕 y 轴转动是观察不到的.

4-5　在基态氢原子中，求电子在 $r = a_0$ 的球内、外出现的概率. 试算基态氢原子的电离能.

解　由式(4-31)，基态电子在 $r < a_0$ 球内的概率为

$$W_1 = 4\alpha^3 \int_0^{a_0} e^{-2\alpha r} r^2 dr = 1 - 5/e^2 \approx 0.323$$

其中 $\alpha = 1/a_0$ ，则电子在 $r > a_0$ 的球外的概率为 $W_2 = 1 - W_1 = 0.677$.

4-6 试推出最概然半径 $r_n = n^2 a_n$（$\psi_{n,n-1,m}$ 态下）.

解 径向概率密度 $\chi_{nl} = R_{nl}^2 r^2 \, (l = n - 1)$.

求极值：令 $\dfrac{\mathrm{d}\chi_{nl}}{\mathrm{d}r} = 0$ ，即 $2r^2 R_{nl} \dfrac{\mathrm{d}R_{nl}}{\mathrm{d}r} + 2r R_{nl}^2 = 0$ ，化简为

$$\frac{\mathrm{d}R_{nl}}{\mathrm{d}r} + \frac{R_{nl}}{r} = 0 \quad 或 \quad \frac{\mathrm{d}R_{nl}}{\mathrm{d}\rho} + \frac{R_{nl}}{\rho} = 0 \ (其中 \ \rho = 2r/(na_0)).$$

$$R_{n,n-1}(\rho) = N_{n,n-1} \mathrm{e}^{-\rho/2} \rho^{n-1} L_{2n-1}^{2n-1}(\rho)$$

$$L_{2n-1}^{2n-1}(\rho) = (-1)^{2n-1}(2n-1)!$$

所以 $R_{n,n-1}(\rho) = (-1)^{2n-1}(2n-1)! N_{n,n-1} \mathrm{e}^{-\rho/2} \rho^{n-1}$ ，则

$$\frac{\mathrm{d}R_{n,n-1}}{\mathrm{d}\rho} + \frac{R_{n,n-1}}{\rho} = (-1)^{2n-1}(2n-1)! N_{n,n-1}$$

$$\times \left[-\frac{1}{2} \mathrm{e}^{-\rho/2} \rho^{n-1} + (n-1)\mathrm{e}^{-\rho/2} \rho^{n-2} + \mathrm{e}^{-\rho/2} \rho^{n-2} \right] = 0$$

解得 $\rho = 2n = 2r/(na_0)$ ，所以 $r_n = n^2 a_0$.

4-7 由氢原子的 $\overline{r^{-3}} = \displaystyle\int_0^\infty r^{-1} R_{nl}^2 \, \mathrm{d}r$ ，估算核处磁场.

解 电流密度 $j_{e\varphi} = -\dfrac{e\hbar m}{\mu r \sin\theta} |\psi_{nlm}|^2$ ，通过截面 $\mathrm{d}\sigma$ 的环电流元为 $\mathrm{d}I = j_\varphi \mathrm{d}\sigma$.

该电流元在核处的磁场为 $\mathrm{d}B = \dfrac{\mu_0 \sin^2\theta}{2r} \mathrm{d}I = -\dfrac{\mu_0 e\hbar m}{4\pi\mu} \cdot \dfrac{|\psi_{nlm}|^2}{r^3} \mathrm{d}\tau$. 其中 μ_0 是真空磁导率，$\mathrm{d}\tau = 2\pi r \sin\theta \mathrm{d}\sigma$. 所以

$$B = -\frac{\mu_0 e\hbar m}{4\pi\mu} \int r^{-3} |\psi_{nlm}|^2 \, \mathrm{d}\tau = -\frac{\mu_0 e\hbar m}{4\pi\mu} \overline{r^{-3}}$$

而 $\overline{r^{-3}} = \displaystyle\int_0^\infty r^{-1} R_{nl}^2 \, \mathrm{d}r = \left[n^3 a_0^3 l \left(l + \frac{1}{2} \right)(l+1) \right]^{-1}$.

4-8 当氢原子处于一较强的匀强磁场 $\boldsymbol{B}$ 中时，如取磁场方向为 z 方向. 由于氢原子在此方向有一磁矩 $\boldsymbol{M}$ ，由电磁学知，此时就有一附加能量 $E_B = -\boldsymbol{B}\cdot\boldsymbol{M} = \dfrac{e_0 B}{2\mu c} L_z$ ，这样在此匀强磁场中的哈密顿算符即为 $\hat{H} = \hat{H}_0 + \dfrac{e_0 B}{2\mu c} \hat{L}_z$ ，H_0 为无磁场时的哈密顿算符. (1)试求此时的能级；(2)试说明当发生跃迁时原来的一条光谱，由于跃迁定则 $\Delta m = 0, \pm 1$ 所限，现在就分裂为三条谱线(正常塞曼效应).

解 (1) 已知 $\hat{H} = \hat{H}_0 + \dfrac{eB}{2\mu c}\hat{L}_z$，则

$$\hat{H}\psi_{nlm} = \hat{H}_0\psi_{nlm} + \frac{eB}{2\mu c}\hat{L}_z\psi_{nlm} = \left(E_{nl} + \frac{eB\hbar m}{2\mu c}\right)\psi_{nlm}$$

所以 $E_{nlm} = E_{nl} + eB\hbar m/(2\mu c)$．

(2) 任意跃迁时能量的改变为

$$\Delta E_{nlm} = \Delta E_{nl} + \frac{eB\hbar}{2\mu c}\Delta m$$

由于跃迁定则 $\Delta m = 0, \pm 1$ 的限制，对同一 ΔE_{nl} 有三个 ΔE_{nlm}，故原来的一条谱线分裂为三条．

4-9 一粒子在势 $U = \dfrac{A}{r^2} + Br^2$ 中运动，试求其能级．

解 在势 $U = \dfrac{A}{r^2} + Br^2$ 下的薛定谔方程为

$$\frac{\mathrm{d}^2 R}{\mathrm{d}r^2} + \frac{2}{r}\frac{\mathrm{d}R}{\mathrm{d}r} + \frac{2\mu}{\hbar^2}\left[E - \frac{\hbar^2 l(l+1)}{2\mu r^2} - \frac{A}{r^2} + Br^2\right]R = 0$$

令 $l(l+1) + \dfrac{2\mu A}{\hbar^2} = 2l'(2l'+1)$，$\sqrt{2\mu E^2/(B\hbar^2)} = 4(n+l') + 3$，$\rho = \sqrt{2\mu B}r^2/\hbar$，$R = \mathrm{e}^{-\rho/2}\rho^{l'}u(\rho)$，则方程变为

$$\rho\frac{\mathrm{d}^2 u}{\mathrm{d}\rho^2} + \left(2l' + \frac{3}{2} - \rho\right)\frac{\mathrm{d}u}{\mathrm{d}\rho} + nu = 0$$

当 n 为非负整数时，有一多项式解，则

$$\begin{aligned}
E_n &= \sqrt{B\hbar^2/(2\mu)}\left[4(n+l') + 3\right] \\
&= \sqrt{B\hbar^2/(2\mu)}\left[4n + 2 + \sqrt{(2l+1)^2 + 8\mu A/\hbar^2}\right]
\end{aligned}$$

4-10 一质量为 m 的粒子被限制在半径为 $r = a$ 和 $r = b$ 的两个不可穿透同心球间运动. 不存在其他势，求粒子基态能量和其归一化波函数.

解 设粒子的径向波函数为

$$R(r) = \chi(r)/r$$

$\chi(r)$ 应满足如下方程：

$$\frac{\mathrm{d}^2\chi(r)}{\mathrm{d}r^2} + \left[\frac{2m}{\hbar^2}(E - V(r)) - \frac{l(l+1)}{r^2}\right]\chi(r) = 0$$

对基态而言，$l = 0$，只有径向波函数才有意义.

由题设知 $V(r) = 0$ ，如令 $k^2 = 2mE/\hbar^2$ ，则问题变为求解如下边值问题：

$$\begin{cases} \chi'' + k^2\chi = 0 \\ \chi|_{r=a} = \chi|_{r=b} = 0 \end{cases}$$

由 $\chi(a) = 0$ 求出解的形式为

$$\chi(r) = A\sin k(r-a)$$

由 $\chi(b) = 0$ 求出 k 的可取值

$$k = \frac{n\pi}{b-a}, \quad n = 1,2,\cdots$$

粒子处于基态时，相应的 $n=1$ ，于是得到基态能量

$$E = \frac{\hbar^2 k^2}{2m} = \frac{\hbar^2\pi^2}{2m(b-a)^2}$$

最后，由归一化条件

$$\int_a^b R^2(r)r^2\mathrm{d}r = \int_a^b \chi^2(r)\mathrm{d}r = 1$$

求出

$$A = \sqrt{\frac{2}{b-a}}$$

于是，归一化的基态径向波函数为

$$R(r) = \sqrt{\frac{2}{b-a}}\frac{1}{r}\sin\frac{\pi}{b-a}(r-a)$$

而基态归一化波函数为

$$\psi(r) = \frac{1}{\sqrt{4\pi}}\sqrt{\frac{2}{b-a}}\frac{1}{r}\sin\frac{\pi(r-a)}{b-a}$$

4-11 一电子在球对称势 $(V = kr, r > 0)$ 中运动，试用玻尔-索末菲量子化条件 $\oint p_r\mathrm{d}r = n_r 2\pi\hbar, \oint p_\varphi\mathrm{d}\varphi = n_\varphi 2\pi\hbar$ ，计算其基态能量.

解 玻尔-索末菲量子化条件 $\oint p_r\mathrm{d}r = n_r 2\pi\hbar, \oint p_\varphi\mathrm{d}\varphi = n_\varphi 2\pi\hbar$ 是描述粒子在 $\theta = \frac{\pi}{2}$ 平面内的运动. 基态取 $n_r = 0, n_\varphi = 1$ ，轨道的半径为 a ，则

$$p_\varphi = m\omega a^2 = \hbar$$

而 $m\omega^2 a = k$ ，故

$$a = \left[\frac{\hbar^2}{mk}\right]^{1/3}$$

则基态能量 $E_0 = \dfrac{p_\varphi^2}{2m} \cdot \dfrac{1}{a^2} + ka = \dfrac{3}{2}\left[k^2\hbar^2/m\right]^{1/3}$.

第 5 章　态叠加原理及力学量的算符表示

5-1　据傅里叶变换理论,可将动量概率分布函数 $C(\boldsymbol{p},t)$ 表示为

$$C(\boldsymbol{p},t) = (2\pi\hbar)^{3/2} \int_{-\infty}^{\infty} \Psi(\boldsymbol{r},t)\mathrm{e}^{-\frac{\mathrm{i}}{\hbar}\boldsymbol{p}\cdot\boldsymbol{r}} \mathrm{d}\tau$$

由其逆变换,亦可将波函数 $\Psi(\boldsymbol{r},t)$ 表示为

$$\Psi(\boldsymbol{r},t) = (2\pi\hbar)^{3/2} \int_{-\infty}^{\infty} C(\boldsymbol{p},t)\mathrm{e}^{\frac{\mathrm{i}}{\hbar}\boldsymbol{p}\cdot\boldsymbol{r}} \mathrm{d}\tau_p$$

试证:(1)如 $\Psi(\boldsymbol{r},t)$ 是归一化的,则 $C(\boldsymbol{p},t)$ 也是归一化的;(2) $\displaystyle\int_{-\infty}^{\infty} C^*(\boldsymbol{p},t)\boldsymbol{p}C(\boldsymbol{p},t)\mathrm{d}\tau_p = \displaystyle\int_{-\infty}^{\infty} \Psi^*(\boldsymbol{r},t)(-\mathrm{i}\hbar\nabla)\Psi\mathrm{d}\tau$.

证　(1) $\Psi(\boldsymbol{r},t)$ 是归一化的,即 $\displaystyle\int_{-\infty}^{\infty} \Psi^*\Psi\mathrm{d}\tau = 1$

$$\int_{-\infty}^{\infty} C^*(\boldsymbol{p},t)C(\boldsymbol{p},t)\mathrm{d}\tau_p$$

$$= \int_{-\infty}^{\infty}\int_{-\infty}^{\infty} \Psi^*(\boldsymbol{r}',t)\Psi(\boldsymbol{r},t)\left[(2\pi\hbar)^{-3}\int_{-\infty}^{\infty} \mathrm{e}^{-\mathrm{i}\boldsymbol{p}\cdot(\boldsymbol{r}-\boldsymbol{r}')/\hbar}\mathrm{d}\tau_p\right]\mathrm{d}\tau\mathrm{d}\tau'$$

$$= \int_{-\infty}^{\infty}\int_{-\infty}^{\infty} \Psi^*(\boldsymbol{r}',t)\Psi(\boldsymbol{r},t)\delta(\boldsymbol{r}-\boldsymbol{r}')\mathrm{d}\tau\mathrm{d}\tau'$$

$$= \int_{-\infty}^{\infty} \Psi^*(\boldsymbol{r},t)\Psi(\boldsymbol{r},t)\mathrm{d}\tau = 1$$

(2) $\displaystyle\int_{-\infty}^{\infty} C^*(\boldsymbol{p},t)\boldsymbol{p}C(\boldsymbol{p},t)\mathrm{d}\tau_p$

$$= (2\pi\hbar)^{-3}\iiint_{-\infty}^{\infty} \Psi^*(\boldsymbol{r}',t)\boldsymbol{p}\mathrm{e}^{\mathrm{i}\boldsymbol{p}\cdot(\boldsymbol{r}'-\boldsymbol{r})/\hbar}\Psi(\boldsymbol{r},t)\mathrm{d}\tau\mathrm{d}\tau'\mathrm{d}\tau_p$$

$$= (2\pi\hbar)^{-3}\iiint_{-\infty}^{\infty} \Psi^*(\boldsymbol{r}',t)\left[-\mathrm{i}\hbar\nabla'\mathrm{e}^{\mathrm{i}\boldsymbol{p}\cdot(\boldsymbol{r}'-\boldsymbol{r})/\hbar}\right]\Psi(\boldsymbol{r},t)\mathrm{d}\tau\mathrm{d}\tau'\mathrm{d}\tau_p$$

$$= \iint_{-\infty}^{\infty} \Psi^*(\boldsymbol{r}',t)\left[-\mathrm{i}\hbar\nabla'\left((2\pi\hbar)^{-3}\int \mathrm{e}^{\mathrm{i}\boldsymbol{p}\cdot(\boldsymbol{r}'-\boldsymbol{r})/\hbar}\mathrm{d}\tau_p\right)\right]\Psi(\boldsymbol{r},t)\mathrm{d}\tau\mathrm{d}\tau'$$

$$= \iint_{-\infty}^{\infty} \Psi^*(\boldsymbol{r}',t)\left[-\mathrm{i}\hbar\nabla'\delta(\boldsymbol{r}'-\boldsymbol{r})\right]\Psi(\boldsymbol{r},t)\mathrm{d}\tau\mathrm{d}\tau'$$

$$= \int_{-\infty}^{\infty} \Psi^*(\boldsymbol{r},t)(-i\hbar\nabla)\Psi(\boldsymbol{r},t)\mathrm{d}\tau$$

5-2 试求氢原子基态时的 $\bar{r}$ 及势能平均值. 试求一维线性谐振子基态时的 $\bar{x}$ 和 $\bar{p}$.

解 氢原子基态 $\psi_{10} = (\pi a_0^3)^{-\frac{1}{2}} \mathrm{e}^{-r/a_0}$. 一维线性谐振子基态 $\psi_0 = (\alpha/\sqrt{\pi})^{\frac{1}{2}} \mathrm{e}^{-\alpha^2 x^2/2}$.

氢原子 $\bar{r} = \int \Psi_{10}^* r \Psi_{10} \mathrm{d}\tau = (\pi a_0^3)^{-1} \int \mathrm{e}^{-2r/a_0} r^3 \sin\theta \mathrm{d}\theta \mathrm{d}\varphi \mathrm{d}r = 4a_0^{-3} \int_0^{\infty} r^3 \mathrm{e}^{-2r/a_0} \mathrm{d}r = 3a_0/2$

$$\bar{U} = \int \psi_{10}^* \left(-\frac{e^2}{r}\right) \psi_{10} \mathrm{d}\tau = -\frac{e^2}{\pi a_0^3} \int \mathrm{e}^{-2r/a_0} r \sin\theta \mathrm{d}\theta \mathrm{d}\varphi \mathrm{d}r = -\frac{4e^2}{a_0^3} \int_0^{\infty} r \mathrm{e}^{-2r/a_0} \mathrm{d}r = -e^2/a_0$$

谐振子 $\bar{x} = \int_{-\infty}^{\infty} \psi_0^* x \psi_0 \mathrm{d}x = \frac{\alpha}{\sqrt{\pi}} \int_{-\infty}^{\infty} x \mathrm{e}^{-\alpha^2 x^2} \mathrm{d}x = 0$

$$\bar{p} = \int_{-\infty}^{\infty} \psi_0^* \left(-i\hbar \frac{\mathrm{d}}{\mathrm{d}x}\right) \psi_0 \mathrm{d}x = \frac{i\hbar\alpha^3}{\sqrt{\pi}} \int_{-\infty}^{\infty} x \mathrm{e}^{-\alpha^2 x^2} \mathrm{d}x = 0$$

5-3 证明对于库仑场 $\bar{T} = -E, \bar{U} = 2E$.

证 $\bar{T} = \int \Psi^* \left(-\frac{\hbar^2}{2\mu}\nabla^2\right)\Psi \mathrm{d}\tau = \int \Psi^* (\hat{H} - U)\Psi \mathrm{d}\tau = E - \bar{U}$ ，而

$$\frac{\mathrm{d}}{\mathrm{d}t} \int_{-\infty}^{\infty} \Psi^* (\boldsymbol{r} \cdot \boldsymbol{p})\Psi \mathrm{d}\tau = \frac{1}{i\hbar} \int_{-\infty}^{\infty} \Psi^* \left[\boldsymbol{r} \cdot \boldsymbol{p}, \hat{H}\right] \Psi \mathrm{d}\tau$$

$$= -\int_{-\infty}^{\infty} \Psi^* \left[\boldsymbol{r} \cdot \nabla, T + U\right] \Psi \mathrm{d}\tau = -\int_{-\infty}^{\infty} \Psi^* \left[\boldsymbol{r} \cdot \nabla U + \frac{\hbar^2}{\mu}\nabla^2\right] \Psi \mathrm{d}\tau$$

$$= -\overline{\boldsymbol{r} \cdot \nabla U} + 2\bar{T}$$

而 $\overline{\boldsymbol{r} \cdot \nabla U} = \overline{(-e^2/r)} = \bar{U}$ ，所以 $\bar{U} + 2\bar{T} = 0$ ，从而 $\bar{U} = 2E, \bar{T} = -E$.

5-4 求算符 $\hat{A} = -\mathrm{e}^{ix} \dfrac{\mathrm{d}}{\mathrm{d}x}$ 的本征函数.

解 本征值方程 $-\mathrm{e}^{ix} \dfrac{\mathrm{d}\psi}{\mathrm{d}x} = \lambda\psi$ ，解方程得

$$\psi = C\mathrm{e}^{-\lambda\sin x}[\cos(\lambda\cos x) + i\sin(\lambda\cos x)]$$

5-5 求动量算符的本征函数.

解 动量算符 $\hat{\boldsymbol{p}} = -i\hbar\nabla$. 本征值方程

$$-i\hbar\left(\boldsymbol{i}\frac{\partial}{\partial x} + \boldsymbol{j}\frac{\partial}{\partial y} + \boldsymbol{k}\frac{\partial}{\partial z}\right)\psi(x,y,z) = \boldsymbol{p}\psi(x,y,z)$$

令 $\psi(x,y,z) = \psi_1(x)\psi_2(y)\psi_3(z)$ ，则 $-i\hbar\dfrac{\mathrm{d}}{\mathrm{d}x}\psi_1(x) = p_x\psi_1(x)$ ； $-i\hbar\dfrac{\mathrm{d}}{\mathrm{d}y}\psi_2(y) = p_y\psi_2(y)$ ；

$-i\hbar\dfrac{d}{dz}\psi_3(z) = p_z\psi_3(z)$. 分别求解得 $\psi_1(x) = C_1e^{ip_x x/\hbar}$；$\psi_2(y) = C_2e^{ip_y y/\hbar}$；$\psi_3(z) = C_3e^{ip_z z/\hbar}$. 所以

$$\psi(x, y, z) = Ce^{i(p_x x+p_y y+p_z z)/\hbar} = Ce^{i\boldsymbol{p}\cdot\boldsymbol{r}/\hbar}$$

5-6 对于一维运动，求 $\hat{p}+x$ 的本征函数和本征值，进而求 $(\hat{p}+x)^2$ 的本征值.

解 $\hat{p}+x = -i\hbar\dfrac{d}{dx}+x$，本征值方程 $-i\hbar\dfrac{d\psi}{dx}+x\psi = \lambda\psi$，解方程得 $\psi = Ce^{ix(\lambda-x/2)/\hbar}$，本征值为 λ，λ 为任意常数.

$$(\hat{p}+x)^2\psi = (\hat{p}+x)\lambda\psi = \lambda^2\psi$$

所以 $(\hat{p}+x)^2$ 的本征值为 λ^2.

5-7 试判断下述两算符的线性厄密性，(1) $\hat{\boldsymbol{L}} = \boldsymbol{r}\times\boldsymbol{p}$；(2) $x\hat{p}_x$.

解 (1) $\hat{\boldsymbol{L}} = \boldsymbol{r}\times\boldsymbol{p} = -i\hbar\boldsymbol{r}\times\nabla$

线性性：$\hat{L}(\alpha\psi_1+\beta\psi_2) = -i\hbar\boldsymbol{r}\times\nabla(\alpha\psi_1+\beta\psi_2) = \alpha\hat{L}\psi_1+\beta\hat{L}\psi_2$

厄米性：$\int\psi^*\hat{L}\psi d\tau = -i\hbar\int\psi^*\boldsymbol{r}\times\nabla\psi d\tau$，其中

$$\int\psi^*\hat{L}_x\psi d\tau$$

$$= -i\hbar\int\psi^*\left(y\frac{\partial}{\partial z}-z\frac{\partial}{\partial y}\right)\psi d\tau = -i\hbar\left\{\int\psi^* yd\psi dxdy - \int\psi^* zd\psi dxdz\right\}$$

$$= -i\hbar\left\{\int\left[y\psi^*\psi\Big|_{-\infty}^{\infty}-\int\psi yd\psi^*\right]dxdy - \int\left[z\psi^*\psi\Big|_{-\infty}^{\infty}-\int\psi zd\psi^*\right]dxdz\right\}$$

$$= -i\hbar\left[-\int y\frac{d\psi^*}{dz}d\tau + \int z\frac{d\psi^*}{dy}\right]d\tau = \int\left[-i\hbar\left(y\frac{\partial}{\partial z}-z\frac{\partial}{\partial y}\right)\psi\right]^*\psi d\tau$$

$$= \int(\hat{L}_x\psi)^*\psi d\tau$$

同理

$$\int\psi^*\hat{L}_y\psi d\tau = \int(\hat{L}_y\psi)^*\psi d\tau, \quad \int\psi^*\hat{L}_z\psi d\tau = \int(\hat{L}_z\psi)^*\psi d\tau.$$

所以 $\int\psi^*\hat{L}\psi d\tau = \int\psi(\hat{L}\psi)^*d\tau$，故 $\hat{L}$ 是线性厄米算符.

(2) 线性性：$x\hat{p}_x(\alpha\psi_1+\beta\psi_2) = \alpha x\hat{p}_x\psi_1+\beta x\hat{p}_x\psi_2$

厄米性：$\int\psi^* x\hat{p}_x\psi dx = -i\hbar\int\psi^* xd\psi = -i\hbar\left[\psi^* xy\Big|_{-\infty}^{\infty}-\int\psi d(x\psi)^*\right]$

$$= i\hbar\int\psi^*\psi dx + \int(x\hat{p}_x\psi)^*\psi dx \neq \int(x\hat{p}_x\psi)^*\psi dx$$

所以，$x\hat{p}_x$ 是线性算符，但不是厄米算符.

5-8 试证 5.4 节中的式(5-17).

证　设 ψ_i 为 $\hat{Q}$ 的本征函数，即 $\hat{Q}_i\psi_i = q_i\psi_i$. $\hat{Q}$ 是厄米算符，q_i 是本征值.

$$\int \psi_i^* \hat{Q}\psi_j \mathrm{d}\tau = q_j \int \psi_i^* \psi_j \mathrm{d}\tau = \int (\hat{Q}\psi_i)^* \psi_j \mathrm{d}\tau = q_i \int \psi_i^* \psi_j \mathrm{d}\tau$$

所以 $(q_i - q_j)\int \psi_i^* \psi_j \mathrm{d}\tau = 0$. 由于 $q_i - q_j \neq 0$，所以 $\int \psi_i^* \psi_j \mathrm{d}\tau = 0$，即 ψ_i 与 ψ_j 正交. 当有简并时，对一个本征值有多个本征函数. 不同本征值的态是正交的，但本征值相同的态不一定正交. 有简并时的波函数用 ψ_{im} 表示，一组完整的 ψ_{im} 可以构成另一组 ψ_{il}，即 $\psi_{il} = \sum_m C_m \psi_{im}$，只要适当选取系数 C_m，就可使得 ψ_{il} 在不同的 l 之间是两两正交的.

5-9 试证 $[x, \hat{p}_x] = \mathrm{i}\hbar$，$[\hat{L}_x, \hat{L}_y] = \mathrm{i}\hbar \hat{L}_z$，$[\hat{L}^2, \hat{L}_x] = 0$，$[y, \hat{p}_x] = 0$.

证　$[x, \hat{p}_x]\psi = -\mathrm{i}\hbar\left[x\dfrac{\mathrm{d}\psi}{\mathrm{d}x} - \dfrac{\mathrm{d}}{\mathrm{d}x}(x\psi)\right] = \mathrm{i}\hbar\psi$，所以 $[x, \hat{p}_x] = \mathrm{i}\hbar$，

$$\begin{aligned}
[\hat{L}_x, \hat{L}_y] &= (yp_z - zp_y)(zp_x - xp_z) - (zp_x - xp_z)(yp_z - zp_y) \\
&= yp_z zp_x - zp_x yp_z + zp_y xp_z - xp_z zp_y \\
&= y(zp_z - \mathrm{i}\hbar)p_x - zp_x yp_z + zp_y xp_z - x(zp_z - \mathrm{i}\hbar)p_y = \mathrm{i}\hbar(xp_y - yp_x) = \mathrm{i}\hbar \hat{L}_z
\end{aligned}$$

$$\begin{aligned}
[\hat{L}^2, \hat{L}_x] &= [\hat{\boldsymbol{L}} \cdot \hat{\boldsymbol{L}}, \hat{L}_x] = \hat{\boldsymbol{L}} \cdot [\hat{\boldsymbol{L}}, \hat{L}_x] + [\hat{\boldsymbol{L}}, \hat{L}_x] \cdot \hat{\boldsymbol{L}} \\
&= \hat{L}_y[\hat{L}_y, \hat{L}_x] + \hat{L}_z[\hat{L}_z, \hat{L}_x] + [\hat{L}_y, \hat{L}_x]\hat{L}_y + [\hat{L}_z, \hat{L}_x]\hat{L}_z \\
&= -\mathrm{i}\hbar \hat{L}_y \hat{L}_z + \mathrm{i}\hbar \hat{L}_z \hat{L}_y - \mathrm{i}\hbar \hat{L}_z \hat{L}_y + \mathrm{i}\hbar \hat{L}_y \hat{L}_z = 0
\end{aligned}$$

$$[y, \hat{p}_x] = -\mathrm{i}\hbar\left[y\dfrac{\mathrm{d}}{\mathrm{d}x} - \dfrac{\mathrm{d}}{\mathrm{d}x}y\right] = -\mathrm{i}\hbar\left(y\dfrac{\mathrm{d}}{\mathrm{d}x} - y\dfrac{\mathrm{d}}{\mathrm{d}x} - \dfrac{\mathrm{d}y}{\mathrm{d}x}\right) = 0$$

5-10 试利用不确定关系估算核电荷为 Ze 的双电子原子的基态能量.

解　设第一个和第二个电子的定位区域的线度分别为 r_1 和 r_2. 由不确定关系，电子的动量为 $p_1 \sim \dfrac{\hbar}{r_1}$，$p_2 \sim \dfrac{\hbar}{r_2}$. 所以动能的数量级为

$$\frac{\hbar^2}{2\mu}\left(\frac{1}{r_1^2} + \frac{1}{r_2^2}\right)$$

电子和电荷为 Ze 的核之间的相互作用能为 $-Ze^2\left(\dfrac{1}{r_1} + \dfrac{1}{r_2}\right)$. 而电子之间的相互作用能大致为 $\dfrac{e^2}{r_1 + r_2}$，则总能量约为

$$E = \frac{\hbar^2}{2\mu}\left(\frac{1}{r_1^2} + \frac{1}{r_2^2}\right) - Ze^2\left(\frac{1}{r_1} + \frac{1}{r_2}\right) + \frac{e^2}{r_1 + r_2}$$

当 $r_1 = r_2 = \hbar^2 / \left[\mu e^2 (Z - 1/4)\right]$ 时，总能量有极小值，故基态能量为

$$E \sim (Z - 1/4)\mu e^4 / \hbar^2$$

5-11　在一维无限深方势阱中，已知阱宽为 $2a$，试用不确定关系估算零点能.

解　$\Delta x = x - \bar{x} = x = a$，$\Delta p = p - \hat{p} = p$，所以

$$\Delta x \Delta p = xp \sim \hbar/2，\quad p \sim \hbar/2x = \hbar/2a .$$

则零点能 $E = p^2/2\mu \sim \hbar^2/8\mu a$.

5-12　试证，若 $\left[\hat{F}, \hat{G}\right] = 0$，则算符 $\hat{F}$ 和 $\hat{G}$ 有共同本征函数系.

证　设 ψ_n 是 $\hat{F}$ 的本征函数，即 $\hat{F}\psi_n = f_n\psi_n$，当 f_n 无简并时

$$\hat{F}\hat{G}\psi_n = \hat{G}\hat{F}\psi_n = \hat{G}f_n\psi_n = f_n\hat{G}\psi_n$$

即 $\hat{G}\psi_n$ 也是 $\hat{F}$ 的本征函数，因此 $\hat{G}\psi_n$ 与 ψ_n 只差一常数，即 $\hat{G}\psi_n = g_n\psi_n$，故 ψ_n 也是 $\hat{G}$ 的本征函数，所以 $\hat{F}$ 与 $\hat{G}$ 有共同的本征函数.

在有简并的情况下，$\hat{F}$ 的本征函数为 ψ_{nm}，同样 $\hat{G}\psi_{nm}$ 也是 $\hat{F}$ 的本征函数，因此 $\hat{G}\psi_{nm} = \sum_i g_{im}\psi_{ni}$，其中 $g_{im} = \int \psi_{ni}^* \hat{G}\psi_{nm}\mathrm{d}\tau$. 如令 $\varphi = \sum_m C_m\psi_{nm}$，可以证明，只要适当选取 C_m，则 φ 即是 $\hat{G}$ 的本征函数. 因此，$\hat{G}$ 与 $\hat{F}$ 有共同的本征函数组.

5-13　以 $\hat{\boldsymbol{L}} = \boldsymbol{r} \times \hat{\boldsymbol{p}}$ 表示轨道角动量. 证明在 $\hat{L}_z$ 的任意本征态下，$\overline{L_x}$ 和 $\overline{L_y}$ 为零.

证　由对易关系 $\left[\hat{L}_y, \hat{L}_z\right] = \mathrm{i}\hbar\hat{L}_x$，得

$$\hat{L}_x = (\hat{L}_y\hat{L}_z - \hat{L}_z\hat{L}_y)/\mathrm{i}\hbar$$

则

$$\overline{L_x} = \int Y_{im}^* \hat{L}_x Y_{im}\mathrm{d}\Omega = \frac{1}{\mathrm{i}\hbar}\left[\int Y_{im}^* \hat{L}_y\hat{L}_z Y_{im}\mathrm{d}\Omega - \int Y_{im}^* \hat{L}_z\hat{L}_y Y_{im}\mathrm{d}\Omega\right]$$

$$= \frac{1}{\mathrm{i}\hbar}\left[m\hbar\int Y_{im}^* \hat{L}_y Y_{im}\mathrm{d}\Omega - m\hbar\int Y_{im}^* \hat{L}_y Y_{im}\mathrm{d}\Omega\right] = 0$$

而由对易关系 $\left[\hat{L}_z, \hat{L}_x\right] = \mathrm{i}\hbar\hat{L}_y$ 可证 $\overline{L_y} = 0$.

5-14　如 $\hat{Q}$ 不显含时间 t，则 $\mathrm{i}\hbar\frac{\partial}{\partial t}\Psi = \hat{H}\Psi$ 的任意解 Ψ 有关系：$\mathrm{i}\hbar\frac{\mathrm{d}}{\mathrm{d}t}\int \Psi^* \hat{Q}\Psi = \int \Psi^*\left[\hat{Q}, \hat{H}\right]\Psi\mathrm{d}\tau$. 用此式证明，若体系的 $\hat{H}$ 不显含 t，则有 $\Delta t\Delta E \geqslant \frac{1}{2}\hbar$.

证　由题有 $\mathrm{i}\hbar\frac{\mathrm{d}\bar{Q}}{\mathrm{d}t} = \overline{\left[\hat{Q}, \hat{H}\right]}$，两边取绝对值得 $\left|\overline{\left[\hat{Q}, \hat{H}\right]}\right| = \hbar\frac{\mathrm{d}\bar{Q}}{\mathrm{d}t}$. 又由不确定关

系 $\Delta E\Delta Q \geqslant \dfrac{1}{2}\left|\overline{\left[\hat{Q},\hat{H}\right]}\right|$. 所以 $\Delta E\Delta Q \geqslant \dfrac{\hbar}{2}\cdot\dfrac{\mathrm{d}\overline{Q}}{\mathrm{d}t}$, 令 $\Delta t = \Delta Q \Big/ \dfrac{\mathrm{d}\overline{Q}}{\mathrm{d}t}$, 则 $\Delta t\Delta E \geqslant \hbar/2$. Δt 是体系演变本身的特征时间.

5-15 试求坐标 $\boldsymbol{r}$ 在动量表象中的算符 $\hat{\boldsymbol{r}}$.

解 $\hat{\boldsymbol{r}}$ 在坐标表象中为 $\langle x|\hat{\boldsymbol{r}}|x'\rangle = \boldsymbol{r}\delta(\boldsymbol{r}-\boldsymbol{r}')$. 在动量表象中为

$$\begin{aligned}
\langle p|\hat{\boldsymbol{r}}|p'\rangle &= \iint \langle p|x\rangle\langle x|\hat{\boldsymbol{r}}|x'\rangle\langle x'|p'\rangle\mathrm{d}\tau\mathrm{d}\tau' \\
&= (2\pi\hbar)^{-3}\iint \mathrm{e}^{\mathrm{i}p\cdot r/\hbar}\boldsymbol{r}\delta(\boldsymbol{r}-\boldsymbol{r}')\mathrm{e}^{\mathrm{i}p'\cdot r'/\hbar}\mathrm{d}\tau\mathrm{d}\tau' \\
&= (2\pi\hbar)^{-3}\int \boldsymbol{r}\mathrm{e}^{\mathrm{i}(p'-p)\cdot r/\hbar}\mathrm{d}\tau = -\mathrm{i}\hbar\nabla_{p'}\left[(2\pi\hbar)^{-3}\int \mathrm{e}^{\mathrm{i}(p'-p)\cdot r/\hbar}\mathrm{d}\tau\right] \\
&= -\mathrm{i}\hbar\nabla_{p'}\delta(\boldsymbol{p}'-\boldsymbol{p})
\end{aligned}$$

5-16 证明: (1)若 ψ 为 $\hat{H}$ 的归一化本征函数, E 为相应的本征值, 而 λ 是出现在 $\hat{H}$ 中的任意参数, 则有 $\dfrac{\partial E}{\partial\lambda} = \left\langle\psi\left|\dfrac{\partial H}{\partial\lambda}\right|\psi\right\rangle$, 此即赫尔曼-费恩曼(Hellmann-Feynman) 定理. (2)若 $\hat{H} = \dfrac{1}{2\mu}\hat{\boldsymbol{p}}^2 + V(r)$, 则有 $2\langle\hat{T}\rangle = \langle\boldsymbol{r}\cdot\nabla\mathrm{V}\rangle$, 其中 $\hat{T} = \dfrac{\hat{\boldsymbol{p}}^2}{2\mu}$ (Virial 定理).

证 (1) 利用 $\hat{H}$ 算符的厄米性

$$\begin{aligned}
\frac{\partial}{\partial\lambda}\langle\psi|\hat{H}|\psi\rangle &= \frac{\partial\langle\psi|}{\partial\lambda}\hat{H}|\psi\rangle + \langle\psi|\hat{H}\frac{\partial|\psi\rangle}{\partial\lambda} + \left\langle\psi\left|\frac{\partial\hat{H}}{\partial\lambda}\right|\psi\right\rangle \\
&= E\frac{\partial}{\partial\lambda}\langle\psi|\psi\rangle + \left\langle\psi\left|\frac{\partial\hat{H}}{\partial\lambda}\right|\psi\right\rangle \\
&= \left\langle\psi\left|\frac{\partial\hat{H}}{\partial\lambda}\right|\psi\right\rangle
\end{aligned}$$

(2) 设粒子处于势场 $V(\boldsymbol{r})$ 中, 其 Hamilton 量为

$$\hat{H} = \frac{1}{2\mu}\boldsymbol{p}^2 + V(\boldsymbol{r})$$

试考虑算符 $\boldsymbol{r}\cdot\hat{\boldsymbol{p}}$ 的平均值随时间的变化, 则有

$$\frac{\mathrm{d}}{\mathrm{d}t}\langle\boldsymbol{r}\cdot\hat{\boldsymbol{p}}\rangle = \frac{1}{\mathrm{i}\hbar}\langle[\boldsymbol{r}\cdot\hat{\boldsymbol{p}}, H]\rangle$$

不难证明

$$\begin{aligned}
\left[\boldsymbol{r}\cdot\hat{\boldsymbol{p}}, H\right] &= \frac{1}{2\mu}\left[\boldsymbol{r}\cdot\hat{\boldsymbol{p}}, \hat{\boldsymbol{p}}^2\right] + \left[\boldsymbol{r}\cdot\hat{\boldsymbol{p}}, V(\boldsymbol{r})\right] \\
&= \frac{\mathrm{i}\hbar}{\mu}\hat{\boldsymbol{p}}^2 - \mathrm{i}\hbar\boldsymbol{r}\cdot\nabla V(\boldsymbol{r})
\end{aligned}$$

对于定态有

$$\frac{\mathrm{d}}{\mathrm{d}t}\langle \boldsymbol{r}\cdot\hat{\boldsymbol{p}}\rangle = 0$$

从而

$$\frac{1}{\mu}\langle\hat{\boldsymbol{p}}^2\rangle = \langle\boldsymbol{r}\cdot\nabla V\rangle$$

或写为

$$2\langle\hat{\boldsymbol{T}}\rangle = \langle\boldsymbol{r}\cdot\nabla V\rangle,\quad \hat{T} = \frac{\hat{\boldsymbol{p}}^2}{2\mu}$$

这即是 Virial 定理.

若 $V = V(x,y,z)$ 为 x、y、z 的 n 阶齐次函数,Virial 又可表示为

$$2\langle\hat{\boldsymbol{T}}\rangle = n\langle V\rangle$$

而对谐振子势为 $V(r) = \dfrac{1}{2}\mu\omega^2 r^2,\ n = 2$

$$\langle T\rangle = \langle V\rangle$$

对 Colomb 势为

$$V(r) = \frac{e^2}{r},\quad n = -1,\quad \langle V\rangle = -2\langle T\rangle$$

5-17　自旋为 $\dfrac{\hbar}{2}$ 的粒子,分别处于如下的纯态和混合态上:纯态为 $|x\rangle =$

$\dfrac{1}{2}|+\rangle + \dfrac{\sqrt{3}}{2}|-\rangle$,混合态为 $\begin{cases}|+\rangle,\ \rho_+ = \dfrac{1}{4}\\[2mm]|-\rangle,\ \rho_- = \dfrac{3}{4}\end{cases}$,利用密度算符方法在此二态上分别算出

$\hat{S}_x$、$\hat{S}_y$、$\hat{S}_z$ 的平均值.

解　对于纯态而言,在 S_z 表象中,其矩阵形式为 $|\chi\rangle = \begin{pmatrix}\dfrac{1}{2}\\[2mm]\dfrac{\sqrt{3}}{2}\end{pmatrix}$,相应的密度矩

阵为

$$\rho = |\chi\rangle\langle\chi| = \begin{pmatrix}\dfrac{1}{2}\\[2mm]\dfrac{\sqrt{3}}{2}\end{pmatrix}\begin{pmatrix}\dfrac{1}{2} & \dfrac{\sqrt{3}}{2}\end{pmatrix} = \begin{pmatrix}\dfrac{1}{4} & \dfrac{\sqrt{3}}{4}\\[2mm]\dfrac{\sqrt{3}}{4} & \dfrac{3}{4}\end{pmatrix}$$

利用公式 $\overline{F} = \sum_n \langle n|\hat{F}\rho|n\rangle = \mathrm{tr}(\hat{F}\rho)$ 可以求出自旋分量的平均值为

$$\overline{S}_x = \text{tr}(\hat{S}_x \hat{\rho}) = \frac{\hbar}{2} \text{tr}\left\{ \begin{pmatrix} 0 & 1 \\ 1 & 0 \end{pmatrix} \begin{pmatrix} \dfrac{1}{4} & \dfrac{\sqrt{3}}{4} \\ \dfrac{\sqrt{3}}{4} & \dfrac{3}{4} \end{pmatrix} \right\} = \frac{\hbar}{2} \text{tr}\begin{pmatrix} \dfrac{\sqrt{3}}{4} & \dfrac{3}{4} \\ \dfrac{1}{4} & \dfrac{\sqrt{3}}{4} \end{pmatrix} = \frac{\sqrt{3}}{4}\hbar$$

$$\overline{S}_y = \text{tr}(\hat{S}_y \hat{\rho}) = \text{tr}\left\{ \begin{pmatrix} 0 & -i \\ i & 0 \end{pmatrix} \begin{pmatrix} \dfrac{1}{4} & \dfrac{\sqrt{3}}{4} \\ \dfrac{\sqrt{3}}{4} & \dfrac{3}{4} \end{pmatrix} \right\} = \frac{\hbar}{2} \text{tr}\begin{pmatrix} -\dfrac{\sqrt{3}}{4}i & -\dfrac{3}{4}i \\ \dfrac{1}{4}i & \dfrac{\sqrt{3}}{4}i \end{pmatrix} = 0$$

$$\overline{S}_z = \text{tr}(\hat{S}_z \hat{\rho}) = \frac{\hbar}{2} \text{tr}\left\{ \begin{pmatrix} 1 & 0 \\ 0 & -1 \end{pmatrix} \begin{pmatrix} \dfrac{1}{4} & \dfrac{\sqrt{3}}{4} \\ \dfrac{\sqrt{3}}{4} & \dfrac{3}{4} \end{pmatrix} \right\} = \frac{\hbar}{2} \text{tr}\begin{pmatrix} \dfrac{1}{4} & \dfrac{\sqrt{3}}{4} \\ -\dfrac{\sqrt{3}}{4} & -\dfrac{3}{4} \end{pmatrix} = -\frac{1}{4}\hbar$$

对于混合态而言，根据密度算符的定义

$$\rho = \sum_{i=\pm} |i\rangle p_i \langle i|$$

密度算符可写为

$$\hat{\rho} = \frac{1}{4}\begin{pmatrix} 1 \\ 0 \end{pmatrix}(1 \quad 0) + \frac{3}{4}\begin{pmatrix} 0 \\ 1 \end{pmatrix}(0 \quad 1) = \begin{pmatrix} \dfrac{1}{4} & 0 \\ 0 & \dfrac{3}{4} \end{pmatrix}$$

用类似于纯态的计算手段，得到自旋各分量的平均值为

$$\overline{S}_x = 0, \quad \overline{S}_y = 0, \quad \overline{S}_z = -\frac{1}{4}\hbar$$

5-18 定义位移算符 $\hat{D}(z) = \exp(z\hat{b}^+ - z^*\hat{b})$，则有 $|z\rangle = \hat{D}(z)|0\rangle$，其中基态 $|0\rangle$ 是 $z=0$ 的相干态.

证 由 $e^{(\hat{A}+\hat{B})} = e^{\hat{A}}e^{\hat{B}}e^{-\frac{1}{2}[\hat{A}, \ \hat{B}]}$，其中要求 $\hat{A}$ 与 $\hat{B}$ 均与其对易子对易，则有

$$\hat{D}(z) = e^{(z\hat{A}_-)}e^{(-z^*\hat{A}_-)}e^{\left(-\frac{1}{2}|z|^2\right)}$$

可得

$$\hat{D}(z)|0\rangle = e^{\left(-\frac{1}{2}|z|^2\right)}e^{z\hat{A}_+}|0\rangle = |z\rangle$$

说明任一相干态可利用位移作用得到.

第6章　电子自旋　泡利不相容原理

6-1　设电子自旋 z 分量为 $+\hbar/2$，问沿着 z 轴成 θ 角的 z' 轴方向上，自旋取 $+\hbar/2$ 和 $-\hbar/2$ 的概率是多少？求此方向上自旋分量的平均值.

解　在 z 轴上的平均值为 $\hbar/2$，则在 z' 轴上的平均值为 $\bar{S}_{z'} = \dfrac{\hbar}{2}\cos\theta$. 设 $\hat{S}_{z'}$ 的波函数为 χ'，将 χ' 用 $\chi_{1/2}$ 和 $\chi_{-1/2}$ 展开

$$\chi' = C_1\chi_{1/2} + C_2\chi_{-1/2}$$

由归一化条件 $C_1^2 + C_2^2 = 1$ 及 $\bar{S}_{z'} = \dfrac{\hbar}{2}C_1^2 - \dfrac{\hbar}{2}C_2^2 = \dfrac{\hbar}{2}\cos\theta$ 可解得 $C_1^2 = \cos^2(\theta/2), C_2^2 = \sin^2(\theta/2)$. C_1^2 为沿 z' 轴自旋取 $\hbar/2$ 的概率，C_2^2 为取 $-\hbar/2$ 的概率.

6-2　由式 (6-3) 及 $\hat{\sigma}_x^2 = \hat{\sigma}_y^2 = \hat{\sigma}_z^2 = \hat{1}$，试证明：$\hat{\sigma}_x\hat{\sigma}_y + \hat{\sigma}_y\hat{\sigma}_x = 0$ 及 $\hat{S}_x\hat{S}_y + \hat{S}_y\hat{S}_x = 0$；再证不确定关系 $\overline{(\Delta S_x)^2(\Delta S_y)^2} \geqslant \dfrac{\hbar^2}{4}$.

证　由式(6-4)有 $\hat{\sigma}_y\hat{\sigma}_z - \hat{\sigma}_z\hat{\sigma}_y = 2\mathrm{i}\hat{\sigma}_x$，用 $\hat{\sigma}_y$ 分别进行左乘和右乘得

$$\hat{\sigma}_z - \hat{\sigma}_y\hat{\sigma}_z\hat{\sigma}_y = 2\mathrm{i}\hat{\sigma}_y\hat{\sigma}_x, \quad \hat{\sigma}_y\hat{\sigma}_z\hat{\sigma}_y - \hat{\sigma}_z = 2\mathrm{i}\hat{\sigma}_x\hat{\sigma}_y$$

两式相加得 $\hat{\sigma}_x\hat{\sigma}_y + \hat{\sigma}_y\hat{\sigma}_x = 0$. 由 $\hat{S} = \dfrac{\hbar}{2}\hat{\sigma}$ 代入得 $\hat{S}_x\hat{S}_y + \hat{S}_y\hat{S}_x = 0$. 而

$$\overline{(\Delta S_x)^2(\Delta S_y)^2} \geqslant \frac{1}{4}\left|\overline{\left[\hat{S}_x, \hat{S}_y\right]}\right|^2 = \frac{1}{4}\left|\overline{2\mathrm{i}\hat{S}_z}\right|^2 = \frac{\hbar^2}{4}$$

6-3　由 $\hat{\sigma}$ 的性质及式(6-7)推出式(6-8).

解　已知 $\hat{\sigma}_z = \begin{pmatrix} 1 & 0 \\ 0 & -1 \end{pmatrix}$，令 $\hat{\sigma}_x = \begin{pmatrix} a & b \\ c & d \end{pmatrix}$，利用 $\hat{\sigma}_z\hat{\sigma}_x = -\hat{\sigma}_x\hat{\sigma}_z$ 得 $\begin{pmatrix} a & b \\ -c & -d \end{pmatrix} = \begin{pmatrix} -a & b \\ -c & d \end{pmatrix}$，所以 $a = d = 0$. 根据 $\hat{\sigma}_x^+ = \hat{\sigma}_x$ 可得 $c = b^*$. 又 $\hat{\sigma}_x^2 = \begin{pmatrix} 0 & b \\ b^* & 0 \end{pmatrix}\begin{pmatrix} 0 & b \\ b^* & 0 \end{pmatrix} = \begin{pmatrix} |b|^2 & 0 \\ 0 & |b|^2 \end{pmatrix} = 1$. 所以 $|b|^2 = 1$，$b = \mathrm{e}^{\mathrm{i}\alpha}$，$\alpha$ 为一实数.

同理 $\hat{\sigma}_y = \begin{pmatrix} 0 & \mathrm{e}^{\mathrm{i}\beta} \\ \mathrm{e}^{-\mathrm{i}\beta} & 0 \end{pmatrix}$. 再利用 $\hat{\sigma}_x\hat{\sigma}_y = -\sigma_y\sigma_x$ 得 $|\alpha - \beta| = \dfrac{\pi}{2}, \dfrac{3\pi}{2}, \cdots$. 习惯上取 $\alpha = 0$，$\beta = -\dfrac{\pi}{2}$，则得 $\hat{\sigma}_x = \begin{pmatrix} 0 & 1 \\ 1 & 0 \end{pmatrix}$，$\hat{\sigma}_y = \begin{pmatrix} 0 & -\mathrm{i} \\ \mathrm{i} & 0 \end{pmatrix}$.

6-4 试由式(6-14)及归一化条件推出式(6-15).

解 令 $\chi_{1/2} = \begin{pmatrix} a \\ b \end{pmatrix}$，而 $\hat{S}_z \chi_{1/2} = \dfrac{\hbar}{2} \chi_{1/2} = \dfrac{\hbar}{2} \begin{pmatrix} a \\ b \end{pmatrix}$.

又 $\hat{S}_z \chi_{1/2} = \dfrac{\hbar}{2} \begin{pmatrix} 1 & 0 \\ 0 & -1 \end{pmatrix} \begin{pmatrix} a \\ b \end{pmatrix} = \dfrac{\hbar}{2} \begin{pmatrix} a \\ -b \end{pmatrix}$，即 $\begin{pmatrix} a \\ b \end{pmatrix} = \begin{pmatrix} a \\ -b \end{pmatrix}$. 所以 $b = 0$，由归一化条

件 $\begin{pmatrix} a^*, 0 \end{pmatrix} \begin{pmatrix} a \\ 0 \end{pmatrix} = |a|^2 = 1$. 取 $a = 1$，故 $\chi_{1/2} = \begin{pmatrix} 1 \\ 0 \end{pmatrix}$. 同理可得 $\chi_{-1/2} = \begin{pmatrix} 0 \\ 1 \end{pmatrix}$.

6-5 证明不存在和 $\hat{\sigma}$ 的三个分量均反对易的非零二维矩阵.

证 设二维矩阵 A 与 $\hat{\sigma}$ 的三个分量均反对易，即

$$A\hat{\sigma}_x = -\hat{\sigma}_x A, \quad A\hat{\sigma}_y = -\hat{\sigma}_y A, \quad A\hat{\sigma}_z = -\hat{\sigma}_z A.$$

以 $\hat{\sigma}_y$ 右乘以第一式得 $A\hat{\sigma}_x\hat{\sigma}_y = -\hat{\sigma}_x A\hat{\sigma}_y$，利用 $\hat{\sigma}_x\hat{\sigma}_y = \mathrm{i}\hat{\sigma}_z$ 和第二、第三式得 $\mathrm{i}A\hat{\sigma}_z = -\hat{\sigma}_x A\hat{\sigma}_y = \hat{\sigma}_x\hat{\sigma}_y A = \mathrm{i}\hat{\sigma}_z A = -\mathrm{i}A\hat{\sigma}_z$. 所以 $A = -A$，故 $A = 0$，即 A 不存在.

6-6 由 $\hat{S}_z$ 表象的泡利矩阵求 $\hat{S}_y$ 的本征函数.

解 在 $\hat{S}_z$ 表象中，$\hat{S}_y = \dfrac{\hbar}{2} \begin{pmatrix} 0 & -\mathrm{i} \\ \mathrm{i} & 0 \end{pmatrix}$. 设 $\hat{S}_y$ 的本征函数为 $\chi_{y, \frac{1}{2}} = \begin{pmatrix} a \\ b \end{pmatrix}$，满足本

征值方程 $\dfrac{\hbar}{2} \begin{pmatrix} 0 & -\mathrm{i} \\ \mathrm{i} & 0 \end{pmatrix} \begin{pmatrix} a \\ b \end{pmatrix} = \dfrac{\hbar}{2} \begin{pmatrix} a \\ b \end{pmatrix}$，相当于 $a + \mathrm{i}b = 0$，$\mathrm{i}a - b = 0$，所以 $\chi_{y, \frac{1}{2}} = a \begin{pmatrix} 1 \\ \mathrm{i} \end{pmatrix}$，

归一化得 $\chi_{y, \frac{1}{2}} = \dfrac{1}{\sqrt{2}} \begin{pmatrix} 1 \\ \mathrm{i} \end{pmatrix}$. 同理 $\chi_{y, -\frac{1}{2}} = \dfrac{1}{\sqrt{2}} \begin{pmatrix} \mathrm{i} \\ 1 \end{pmatrix}$.

6-7 测得一电子自旋 z 分量为 $\hbar/2$，再测 S_x，可能得到何值？各值的概率为多少？平均值为何？

解 在 $\hat{S}_z$ 表象中，$\hat{S}_x$ 的本征函数为 $\chi_{x, \frac{1}{2}} = \dfrac{1}{\sqrt{2}} \begin{pmatrix} 1 \\ 1 \end{pmatrix}$ 及 $\chi_{x, -\frac{1}{2}} = \dfrac{1}{\sqrt{2}} \begin{pmatrix} 1 \\ -1 \end{pmatrix}$，相应的

本征值为 $\pm \dfrac{\hbar}{2}$.

测得平均值为 $\begin{pmatrix} 1 & 0 \end{pmatrix} \hat{S}_x \begin{pmatrix} 1 \\ 0 \end{pmatrix} = 0$. 测得 $\pm\dfrac{\hbar}{2}$ 的概率分别为

$$\omega_+ = \left| \dfrac{1}{\sqrt{2}} \begin{pmatrix} 1 & 1 \end{pmatrix} \begin{pmatrix} 1 \\ 0 \end{pmatrix} \right|^2 = 1/2, \quad \omega_- = \left| \dfrac{1}{\sqrt{2}} \begin{pmatrix} 1 & -1 \end{pmatrix} \begin{pmatrix} 1 \\ 0 \end{pmatrix} \right|^2 = 1/2$$

6-8 在有心势阱中运动的两个电子，如果只有三个单粒子态 ψ_1、ψ_2、ψ_3，试写出此系统的波函数.

解 费米子系统波函数应为交换反对称的，故此系统所有可能的波函数为

$$\psi_{12} = \frac{1}{\sqrt{2}}\left[\psi_1(r_1)\psi_2(r_2) - \psi_1(r_2)\psi_2(r_1)\right]$$

$$\psi_{13} = \frac{1}{\sqrt{2}}\left[\psi_1(r_1)\psi_3(r_2) - \psi_1(r_2)\psi_3(r_1)\right]$$

$$\psi_{23} = \frac{1}{\sqrt{2}}\left[\psi_2(r_1)\psi_3(r_2) - \psi_2(r_2)\psi_3(r_1)\right]$$

6-9 单价原子中价电子所受原子实(原子核及内层电子)的作用势可以近似表示为

$$U(r) = -\frac{e_0^2}{r} - \lambda\frac{e_0^2 a_0}{r^2}, \quad 0 < \lambda \ll 1$$

a_0 为玻尔半径，试求价电子能级.

解 在势 $U(r) = -\dfrac{B}{r} + \dfrac{A}{r^2}$ 下的定态径向方程

$$\frac{1}{r^2}\frac{\mathrm{d}}{\mathrm{d}r}\left(r^2\frac{\mathrm{d}R}{\mathrm{d}r}\right) + \left[\frac{2\mu}{\hbar^2}\left(E + \frac{B}{r} - \frac{A}{r^2}\right) - \frac{l(l+1)}{r^2}\right]R = 0$$

令 $B = e^2$，$\dfrac{2\mu A}{\hbar^2} + l(l+1) = l'(l'+1)$，则上式变成普通氢原子的径向方程，能级为 $E_n = -\mu e^4/(2\hbar^2 n^2)$. 其中 $n = n_r + l' + 1$. 而 l' 可由 $\dfrac{2\mu A}{\hbar^2} + l(l+1) = l'(l'+1)$ 解出，因此

$$E = -\frac{\mu B^2}{2\hbar^2}(n_r + 1 + l')^{-2}$$

$$= -\frac{2\mu B^2}{\hbar^2}\left[2n_r + 1 + \sqrt{(2l+1)^2 + 8\mu A/\hbar^2}\right]^{-2}$$

6-10 两个不同壳层的 p 电子可以形成多少个态? 两个同一壳层中的 p 电子可以形成多少个态?

解 对壳层固定的一个 p 电子 $m = 0, \pm 1$，$s = \pm 1/2$. 因此有 $2 \times 3 = 6$ 个态，则对不同壳层的两个 p 电子有 $6 \times 6 = 36$ 个态.

对同壳层的 p 电子，由于要考虑泡利原理的限制，故只有 $5+4+3+2+1 = 15$ 个态.

6-11 试写出 $Z = 79$ 的元素的电子壳层结构.

解 Au 的电子壳层结构为

$$1s^2\, 2s^2\, 2p^6\, 3p^6\, 4s^2\, 3d^{10}\, 4p^6\, 4d^{10}\, 5s^2\, 5p^6\, 4f^{14}\, 5d^{10}\, 6s^1$$

6-12 由三个 $\dfrac{1}{2}$ 自旋粒子(非全同)组成的系统，其哈密顿量为

$$H = \frac{A}{\hbar^2}S_1 \cdot S_2 + \frac{B}{\hbar^2}(S_1 + S_2)\cdot S_3$$

S_1、S_2、S_3 分别表示三个粒子的自旋算符，求系统的能级.

解 选取系统的力学量完全集为 $\left(H,\ S_{12}^2\ \ S^2\ \ S_z\right)$，其中

$$S_{12} = S_1 + S_2,\quad S = S_{12} + S_3 = S_1 + S_2 + S_3$$

则本征函数取为 $|S_{12}S_3Sm_s\rangle$，而定态方程为

$$\hat{H}|S_{12}S_3Sm_s\rangle = E|S_{12}S_3Sm_s\rangle$$

$$\hat{H} = \frac{A}{h^2}S_1\cdot S_2 + \frac{B}{h^2}(S_1 + S_2)\cdot S_3 = \frac{A}{2}\left[\frac{1}{h^2}S_{12}^2 - \frac{3}{4} - \frac{3}{4}\right] + \frac{B}{2}\left[\frac{1}{h^2}S^2 - \frac{1}{h^2}S_{12}^2 - \frac{3}{4}\right]$$

$$\hat{H}|S_{12}S_3Sm_s\rangle = \left\{\frac{A}{2}\left[(S_{12}+1)S_{12} - \frac{3}{2}\right] + \frac{B}{2}\left[S(S+1) - S_{12}(S_{12}+1) - \frac{3}{4}\right]\right\}|S_{12}S_3Sm_s\rangle$$

$$E = \frac{A}{2}\left[S_{12}(S_{12}+1) - \frac{3}{2}\right] + \frac{B}{2}\left[S(S+1) - S_{12}(S_{12}+1) - \frac{3}{4}\right]$$

$$\begin{cases} S_{12} = 0 \\ S = 1/2 \end{cases},\quad E = -\frac{3}{4}A，此能级简并度为 2;$$

$$\begin{cases} S_{12} = 1 \\ S = 1/2 \end{cases},\quad E = \frac{A}{4} - B，此能级简并度为 2;$$

$$\begin{cases} S_{12} = 1 \\ S = 3/2 \end{cases},\quad E = \frac{A}{4} + \frac{B}{2}，此能级简并度为 4.$$

6-13 若多粒子体系分别处于状态：$|\psi_1\rangle = \sin\dfrac{\theta}{2}|0\rangle + \cos\dfrac{\theta}{2}e^{i\varphi}|1\rangle$ 及 $|\psi_2\rangle = \sin\dfrac{\theta}{2}|0\rangle + \cos\dfrac{\theta}{2}|1\rangle$，试用密度算符 $\rho = |\psi\rangle\langle\psi|$ 证明这两个态矢描述的并非同一个状态，式中 θ 和 φ 是两个常数分布的随机变量.

证 由密度算符的定义可知

$$\begin{aligned}
\hat{\rho}_1 &= \frac{1}{4\pi}\int_0^\pi \sin\theta\mathrm{d}\theta\int_0^{2\pi}\mathrm{d}\varphi\hat{\rho}_1(\theta,\varphi) = \frac{1}{4\pi}\int_0^\pi \sin\theta\mathrm{d}\theta\int_0^{2\pi}\mathrm{d}\varphi|\psi_1\rangle\langle\psi_1| \\
&= \frac{1}{4\pi}\int_0^\pi \sin\theta\mathrm{d}\theta\int_0^{2\pi}\mathrm{d}\varphi\left[\sin\frac{\theta}{2}|0\rangle + \cos\frac{\theta}{2}e^{i\varphi}|1\rangle\right]\left[\langle0|\sin\frac{\theta}{2} + \langle1|\cos\frac{\theta}{2}e^{-i\varphi}\right] \\
&= \frac{1}{2}\int_0^\pi \sin\theta\mathrm{d}\theta\left[\sin^2\frac{\theta}{2}|0\rangle\langle0| + \cos^2\frac{\theta}{2}|1\rangle\langle1|\right] \\
&\quad + \frac{1}{4\pi}\int_0^\pi \sin\theta\mathrm{d}\theta\int_0^{2\pi}\mathrm{d}\varphi\left[\sin\frac{\theta}{2}\cos\frac{\theta}{2}e^{i\varphi}|1\rangle\langle0| + \sin\frac{\theta}{2}\cos\frac{\theta}{2}e^{-i\varphi}|0\rangle\langle1|\right] \quad (1)
\end{aligned}$$

由于

$$\int_0^{2\pi}e^{\pm i\varphi}\mathrm{d}\varphi = 0 \quad (2)$$

所以(1)式中的第 3、4 项皆为零. 对于(1)式中的第 1、2 项，由三角函数的积分公式可知

$$\frac{1}{2}\int_0^\pi \sin\theta \sin^2\frac{\theta}{2}\mathrm{d}\theta = \frac{1}{4}\int_0^\pi \sin(1-\cos\theta)\mathrm{d}\theta = \frac{1}{4}\left[-\cos\theta\Big|_0^\pi + \int_1^{-1} y\mathrm{d}y\right] = \frac{1}{2} \tag{3}$$

$$\frac{1}{2}\int_0^\pi \sin\theta \cos^2\frac{\theta}{2}\mathrm{d}\theta = \frac{1}{4}\int_0^\pi \sin\theta(1+\cos\theta)\mathrm{d}\theta = \frac{1}{4}\left[-\cos\theta\Big|_0^\pi - \int_1^{-1} y\mathrm{d}y\right] = \frac{1}{2} \tag{4}$$

于是

$$\hat{\rho}_1 = \frac{1}{2}\Big[|1\rangle\langle 1| + |0\rangle\langle 0|\Big] \tag{5}$$

同理可知

$$\hat{\rho}_2 = \frac{1}{4\pi}\int_0^\pi \sin\theta\mathrm{d}\theta \int_0^{2\pi}\mathrm{d}\varphi \hat{\rho}_2(\theta,\varphi) = \frac{1}{4\pi}\int_0^\pi \sin\theta\mathrm{d}\theta \int_0^{2\pi}\mathrm{d}\varphi |\psi_2\rangle\langle\psi_2|$$

$$= \frac{1}{2}\int_0^\pi \sin\theta\mathrm{d}\theta\left[\sin^2\frac{\theta}{2}|0\rangle\langle 0| + \cos^2\frac{\theta}{2}|1\rangle\langle 1|\right]$$

$$+ \frac{1}{2}\int_0^\pi \sin\theta \sin\frac{\theta}{2}\cos\frac{\theta}{2}\mathrm{d}\theta\Big[|1\rangle\langle 0| + |0\rangle\langle 1|\Big] \tag{6}$$

上式中前两项的积分结果已由(3)与(4)式给出，而最后一项的积分为

$$\frac{1}{2}\int_0^\pi \sin\theta \sin\frac{\theta}{2}\cos\frac{\theta}{2}\mathrm{d}\theta = \frac{1}{4}\int_0^\pi \sin^2\theta\mathrm{d}\theta = \frac{1}{4}\left[\frac{\theta}{2} - \frac{1}{2}\sin\theta\cos\theta\right]_0^\pi = \frac{\pi}{8} \tag{7}$$

于是(6)式变成

$$\hat{\rho}_2 = \frac{1}{2}\Big[|0\rangle\langle 0| + |1\rangle\langle 1|\Big] + \frac{\pi}{8}\Big[|1\rangle\langle 0| + |0\rangle\langle 1|\Big] \tag{8}$$

显然题中给出的两个态矢描述的并非同一个状态.

第 7 章　量子力学的常用近似方法

7-1　说明式(7-6)中 $a_m^{(1)}$ 为何取零. 试证明式(7-17).

证　在一级近似下，由归一化条件

$$\int \psi^* \psi\mathrm{d}\tau = \int (\psi^{(0)} + \lambda\psi^{(1)})^* (\psi^{(0)} + \lambda\psi^{(1)})\mathrm{d}\tau$$

$$= 1 + \lambda\left[\int \psi^{(0)*}\psi^{(1)}\mathrm{d}\tau + \int \psi^{(1)*}\psi^{(0)}\mathrm{d}\tau\right] + O(\lambda^2)$$

即要求 $\int \psi^{(0)*}\psi^{(1)}\mathrm{d}\tau + \int \psi^{(1)*}\psi^{(0)}\mathrm{d}\tau = 0$.

将 $\psi^{(0)} = \psi_k^{(0)}$ 和 $\psi^{(1)} = \sum_n a_n^{(1)}\psi_n^{(0)}$ 代入得 $a_k^{(1)} + a_k^{(1)*} = 0$. 所以 $a_k^{(1)}$ 为纯虚数. 令

$a_k^{(1)} = \mathrm{i}\gamma$ (γ 为实数)，则

$$\psi_k = \psi_k^{(0)} + \lambda \mathrm{i}\gamma \psi_k^{(0)} + \lambda \sum_n{}' a_n^{(1)} \psi_n^{(0)} + O(\lambda^2)$$

$$\approx \mathrm{e}^{\mathrm{i}\lambda\gamma} \left[\psi_k^{(0)} + \lambda \sum_n{}' a_n^{(1)} \psi_n^{(0)} \right] + O(\lambda^2)$$

$\mathrm{e}^{\mathrm{i}\lambda\gamma}$ 是一个无关紧要的相因子，可以取 $\gamma = 0$，即 $a_k^{(1)} = 0$.

在二级近似下，由归一化条件

$$\int \psi_k^{(0)*} \psi^{(2)} \mathrm{d}\tau + \int \psi^{(2)*} \psi_k^{(0)} \mathrm{d}\tau + \int \psi^{(1)*} \psi^{(1)} \mathrm{d}\tau = 0$$

即 $a_k^{(2)} + a_k^{(2)*} + \sum_{mn}{}' a_m^{(1)*} a_n^{(1)} \delta_{mn} = 0$. 故 $a_k^{(2)}$ 可取实数(否则产生一个无关紧要的相因子)，因此

$$a_k^{(2)} = a_k^{(2)*} = -\frac{1}{2} \sum_n{}' \left| a_n^{(1)} \right|^2 = -\frac{1}{2} \sum_n{}' \frac{\left| h_{nk} \right|^2}{(E_k^{(0)} - E_n^{(0)})^2}$$

7-2 一带电粒子处于势 $U = \frac{1}{2} kx^2$ 内，如在其 x 轴方向上加一恒定均匀电场 ε，试计算基态能级修正.

解 将加上电场产生的势能作为微扰，即 $h = qx\overline{\varepsilon}$，则 $E^{(1)} \int \psi_0^{(0)*} q\varepsilon x \psi_0^{(0)} \mathrm{d}x = 0$.

而

$$E^{(2)} = \sum_n{}' \left| h_{n0} \right|^2 \big/ (E_0^{(0)} - E_n^{(0)})$$

$$= -\frac{q^2 \varepsilon^2}{\hbar\omega} \sum_{n=1}^{\infty} \left| \int \psi_0^{(0)} x \psi_n^{(0)} \mathrm{d}x \right|^2 \big/ n = -q^2 \varepsilon^2 \big/ (2\alpha^2 \hbar\omega)$$

$$= -q^2 \varepsilon^2 \big/ (2K) \quad (\alpha = \sqrt{\mu\omega/\hbar}, \, K = \alpha^2 \hbar\omega)$$

其中利用了厄米多项式的正交性及递推关系

$$x\psi_n^{(0)} = \left[\sqrt{\frac{n}{2}} \psi_{n-1}^{(0)} + \sqrt{\frac{n+1}{2}} \psi_{n+1}^{(0)} \right] \big/ \alpha$$

7-3 如核电荷均布于半径为 $R = 1.6 \times 10^{-15} z^{\frac{1}{3}}$ 的球内，试估算此效应对类氢原子 1s 能级的修正.

解 在球内势能为 $-Ze^2 \left(\frac{3}{2} - \frac{r^2}{2R^2} \right) \big/ R$，因此微扰势能为

$$\hat{H}' = \begin{cases} -Ze^2(3 - r/R^2)/(2R) + Ze^2/r, & r < R \\ 0, & r > R \end{cases}$$

故基态的一级能量修正为

$$E^{(1)} = \int \psi_{100}^{(0)*} h\psi_{100}^{(0)} \mathrm{d}\tau = \frac{4Ze^2}{a^3} \int_0^R r^2 \left[-\frac{3R^2 - r^2}{2R^3} + \frac{1}{r} \right] e^{-2r/a} \mathrm{d}r$$

注意到，$R \sim 10^{-12}$ cm, $a = 0.59 \times 10^{-8}$ cm，所以 $\dfrac{2r}{a} \sim \dfrac{2R}{a} = \dfrac{2 \times 10^{-12}}{0.59 \times 10^{-8}} \sim 10^{-4}$，故

$e^{-2r/a} \sim 1$. 因此近似有 $E^{(1)} = \dfrac{4Ze^2}{a^3} \int_0^R r^2 \left(\dfrac{1}{r} - \dfrac{3R^2 - r^2}{2R^3} \right) \mathrm{d}r = \dfrac{2Ze^2R^2}{5a^3}$.

7-4 在分子晶体中起重要作用的是范德瓦耳斯力. 现以两个相距较远的氢原子的相互作用来说明此力. 试证 $F = -\dfrac{\mathrm{d}E}{\mathrm{d}R} \propto \dfrac{1}{R^7}$, R 为其距离.

解 设两氢原子核间的距离为 R，并取两原子核的连线为 z 轴. 第一个原子 A 中的电子坐标为 (x_1, y_1, z_1)，第二个原子 B 中电子的坐标为 (x_2, y_2, z_2)，则两原子间的相互作用能为

$$h = e^2 \left(\frac{1}{R} + \frac{1}{r_{12}} - \frac{1}{r_{A2}} - \frac{1}{r_{B1}} \right)$$

其中 $r_{12} = \left[(x_1 - x_2)^2 + (y_1 - y_2)^2 + (z_1 - z_2)^2 \right]^{1/2}$；$r_{A2} = \left[x_2^2 + y_2^2 + (R + z_2)^2 \right]^{1/2}$；$r_{B1} = \left[x_1^2 + y_1^2 + (z_1 - R)^2 \right]^{1/2}$. 由于 R 远远大于 $x_1, x_2, y_1, y_2, z_1, z_2$ 等值，利用公式 $(1 + \varepsilon)^{-1/2} \approx 1 - \varepsilon/2 (\varepsilon \ll 1)$ 得

$$\frac{1}{r_{12}} = \frac{1}{R} \left[1 - \frac{(x_1 - x_2)^2 + (y_1 - y_2)^2 - (z_1 - z_2)^2 - 2R(z_1 - z_2)}{2R^2} \right]$$

$$\frac{1}{r_{A2}} = \frac{1}{R} \left[1 - \frac{x_2^2 + y_2^2 - z_2^2 + 2Rz_2}{2R^2} \right]$$

$$\frac{1}{r_{B1}} = \frac{1}{R} \left[1 - \frac{x_1^2 + y_1^2 - z_1^2 - 2Rz_1}{2R^2} \right]$$

因此 $h = \dfrac{e^2}{R^3} [x_1 x_2 + y_1 y_2 - 2z_1 z_2]$，设系统波函数为

$$\psi(1, 2) = \psi_A(1) \psi_B(2)$$

一级微扰能量 $E^{(1)} = \int \psi_n^*(1, 2) h\psi_n(1, 2) \mathrm{d}\tau_1 \mathrm{d}\tau_2 = 0$.

二级微扰能量 $E^{(2)} = \sum_n' |h_{n1}|^2 / (E_1^0 - E_n^0)$. 其中

$$h_{n1} = \int \psi_n^*(1,2) h \psi_1(1,2) \mathrm{d}\tau_1 \mathrm{d}\tau_2$$

$$= \frac{e^2}{R^3} \int \psi_n^*(1,2) \left[x_1 x_2 + y_1 y_2 - 2 z_1 z_2 \right] \psi_1(1,2) \mathrm{d}\tau_1 \mathrm{d}\tau_2$$

所以 $E^{(2)} \propto 1/R^6$，则 $F = -\dfrac{\mathrm{d} E^{(2)}}{\mathrm{d} R} \propto 1/R^7$.

7-5 将电子之间的排斥势作为微扰项，试估算 He 原子的基态能量(一级近似).

解 两电子间的排斥势能 $U = e^2/r_{12} = e^2/|\boldsymbol{r}_1 - \boldsymbol{r}_2|$. 不考虑 U 时氦原子基态为 $\psi_{100}(\boldsymbol{r}_1)\psi_{100}(\boldsymbol{r}_2)$，基态能量为 $E^{(0)} = -Z^2 e^2/a$. 一级能量修正为

$$E^{(1)} = \int \psi_{100}^*(\boldsymbol{r}_1) \psi_{100}^*(\boldsymbol{r}_2) \frac{e^2}{r_{12}} \psi_{100}(\boldsymbol{r}_1) \psi_{100}(\boldsymbol{r}_2) \mathrm{d}\tau_1 \mathrm{d}\tau_2$$

其中 $\psi_{100} = (Z^3/\pi a^3)^{1/2} \mathrm{e}^{-Zr/a}$ 是类氢原子基态，则

$$E^{(1)} = \left(\frac{Z^3 e}{\pi a^3} \right)^2 \int \frac{1}{r_{12}} \mathrm{e}^{-2Z(r_1 + r_2)/a} \cdot r_1^2 \sin\theta_1 \mathrm{d}\theta_1 \mathrm{d}\varphi_1 \mathrm{d}r_1 \cdot r_2^2 \sin\theta_2 \mathrm{d}\theta_2 \mathrm{d}\varphi_2 \mathrm{d}r_2$$

$$= \left(\frac{Z^3 e}{\pi a^3} \right)^2 \int \left[\int_0^{r_2} \frac{1}{r_2} \mathrm{e}^{-2Zr/a} \cdot 4\pi r_1^2 \mathrm{d}r_1 + \int_{r_2}^{\infty} \frac{1}{r_1} \mathrm{e}^{-2Zr/a} \cdot 4\pi r_1^2 \mathrm{d}r_1 \right] \mathrm{d}r_2$$

$$= \frac{4Z^4 e^2}{a^4} \int_0^{\infty} \left[\frac{a}{Z} - \left(r_2 + \frac{a}{Z} \right) \mathrm{e}^{-2Zr_2/a} \right] \times r_2 \mathrm{e}^{-2Zr_2/a} \mathrm{d}r_2$$

$$= \frac{5Ze^2}{8a}$$

所以 $E = E^{(0)} + E^{(1)} = (-Z^2 + 5Z/8) e^2/a$，对氦原子则 $E = -11 e^2/(4a)$.

7-6 估算氢原子抗磁矩 $|\mu| = \left| \dfrac{-\partial E_1^{(1)}}{\partial B} \right|$，$B$ 为磁场.

解 设氢原子处于均匀磁场中，磁场沿 z 轴方向，则 $A_x = -By/2, A_y = Bx/2$，$A_z = 0$，则

$$\hat{H} = \frac{1}{2\mu} \left[\left(\hat{p}_x - \frac{eB}{2c} y \right)^2 + \left(\hat{p}_y + \frac{eB}{2c} x \right)^2 + \hat{p}_z^2 \right] + U(\boldsymbol{r})$$

$$= \frac{1}{2\mu} \left[\hat{p}^2 + \frac{eB}{c} \hat{L}_z + \frac{e^2 B^2}{4c^2} (x^2 + y^2) \right] + U(\boldsymbol{r})$$

则微扰项为

$$\hat{h} = \frac{eB}{2\mu c} \hat{L}_z + \frac{e^2 B^2}{8\mu c^2} (x^2 + y^2)$$

$$= \frac{eB}{2\mu c}\hat{L}_z + \frac{e^2 B^2}{8\mu c^2} r^2 \sin^2\theta$$

$$E^{(1)} = \int \psi^*_{nlm} h \psi_{nlm} \mathrm{d}\tau$$

$$= \frac{eB\hbar m}{2\mu c} + \frac{e^2 B^2}{8\mu c^2} \int R_{nl}^2 r^4 \mathrm{d}r \int Y^*_{lm} Y_{lm} \sin^3\theta \mathrm{d}\theta \mathrm{d}\varphi$$

$$= \frac{eB\hbar m}{2\mu c} + \frac{e^2 B^2}{8\mu c} \overline{r^2} \cdot \overline{\sin^2\theta}$$

其中

$$\overline{r^2} = a^2 n^2 \left[5n^2 + 1 - 3l(l+1) \right]/2$$

$$\overline{\sin^2\theta} = 1 - \overline{\cos^2\theta} = 2(l^2 + l + m^2 - 1)\big/\left[(2l+3)(2l-1)\right]$$

故氢原子磁矩为

$$M = -\frac{\partial E^{(1)}}{\partial B} = -\frac{e\hbar m}{2\mu c} - \frac{eB}{4\mu c^2}\overline{r^2 \sin^2\theta}$$

其中 $-e\hbar m/(2\mu c)$ 是氢原子的永久磁矩，由电子的环绕电流产生. $-\left[eB/(4\mu c^2) \right]$ $\overline{r^2 \sin^2\theta}$ 为抗磁矩.

7-7 取高斯函数为试探函数($\psi(x) = A\mathrm{e}^{-bx^2}$)，试用变分法求出势 $V(x) = \alpha x^4$ 的基态能量的最优上限.

解 由题可知试探波函数为

$$\psi(x) = A\mathrm{e}^{-bx^2}$$

其中 b 为常数，A 由归一化确定

$$1 = |A|^2 \int_{-\infty}^{+\infty} \mathrm{e}^{-2bx^2} \mathrm{d}x = |A|^2 \sqrt{\frac{\pi}{2b}} \rightarrow A = \left(\frac{2b}{\pi}\right)^{\frac{1}{4}}$$

动能项

$$\langle T \rangle = -\frac{\hbar}{2m} A^2 \int_{-\infty}^{+\infty} \mathrm{e}^{-bx^2} \frac{\mathrm{d}^2}{\mathrm{d}x^2}(\mathrm{e}^{-bx^2})\mathrm{d}x = \frac{\hbar^2 b}{2m}$$

势能项

$$\langle V \rangle = \alpha A^2 \int_{-\infty}^{+\infty} x^4 \mathrm{e}^{-2bx^2} \mathrm{d}x = 2\alpha A^2 \int_0^{\infty} x^4 \mathrm{e}^{-2bx^2} \mathrm{d}x = 2\alpha A^2 \frac{3}{8(2b)^2}\sqrt{\frac{\pi}{2b}} = \frac{3\alpha}{16b^2}$$

$$\langle H \rangle = \langle T \rangle + \langle V \rangle = \frac{\hbar^2 b}{2m} + \frac{3\alpha}{16b^2}$$

求其$\langle H \rangle$的最小值(最优上限)

$$\frac{\mathrm{d}\langle H \rangle}{\mathrm{d}b} = \frac{\hbar^2}{2m} - \frac{3\alpha}{8b^3} = 0 \rightarrow b = \left(\frac{3m\alpha}{4\hbar^2}\right)^{1/3}$$

$$\langle H \rangle_{\min} = \frac{\hbar^2}{2m}\left(\frac{3m\alpha}{4\hbar^2}\right)^{1/3} + \frac{3\alpha}{16}\left(\frac{4\hbar^2}{3m\alpha}\right)^{2/3} = \frac{3}{4}\left(\frac{3\alpha^2\hbar^4}{4m^2}\right)^{1/3}$$

7-8 放置于电场 $E = \varepsilon(t)\hat{k}$ 中的氢原子, 如可将 E 视为微扰, 试计算 $H' = eEz$ 在基态$(n=1)$与四重简并的第一激发态$(n=2)$之间的四个矩阵元和 H'_{ij}.

解 氢原子基态和第一激发态的波函数分别为

$$\psi_{100} = \frac{1}{\sqrt{\pi a^3}}\mathrm{e}^{-r/a} = \varphi_0$$

$$\psi_{200} = \frac{1}{\sqrt{8\pi a^3}}\left(1 - \frac{r}{2a}\right)\mathrm{e}^{-r/2a} = \varphi_1$$

$$\psi_{211} = -\frac{1}{8\sqrt{\pi a^3}}\frac{r}{a}\mathrm{e}^{-r/2a}\sin\theta\mathrm{e}^{\mathrm{i}\varphi} = \varphi_2$$

$$\psi_{210} = \frac{1}{4\sqrt{2\pi a^3}}\frac{r}{a}\mathrm{e}^{-r/2a}\cos\theta = \varphi_3$$

$$\psi_{21-1} = \frac{1}{8\sqrt{\pi a^3}}\frac{r}{a}\mathrm{e}^{-r/2a}\sin\theta\mathrm{e}^{-\mathrm{i}\varphi} = \varphi_4$$

由题意知: $H' = -eEz$, 其中 $z = r\cos\theta$, 另外

$$r\sin\theta\mathrm{e}^{\pm\mathrm{i}\varphi} = r\sin\theta(\cos\varphi \pm \mathrm{i}\sin\varphi) = x \pm \mathrm{i}y$$

因此对这五个态 $|\varphi_i|^2$ 都是 z 的偶函数, 所以有

$$H'_{ii} = \langle\varphi_i|H'|\varphi_i\rangle = -eE(t)\int z|\varphi_i|^2\,\mathrm{d}x\mathrm{d}y\mathrm{d}z = 0$$

由于ψ_{100}与$\psi_{200}, \psi_{211}, \psi_{21-1}$都是 z 的偶函数, 所以ψ_{100}与$\psi_{200}, \psi_{211}, \psi_{21-1}$之间的矩阵元 H'_{ij} 为零. 只有ψ_{210}是 z 的奇函数$(r\cos\theta = z)$, 所以仅需求

$$H'_{100,210} = -eE\frac{1}{\sqrt{\pi a^3}}\frac{1}{\sqrt{32\pi a^3}}\frac{1}{a}\int \mathrm{e}^{-r/a}\mathrm{e}^{-r/2a}z^2\mathrm{d}^3r$$

$$= -\frac{eE}{4\sqrt{2}\pi a^4}\int \mathrm{e}^{-r/a}\mathrm{e}^{-r/2a}r^2\cos^2\theta r^2\sin\theta\mathrm{d}r\mathrm{d}\theta\mathrm{d}\varphi$$

$$= -\frac{eE}{4\sqrt{2}\pi a^4}\int_0^{+\infty}\mathrm{e}^{-3r/2a}r^4\mathrm{d}r\int_0^\pi\cos^2\theta\sin\theta\mathrm{d}\theta\int_0^{2\pi}\mathrm{d}\varphi$$

$$= -\frac{eE}{4\sqrt{2}\pi a^4}4!(2a/3)^5(2/3)(2\pi) = -\frac{2^8}{3^5\sqrt{2}}eEa$$

$$= -0.7449eEa$$

7-9 试用变分法求具有第二个电子，核电荷数为 Ze 的原子的基态能量，试探函数用

$$\psi(r_1, r_2) = \frac{\lambda^3}{\pi\alpha^3} e^{\frac{-\lambda' r_1}{\alpha}} e^{\frac{-\lambda' r_2}{\alpha}}$$

其中 r_1 和 r_2 分别是两个电子与原子核的距离，$\alpha = \frac{h^3}{me^2}$，$m$ 为电子的质量，e 为电子的电荷，λ' 为可调参数.

解 从题设公式可以看出，ψ 是一核电荷为 $Z'e$ 的类氢原子的两个基态波函数的乘积

$$\psi \equiv \psi_1 \psi_2 = \sqrt{\frac{\lambda'^3}{\pi a^3}} e^{-\frac{Z' r_1}{a}} \cdot \sqrt{\frac{\lambda'^3}{\pi a^3}} e^{-\frac{Z' r_2}{a}} \tag{1}$$

于是，用下列记号：

$$H_i = -\frac{\hbar^2}{2m}\left(\frac{\partial^2}{\partial x_i^2} + \frac{\partial^2}{\partial y_i^2} + \frac{\partial^2}{\partial z_i^2}\right) - \frac{\lambda' e^2}{r_i}, \quad i = 1, 2 \tag{2}$$

我们有

$$H_i \psi_i = -(\lambda')^2 E_H, \quad E_H = \frac{me^4}{2\hbar^2} = 13.53 \text{eV} \tag{3}$$

由(3)式可得出，如果 E 是其任意解，在零级近似下，对应的波函数为

$$\psi_n = \sum_{k=1}^{f} \alpha_k \varphi_{nk}$$

式中 φ_{nk} 是 H_0 的能量为 $E_N^{(0)}$ 的 5 个不同(简并)本征函数的集合函数，α_k 是 5 个齐次代数方程组

$$\sum_{k=1}^{f} (H_{ik}^{(n)} - E\delta_i)\alpha_k = 0, \quad k = 1, 2, \cdots, f$$

由此式不难得出

$$E_0 = \min\int \psi^* \left[-\frac{\hbar^2}{2m}(\varDelta_1 + \varDelta_2) - Ze^2\left(\frac{1}{r_1} + \frac{1}{r_2}\right) + \frac{e^2}{r_{12}}\right]\psi d\tau$$

$$= \min\left[-2\lambda'^2 E_H + (\lambda' + \lambda)e^2 \int \psi^*\left(\frac{1}{r_1} + \frac{1}{r_2}\right)\psi d\tau + \int \psi^* \frac{e^2}{r_{12}}\psi d\tau\right] \quad (d\tau = dr_1, dr_2) \tag{4}$$

(4)式中的第一个积分可以写为

$$\int \psi^*\left(\frac{1}{r_1} + \frac{1}{r_2}\right)\psi d\tau = 2\int \frac{\psi_1^2}{r_1} dr_1 = \frac{4\lambda' E_H}{e^2}$$

由第二个积分可得

$$\int \psi^* \frac{e^2}{r_{12}} \psi \, \mathrm{d}\tau = \frac{5}{4} \lambda' E_\mathrm{H}$$

从而

$$E_0 = \min\left[-2\lambda'^2 + \frac{5}{4}\lambda' + 4\lambda'(\lambda' - \lambda)\right] E_\mathrm{H}$$

当 $\lambda' = \lambda - \dfrac{5}{16}$ 时，获得最小值，于是

$$E_0 = -2\left(\lambda - \frac{5}{16}\right)^2 E_\mathrm{H} \tag{5}$$

由(5)式得到的数值结果与实验数据对比表明，在此情况下，变分法比一级微扰给出更好的结果.

参 考 文 献

波戈留波夫, 等. 1966. 量子场论导引(中译本)[M]. 董明德译. 北京: 科学出版社.

大栗博司. 2015. 超弦理论: 时间、空间及宇宙之本质[M]. 逸宁译. 北京: 人民邮电出版社.

范洪义. 2001. 量子力学纠缠态表象及应用[M]. 上海: 上海交通大学出版社.

关洪. 1997. 量子力学基础[M]. 北京: 高等教育出版社.

华罗庚. 1963. 高等数学引论[M]. 北京: 科学出版社.

喀兴林. 2001. 高等量子力学[M]. 北京: 高等教育出版社.

马中骐, 戴安英, 1988. 群论及其在物理中的应用[M]. 北京: 北京理工大学出版社.

彭承志, 潘建伟. 2016. 量子科学实验卫星——"墨子号"[J]. 中国科学院院刊, 31(9): 1096G1104.

钱伯初. 2006. 量子力学[M]. 北京: 高等教育出版社.

山卡. 2007. 量子力学原理[M]. 北京: 世界图书出版公司.

苏汝铿, 等. 2002. 量子力学[M]. 2 版. 北京: 高等教育出版社.

吴大猷. 1984. 量子力学(甲部)[M]. 北京: 科学出版社.

熊飞, 潘红星, 张辉, 等. 2011. 溅射沉积自诱导混晶界面与 Ge 量子点的生长研究[J]. 物理学报,
60(8): 088102.

熊飞, 杨杰, 张辉, 等. 2012. 原子轰击调制离子束溅射沉积 Ge 量子点的生长演变[J]. 物理学报,
61(21): 218101.

徐光宪. 1956. 研究简报———个新的电子能级分组法[J]. 化学学报, 22(1): 80-82.

尹鸿钧. 1999. 量子力学[M]. 北京: 中日科学技术大学出版社.

曾春华, 张春, 马琨. 2014. 对工科物理教学改革的探讨[J]. 云南大学学报(自然科学版), 36(S2):
183-186.

曾谨言. 2003. 量子力学教程[M]. 北京: 科学出版社.

曾谨言. 2003. 量子物理学百年回顾[J]. 物理, 32(10): 665-672.

曾谨言. 2013. 量子力学: 卷 I[M]. 北京: 科学出版社.

张三慧. 2000. 量子物理[M]. 北京: 清华大学出版社.

张永德. 2015. 量子力学[M]. 3 版. 北京: 科学出版社.

赵凯华, 罗蔚茵. 2008. 新概念物理教程: 量子物理[M]. 2 版. 北京: 高等教育出版社.

周凌云, 吕家鸿. 1987. 关于一维相对论振子[J]. 数学物理学报, 7(4): 101-106.

周凌云. 1989. 固体物理的量子力学基础[M]. 重庆: 重庆大学出版社.

周凌云. 1991. 一个线性热传导方程的导出[C]. 第五届国际材料物理会议.

周凌云. 1993. DNA 分子在激光作用下的混沌行为研究[J]. 原子与分子物理快报, (2): 2723-2729.

周凌云. 1993. 非谐振子的相对论性能及其基态微扰级数发散佯谬问题[J]. 数学物理学报, 13(2):
172-176.

周凌云. 2000. 非线性物理理论及应用[M]. 北京: 科学出版社.

周凌云. 2001. 孤立子理论及在物理学和生物学中的应用[M]. 昆明: 云南出版社.

周世勋. 1979. 量子力学教程[M]. 北京: 人民教育出版社.

朱洪元. 1960. 量子场论[M]. 北京: 科学出版社.

Abbott B P, Abbott R, Abbott T D, et al. 2016. Observation of gravitational waves from a binary black hole merger[J]. Physical Review Letters, 116(6): 061102.

Bender C M, Wu T T. 1969. Anharmonic oscillator[J]. Physical Review, 184(5): 1231.

Bohr N. 1935. Can quantum-mechanical description of physical reality be considered complete? [J] Physical Review, 48(8): 696.

Charles K, Fong C Y. 1963. Quantum Theory of Solids[J]. New York: Wiley.

Einstein A, Podolsky B, Rosen N. 1935. Can quantum-mechanical description of physical reality be considered complete? [J]Physical Review, 47(10): 777.

Flügge S. 1981. 实用量子力学[M]. 北京: 人民教育出版社.

Flügge S. 1999. Practical Quantum Mechanics[M]. Heidelberg: Springer-Velag.

Gencraliaed P A M. 1986. Coheraliaed States and Their Applications[M]. Berlin: Springer-Verlag.

Gubser S S. 2008. 弦理论[M]. 季燕江译. 重庆: 重庆大学出版社.

Itzyksonc C, Zuber J B. 1980. Quantum Field Theory[M]. New York: Mc Graw-Hill Inc.

Li D Y, Li K Z, Xu R D, et al. 2017. $Ce_{1-x}Fe_xO_{2-\delta}$ catalysts for catalytic methane combustion: Role of oxygen vacancy and structural dependence[J]. Catalysis Today, https://doi.org/10.1016/j.cattod.2017.12.015.

Lu C Q, Lia K Z, Wang H, et al. 2018. Chemical looping reforming of methane using magnetite as oxygen carrier: Structure evolution and reduction kinetics[J]. Applied Energy, 211: 1-14.

Luo H C, Tian D, Zeng C H, et al. First-principles study the behavior of oxygen vacancy on the surface of ZrO_2 and $Zr_{0.97}M_{0.03}O_2$[J]. Computational Condensed Matter, 2017, 11: 1-10.

Lurie D. 1981. Particles and Field[M]. Viley, 1969(中译本. 董明德等译, 科学出版社).

Messiah A. 1962. Quantum Mechanics[M]. Amsterdam: North-Holland Publishing Company.

Mittleman M H. 2013. Introduction to the Theory of Laser-Atom Inyeractions[M]. New York: Plenum Press.

Nagaosa N. 1999. Quantum Field Theory in Condensed Matter Physics[M]. Heidelberg: Springer.

Tian D, Li K Z, Zeng C H, et al. 2018. DFT insight into the oxygen vacancies formation and methane activation over CeO_2 surfaces modified by transition metals (Fe, Co and Ni)[J]. Physical Chemistry Chemical Physics, 20(17): 11912-11929.

Tian D, Zeng C H, Fu Y C, et al. 2016. A DFT study of the structural, electronic and optical properties of transition metal doped fluorite oxides: $Ce_{0.75}M_{0.25}O_2$(M=Fe, Co, Ni)[J]. Solid State Communications, 231-232: 68-79.

Tian D, Zeng C H, Wang H, et al. 2017. Effect of transition metal Fe absorption on CeO_2 (110) surface in the methane activation and oxygen vacancy formation: A density functional theory study[J]. Applied Surface Science, 416: 547-564.

Tian D, Zeng C H, Wang H. et al. 2016. Performance of cubic ZrO_2 doped CeO_2: First-principles investigation on elastic, electronic and optical properties of $Ce_{1-x}Zr_xO_2$[J]. Journal of Alloys and Compounds, 671: 208-219.

Tsvelik A M. 2003. Theory in Condensed Matter Physics[M]. 2nd ed. Cambridge: Cambridge

University Press.

Xiang C, Tan H L, Lu J S, et al. 2015. Effect of O_2 on reduction of NO_2 with CH_4 over gallium-modified $ZnAl_2O_4$ spinel-oxide catalyst by first principle analysis[J]. Applied Surface Science, 349: 138-146.

Xiong F, Yang T, Song Z N, et al. 2013. Density behavior of Ge nanodots self-assembled by ion beam sputtering deposition[J]. Chinese Physics B, 22(5): 058104.

Xiong F, Zhang H, Jiang Z M, et al. 2008. Transverse laser-induced thermoelectric voltage in tilted $La_{2-x}Sr_xCuO_4$ thin films[J]. Journal of Applied Physics, 104(5): 053118.

Zeng C H, Gong A L, Xie C W, 2011. Dynamical properties of an asymmetric bistable system with quantum fluctuations in the strong-friction limit[J]. Open Physics, 9(1): 198-204.

Zeng C H, Wang H, Hu J H. 2011. Escape of Brownian particles and stochastic resonance with low-temperature quantum fluctuations[J]. Science China Physics, Mechanics and Astronomy, 54(8): 1388-1393.

Zhang H L, Chun Z, Zeng C H, et al. 2015. The properties of shuffle screw dislocations in semiconductors silicon and germanium[J]. The Open Materials Science Journal, 9(1): 10-13.

Zheng Y, Li K Z, Wang H, et al. 2016. Structure dependence and reaction mechanism of CO oxidation: A model study on macroporous CeO_2 and CeO_2-ZrO_2 catalysts[J]. Journal of Catalysis, 344: 365-377.

Zhou L Y, 1993. A study of weak laser-DNA molecule interactio and its chaotic behaviour[J]. Chinese Physics Letters, 10(7): 441.

Zhu X, Shi C Z, Li K Z, et al. 2017. Water splitting for hydrogen generation over lanthanum-calcium-iron perovskite-type membrane driven by reducing atmosphere[J]. International Journal of Hydrogen Energy, 42(31): 19776-19787.

附录 I 谐振子能级及波函数

由一维谐振子的定态薛定谔方程,通过变量变换后可化为式(3-40)的形式. 据 3.4 节的简单分析可知,式(3-40)的解,可写为下述形式,此即 $\psi(\xi) = H(\xi)\mathrm{e}^{-\xi^2/2}$.

将之代入式(3-40)可得关于 $H(\xi)$ 的方程(称为厄密方程)

$$\frac{\mathrm{d}^2 H(\xi)}{\mathrm{d}\xi^2} - 2\xi \frac{\mathrm{d}H(\xi)}{\mathrm{d}\xi} + (\lambda - 1)H(\xi) = 0 \qquad (\text{I}\text{-}1)$$

用级数法来求解方程(I-1),令

$$H(\xi) = \sum_{k=0}^{\infty} a_k \xi^k \qquad (\text{I}\text{-}2)$$

代入(I-1),比较同幂项系数可得 a_k 间递推关系

$$a_{k+2} = \frac{2k - (\lambda - 1)}{(k+2)(k+1)} a_k, \quad k = 0,1,2,\cdots \qquad (\text{I}\text{-}3)$$

用此式即可由 a_0 算出所有偶次幂项系数,由 a_1 算出所有奇次幂项系数. 一般解可表示为

$$H(\xi) = a_0 \left[1 - \frac{1-\lambda}{2!}\xi^2 + \frac{(1-\lambda)(5-\lambda)}{4!}\xi^4 + \cdots \right]$$
$$+ a_1 \xi \left[1 - \frac{3-\lambda}{3!}\xi^2 + \frac{(3-\lambda)(7-\lambda)}{5!}\xi^4 + \cdots \right]$$

分别选取 a_0 和 a_1 为零,即可分别得到两个线性无关解. 但这两个无穷级数解,均不能满足波函数的标准条件. 因为, $H(\xi)$ 高次项之比为: $a_{k+2}/a_k \to 2/k$,而 e^{ξ^2} 的泰勒展开 $\sum_{k=0}^{\infty} \xi^{2m}/m!$ 的高次项系数之比也是 $(k/2)!/(k/2+1)! \to 2/k$. 这就是说,当 $|\xi| \to \infty$ 时,其一解为 $a_0 \left[1 - \frac{1-\lambda}{2!}\xi^2 + \cdots\right] \sim \mathrm{e}^{\xi^2}$,而另一解为 $a_1 \xi \left[1 - \frac{3-\lambda}{3!}\xi^2 + \cdots\right] \sim \xi \mathrm{e}^{\xi^2}$.

这样,其相应的波函数 ψ 在 $\xi \to \pm\infty$ 时均不是有限的. 为满足波函数标准条件,必须使二无穷级数中断为多项式. 设 $H(\xi)$ 的最高次项为 ξ^n,为使 ξ^{n+2} 项的系数 a_{n+2} 为零,由式(I-3)知,必须 $\lambda = 2n+1$. 由 3.4 节的式(3-39),即得谐振子能级公式为

$$E_n = \left(n + \frac{1}{2}\right)\hbar\omega, \quad n = 0,1,2,\cdots$$

而其相应的波函数为 $\psi_n = N_n \mathrm{e}^{-\xi^2/2} H_n(\xi)$. $H_n(\xi)$ 用下法求得，将 $\lambda = 2n+1$ 代入式(Ⅰ-1)，即得

$$\frac{\mathrm{d}^2 H_n}{\mathrm{d}\xi^2} - 2\xi\frac{\mathrm{d}H_n}{\mathrm{d}\xi} + 2nH_n = 0 \qquad (Ⅰ\text{-}4)$$

令 $u = \mathrm{e}^{-\xi^2}$，则 $\dfrac{\mathrm{d}u}{\mathrm{d}\xi} = -2\xi u$，用微分学的莱布尼茨公式得

$$\frac{\mathrm{d}^{n+2}}{\mathrm{d}\xi^{n+2}}u = -2\xi\frac{\mathrm{d}^{n+1}}{\mathrm{d}\xi^{n+1}}u - 2(n+1)\frac{\mathrm{d}^n}{\mathrm{d}\xi^n}u \qquad (Ⅰ\text{-}5)$$

如以 $\dfrac{\mathrm{d}^n}{\mathrm{d}\xi^n}u = (-1)^n \mathrm{e}^{-\xi^2} H_n(\xi)$ 代入式(Ⅰ-5)，即得方程(Ⅰ-4). 这就是说 $(-1)^n \mathrm{e}^{\xi^2}\dfrac{\mathrm{d}^n}{\mathrm{d}\xi^n}u$ 是式(Ⅰ-4)的解，表示为

$$H_n(\xi) = (-1)^n \mathrm{e}^{\xi^2}\frac{\mathrm{d}^n}{\mathrm{d}\xi^n}\mathrm{e}^{-\xi^2} \qquad (Ⅰ\text{-}6)$$

以 $n = 0,1,2$ 代入式(Ⅰ-6)，即得最简单的三个厄密多项式：$H_0(\xi) = 1$，$H_1(\xi) = 2\xi$，$H_2(\xi) = (4\xi^2 - 2)$. 波函数 $\psi_n(\xi) = N_n \mathrm{e}^{-\xi^2/2}H_n(\xi)$，以下确定归一化系数.

$$\frac{1}{N_n^2} = \frac{1}{\alpha}\int_{-\infty}^{\infty}\mathrm{e}^{-\xi^2}H_n^2(\xi)\mathrm{d}\xi = \frac{(-1)^n}{\alpha}\int_{-\infty}^{\infty}H_n(\xi)\frac{\mathrm{d}^n}{\mathrm{d}\xi^n}(\mathrm{e}^{-\xi^2})\mathrm{d}\xi$$

此式用了式(3-39)及式(Ⅰ-6). 现对此式连续施行 n 次分部积分，即有

$$\frac{1}{N_n^2} = \frac{(-1)^n}{\alpha}H_n\frac{\mathrm{d}^n \mathrm{e}^{-\xi^2}}{\mathrm{d}\xi^{n-1}}\Big|_{\xi=-\infty}^{\xi=+\infty} - \frac{(-1)^n}{\alpha}\int_{-\infty}^{\infty}\left(\frac{\mathrm{d}}{\mathrm{d}\xi}H_n\right)\frac{\mathrm{d}^{n-1}\mathrm{e}^{-\xi^2}}{\mathrm{d}\xi^{n-1}}\cdot\mathrm{d}\xi$$

$$= \frac{(-1)^{n+1}}{\alpha}\int_{-\infty}^{\infty}\left(\frac{\mathrm{d}H_n}{\mathrm{d}\xi}\right)\left(\frac{\mathrm{d}^{n-1}}{\mathrm{d}\xi^{n-1}}\mathrm{e}^{-\xi^2}\right)\mathrm{d}\xi = \cdots = \frac{1}{\alpha}\int_{-\infty}^{\infty}\left(\frac{\mathrm{d}^n}{\mathrm{d}\xi^n}H_n\right)\mathrm{e}^{-\xi^2}\mathrm{d}\xi \quad (Ⅰ\text{-}7)$$

由式(Ⅰ-6)知 $H_n(\xi)$ 中最高次项 ξ^n 的系数是 2^n，此因 $\mathrm{e}^{-\xi^2}$ 对 ξ 微商一次得一个 (-2ξ)，n 次即得 $(-2\xi)^n$，n 次微商后还有 $n!$ 这个系数，故有

$$\frac{1}{N_n^2} = \frac{2^n n!}{\alpha}\int_{-\infty}^{\infty}\mathrm{e}^{-\xi^2}\mathrm{d}\xi = 2^n n!\frac{\sqrt{\pi}}{\alpha}$$

$$N_n = \left(\frac{\alpha}{2^n n!\sqrt{\pi}}\right)^{\frac{1}{2}} \qquad (Ⅰ\text{-}8)$$

此外，由式(Ⅰ-5)及式(Ⅰ-6)不难得到递推公式

$$H_{n+1}(\xi) - 2\xi H_n(\xi) + 2nH_{n-1}(\xi) = 0 \qquad (Ⅰ\text{-}9)$$

由此公式，不难得到振子坐标位置的矩阵元

$$x_{kn} = \int\psi_k^* x\psi_n\mathrm{d}x = \sqrt{\frac{\hbar}{2\mu\omega}}(\sqrt{n}\delta_{k,n-1} + \sqrt{n+1}\delta_{k,n+1})$$

附录Ⅱ　氢原子薛定谔方程的解

由 4.1 节及 4.2 节知，对氢原子薛定谔方程的求解，主要就变为对方程(4-16)和方程(4-11′)的求解. 现分别对这两个方程的解进行讨论.

一、勒让德函数

先讨论方程(4-16)中 $m=0$ 时的特殊情况，即

$$\frac{\mathrm{d}}{\mathrm{d}\xi}\left[(1-\xi^2)\frac{\mathrm{d}P}{\mathrm{d}\xi}\right]+\lambda P=0 \qquad (\text{Ⅱ-1})$$

令 $P=\sum_k C_k\xi^k$，将它代入式(Ⅱ-1)，比较同幂项系数得

$$C_{k+2}=\frac{k(k+1)-\lambda}{(k+1)(k+2)}C_k \qquad (\text{Ⅱ-2})$$

由此式知，任何偶次幂项系数均可由 C_0 求得，而奇次幂项系数由 C_1 求得. 这样，即可得两线性无关解：一为奇次幂级数解 $y_1(\xi)$，一为偶次幂级数解 $y_2(\xi)$. 当 $k\to\infty$ 时，均有 $C_{k+2}/C_k\to 1-2/k$，此与 $\ln(1-\xi^2)$ 的泰勒展开式的相邻高幂次项系数之比相同. 因此，当 $|\xi|\to 1$ 时，$y_1(\xi)$ 与 $y_2(\xi)$ 均趋于 ∞，均不满足波函数的有界条件. $P=\sum_k C_k\xi^k$ 的级数只能中断为多项式. 设 $k=l$ 时中断，即得 $\lambda=l(l+1)$.

通常规定此多项式最高幂次 ξ^l 的系数为 $C_l=\dfrac{(2l)!}{2^l(l!)^2}$，即得勒让德多项式

$$\mathrm{P}_l(\xi)=\sum_{k=0}^{[l/2]}\frac{(2l-2k)!}{2^l\cdot k!(l-k)!(l-2k)!}\xi^{l-2k} \qquad (\text{Ⅱ-3})$$

其中 $\left[\dfrac{l}{2}\right]$ 代表不大于 $l/2$ 的最大整数. $\mathrm{P}_l(\xi)$ 的微分形式为 $\mathrm{P}_l(\xi)=\dfrac{1}{2^l l!}\dfrac{\mathrm{d}^l}{\mathrm{d}\xi^l}(\xi^2-1)^l$，这是不难验证的.

对于 $m\neq 0$ 的情况，即为方程(4-16)，可写为

$$(1-\xi^2)\frac{\mathrm{d}^2 P(\xi)}{\mathrm{d}\xi^2}-2\xi\frac{\mathrm{d}P(\xi)}{\mathrm{d}\xi}+\left(\lambda-\frac{m}{1-\xi^2}\right)P(\xi)=0 \qquad (\text{Ⅱ-4})$$

为使解 $P(\xi)$ 在 $|\xi|\leqslant 1$ 范围内有界，令其解为

$$P(\xi)=(1-\xi^2)^{\frac{1}{2}|m|}y(\xi) \qquad (\text{Ⅱ-5})$$

将之代入式(Ⅱ-4)，即得关于 $y(\xi)$ 的方程

$$(1-\xi^2)y'' - 2(m+1)\xi y' + [l(l+1) - m(m+1)]y = 0 \qquad (Ⅱ-6)$$

如将方程(Ⅱ-1)对 ξ 求 $|m|$ 次导数，即得

$$(1-\xi^2)\left(\frac{d^{|m|}}{d\xi^{|m|}}P_l\right)'' - 2(m+1)\xi\left(\frac{d^{|m|}}{d\xi^{|m|}}P_l\right)' + [l(l+1) - m(m+1)]\frac{d^{|m|}}{d\xi^{|m|}}P_l = 0$$

此与方程(Ⅱ-6)一致，这说明 $y(\xi)$ 应为

$$y(\xi) = \frac{d^{|m|}}{d\xi^{|m|}}P_l(\xi)$$

代入式(Ⅱ-5)即得方程(4-16)的解为

$$P(\xi) = (1-\xi^2)^{\frac{1}{2}|m|}\frac{d^{|m|}}{d\xi^{|m|}}P_l(\xi)$$

由于 $P_l(\xi)$ 为 l 次多项式，故 $|m| \leqslant 1$。用分部积分法可得其归一化常数。归一化的 $P(\xi)$ 表示为

$$P_l^{|m|}(\xi) = \sqrt{\frac{(l-|m|)!(2l+1)}{(l+|m|)!2}}(1-\xi^2)^{\frac{1}{2}|m|}\frac{d^{|m|}}{d\xi^{|m|}}P_l(\xi)$$

$P_l^{|m|}(\xi)$ 称为缔合勒让德函数。由此即得角度部分的波函数 $Y_{lm}(\theta,\varphi) = \sqrt{\dfrac{(l-|m|)!(2l+1)}{(l+|m|)!4\pi}}$

$P_l^{|m|}(\cos\theta)e^{im\varphi}$。此波函数的正交性，可归结为 $P_l^{|m|}$ 的正交性，由方程(Ⅱ-4)出发，可证明 $\int_{-1}^{+1}P_l^{|m|}(\xi)P_k^{|m|}(\xi) = \delta_{kl}$。

二、径向方程的解

为简化方程(4-11′)，将 $R(r) = u(r)/r$ 代入式(4-11′)，得到一个关于 $u(r)$ 的方程

$$\frac{d^2u}{dr^2} + \left\{\frac{2\mu}{\hbar^2}\left[E + \frac{e_0^2}{r} - \frac{l(l+1)}{r^2}\right]\right\}u = 0 \qquad (Ⅱ-7)$$

现仅讨论 $E < 0$ 的情况，为进一步简化方程，令 $\alpha' = (8\mu|E|/\hbar^2)^{\frac{1}{2}}$，$\beta = 2\mu e_0^2/\alpha\hbar^2$ 及 $\rho = \alpha'r$，则式(Ⅱ-7)简化为

$$\frac{d^2u}{d\rho^2} + \left[\frac{\beta}{\rho} - \frac{1}{4} - \frac{l(l+1)}{\rho^2}\right]u = 0 \qquad (Ⅱ-8)$$

先观察此方程的渐进行为，当 $\rho \to \infty$ 时方程变为

$$\frac{d^2 u}{d\rho^2} - \frac{1}{4}u = 0 \tag{Ⅱ-9}$$

此方程之解为 $u(\rho) = e^{\pm\rho/2}$ (即为式(Ⅱ-7)之渐近解), 而 $u(\rho) = e^{+\rho/2}$ 不满足标准条件, 故舍去. 由此可取方程(Ⅱ-8)的解为下述形式:

$$u(\rho) = e^{-\rho/2} f(\rho) \tag{Ⅱ-10}$$

将式(Ⅱ-10)代入方程(Ⅱ-8), 可得关于 $f(\rho)$ 的方程

$$\frac{d^2 f}{d\rho^2} - \frac{df}{d\rho} + \left[\frac{\beta}{\rho} - \frac{l(l+1)}{\rho^2}\right] f = 0 \tag{Ⅱ-11}$$

设其解为 $f(\rho) = \rho^\nu \sum_{k=0}^{\infty} b_k \rho^k$ (此 ν 为正整数), 将之代入式(Ⅱ-11), 比较同幂项系数, 可得

$$b_{k+1} = \frac{k + \nu - \beta}{(k+\nu+1)(k+\nu) - l(l+1)} b_k \tag{Ⅱ-12}$$

当 $k \to \infty$ 时, $b_{k+1}/b_k \to 1/k$, 此与 $e^\rho = \sum_{k=0}^{\infty} \rho^k/k!$ 的相邻项系数之比相同, 故当 $\rho \to \infty$ 时, 级数 $\rho^\nu \sum_{k=0}^{\infty} b_k \rho^k$ 是发散的. 此与波函数标准条件相违, 因此该级数必须中断为多项式.

由式(Ⅱ-12)知, 如在某项中断, 即有 $k + \nu - \beta = 0$, 令此 $k = n_r$. 且因 b_k 由 $k = 0$ 开始, 即 $b_{-1} = 0$, 则由式(Ⅱ-12)得 $[(-1+\nu+1)(-1+\nu) - l(l+1)]b_0 = 0$, 而 $b_0 \neq 0$, 即有 $(\nu-1)\nu = l(l+1)$, 此有两根 $(l+1)$ 及 $-l$, 但 $\nu > 0$, 故取 $\nu = l+1$. 如此, 即得 $\beta = n_r + l + 1$. 再由 β 与 E 的关系, 可得氢原子能级(能量本征值). 下面再讨论径向波函数问题.

由上述讨论知, 要知 $R(r)$ 得先求出 $f(\rho)$. 而 $f(\rho)$ 为一多项式, 表示为 $f(\rho) = \rho^{(l+1)} \sum_{k=0}^{(n-l-1)} b_k \rho^k$. 又由式(Ⅱ-12)知, 只要 b_0 给定, 则其他系数均可确定, 而 b_0 可通过归一化而定出. 这样, 此一多项式就可确定, 常表示为

$$f(\rho) = b_0 \rho^{(l+1)} L_{n+1}^{2l+1}(\rho) \tag{Ⅱ-13}$$

$L_{n+1}^{2l+1}(\rho)$ 称为缔合拉盖尔多项式. 它又可表示为 $L_{n+1}^{2l+1}(\rho) = \frac{d^{(2l+1)}}{d\rho^{(2l+1)}} L_{n+l}(\rho)$. 此 $L_{n+1}(\rho)$ 称为拉盖尔多项式. 如将式(Ⅱ-13)代入方程(Ⅱ-11)中, 可得关于 L_{n+1} 的方程

$$\rho L''_{n+l}(\rho) + (2l + 2 - \rho) L'_{n+l}(\rho) + n L_{n+1}(\rho) = 0 \tag{Ⅱ-14}$$

不难证明，$L_{n+1}(\rho) = e^{\rho} \dfrac{d^{n+l}}{d\rho^{n+l}}(e^{-\rho}\rho^{n+1})$ 满足(Ⅱ-14)，此式就是拉盖尔多项式的微分形式. 这样，就得到径向波函数 $R(r)$

$$R_{nl} = N_{nl}e^{-\alpha/r}(\alpha'r)^l L_{n+l}^{2l+1}(\alpha'r) \qquad\qquad (\text{Ⅱ-15})$$

N_{nl} 为归一化常数，其为 $N_{nl} = -\left\{ \alpha'^3 \dfrac{(n-l-1)}{2n[(n+l)!]^3} \right\}^{\frac{1}{2}}$.

根据此式及积分学公式 $\displaystyle\int_{-\infty}^{\infty} uv^{(n)}\,dx = (-1)^n \int_{-\infty}^{\infty} u^{(n)}v\,dx$，亦可得

$$\overline{r^{-1}} = \frac{1}{n^2}\left(\frac{1}{a_0}\right), \qquad \overline{r} = \frac{a_0}{2}\left[3n^2 - l(l+1)\right]$$

$$\overline{r^{-2}} = \frac{1}{n^3\left(l+\dfrac{1}{2}\right)}\left(\frac{1}{a_0}\right)^2, \qquad \overline{r^2} = \frac{a_0^2}{2}n^2\left[5n^2+1-3l(l+1)\right]\cdots$$

式中 a_0 为玻尔半径.

附录Ⅲ 积分变换、δ函数、特殊函数简介

一、积分变换(傅里叶变换、拉普拉斯变换)

仅为便于读者阅读本书正文所需，特对积分变换之傅里叶变换及拉普拉斯变换作简要介绍.

1. 傅里叶变换

傅里叶积分定理告之，若 $f(t)$ 在 $(-\infty, \infty)$ 上满足：①在任一有限区间上满足连续或只有有限个第一类间断点且在有限个极值点；②在 $(-\infty, \infty)$ 上绝对可积(此二条件即是狄利克雷条件)；此外 $f(t)$ 在无限区间 $(-\infty, \infty)$ 上绝对可积，则有

$$f(t) = \frac{1}{2\pi} \int_{-\infty}^{\infty} \left[\int_{-\infty}^{\infty} f(\tau) \mathrm{e}^{-\mathrm{j}\omega\tau} \mathrm{d}\tau \right] \mathrm{e}^{\mathrm{j}\omega\tau} \mathrm{d}\omega \qquad (\text{Ⅲ-1})$$

成立，而左端之 $f(t)$ 在它的间隔点 t 处，应以 $\dfrac{f(t+0) + f(t-0)}{2}$ 代之. 亦可将式(Ⅲ-1)写为三角函数形式.

若函数 $f(t)$ 满足傅里叶积分定理的条件，则在 $f(t)$ 连续点处，从式(Ⅲ-1)出发，并设

$$G(\omega) = \int_{-\infty}^{\infty} f(t) \mathrm{e}^{-\mathrm{j}\omega t} \mathrm{d}t \qquad (\text{Ⅲ-2})$$

则由式(Ⅲ-2)，$f(t)$ 可写为

$$f(t) = \frac{1}{2\pi} \int_{-\infty}^{\infty} G(\omega) \mathrm{e}^{\mathrm{j}\omega t} \mathrm{d}\omega \qquad (\text{Ⅲ-3})$$

由式(Ⅲ-2)和式(Ⅲ-3)可看出 $f(t)$ 和 $G(\omega)$ 通过积分可相互表达. 式(Ⅲ-3)称为 $f(t)$ 的傅里叶变换式，可写为 $G(\omega) = F[f(t)]$，$G(\omega)$ 称为 $f(t)$ 的像函数，式(Ⅲ-3)称为 $G(\omega)$ 的傅里叶逆表达式. $f(t) = F^{-1}[G(\omega)]$，叫做 $G(\omega)$ 的像原函数. 式(Ⅲ-2)称为 $f(t)$ 的傅里叶变换. 式(Ⅲ-3)右端的积分运算称为 $G(\omega)$ 的傅里叶逆变换. $G(\omega)$ 和 $f(t)$ 是一个傅里叶变换对.

可用傅里叶变换的内容甚广，这里只讲一个在量子力学中应用较多的 δ 函数. δ 函数的傅里叶变换对为 $G(\omega) = F[\delta(t)]$.

下面简介积分变换的另一内容：拉普拉斯变换.

2. 拉普拉斯变换

傅里叶变换的一前提条件是, 该函数要在 $(-\infty, \infty)$ 内绝对可积, 但绝对可积条件对许多函数是不满足的, 最普遍的如单位函数、正弦函数、余弦函数及线性函数等都不满足此条件. 另外, 可进行傅里叶变换的函数还需在整个数轴上有定义, 这在一些实际应用上是无法满足的. 这使傅里叶变换有很大的应用局限性, 为克服傅里叶变换的这些"缺点". 人们就想到是否用一个单位函数 $u(t)\left(= \begin{cases} 0, t < 0 \\ 1, t \geqslant 0 \end{cases}\right)$ 乘上任一个函数 $\varphi(t)$, 使其积分区间由 $(-\infty, \infty)$ 换成 $(0, +\infty)$ 再乘上 $\mathrm{e}^{-\beta t}\,(\beta > 0)$, 使之可积, 即

$$\varphi(t)u(t)\mathrm{e}^{-\beta t}, \quad \beta > 0$$

只要 β 选得恰当, 一般说来此函数的傅里叶变换总是存在的. 对 $\varphi(t)u(t)\mathrm{e}^{-\beta t}$ 取傅里叶变换就得到拉普拉斯变换.

拉普拉斯变换的定义, 设函数 $f(t)$ 当 $t \geqslant 0$ 时有定义, 且积分 $\int_0^\infty f(t)\mathrm{e}^{-st}\,\mathrm{d}t$ (s 是一复参量), 在 s 的某一域内收敛, 则此积分所确定之函数 $F(s) = \int_0^\infty f(t)\mathrm{e}^{-st}\,\mathrm{d}t$ 就称为 $f(t)$ 的拉普拉斯变换, 表示为 $F(s) = L[f(t)]$. 若 $F(s)$ 是 $f(t)$ 的拉普拉斯变换, 则称 $f(t)$ 是 $F(s)$ 的拉普拉斯逆变换, 记为 $f(t) = L^{-1}[F(s)]$.

以单位函数 $u(t) = \begin{cases} 0, t < 0 \\ 1, t \geqslant 0 \end{cases}$ 为例, 其中 $L[u(t)] = \int_0^\infty \mathrm{e}^{-st}\,\mathrm{d}t$ 积分可得

$$L[u(t)] = \frac{1}{s}, \quad \mathrm{Re}(s) > 0$$

二、δ 函数

δ 函数不是普通意义下的函数, 它可定义为下列函数的极限:

$$\delta_\varepsilon(x) = \begin{cases} 0, & x < 0 \\ \dfrac{1}{\varepsilon}, & 0 \leqslant x \leqslant \varepsilon \\ 0, & x > \varepsilon \end{cases} \tag{III-4}$$

δ 函数即为 $\delta(x) = \lim\limits_{\varepsilon \to 0} \delta_\varepsilon(x)$. 所以 δ 函数又可表示为: $\delta(0) = \infty$; $x \neq 0$ 时 $\delta(x) = 0$. 显然 $\lim\limits_{\sigma \to 0} \dfrac{1}{\pi} \dfrac{\sigma}{x^2 + \sigma^2}$ 是 δ 函数. 不难证明 δ 函数有下述性质:

(1) $\displaystyle\int_{-\infty}^{\infty}\delta(x)\mathrm{d}x=\lim_{\varepsilon\to0}\int_{0}^{\varepsilon}\frac{1}{\varepsilon}\mathrm{d}x=1$. 如 $\displaystyle\lim_{\alpha\to\infty}\frac{\sin\alpha x}{\pi x}$，在 $x=0$ 时为 ∞. 而在 $x\neq0$

时，在 $|x|>\dfrac{1}{\alpha}$ 后很快减少，并以 $\dfrac{2\pi}{\alpha}$ 的周期迅速振荡，故其积分的主要贡献来自

$|x|<\dfrac{1}{\alpha}$ 的极窄区域，且积分值为 1(因 $\displaystyle\lim_{\alpha\to\infty}\int_{a}^{b}\frac{1}{\pi}\frac{\sin\alpha x}{\alpha x}\mathrm{d}x=\lim_{\alpha\to\infty}\int_{a}^{b}\frac{1}{\pi}\frac{\sin\alpha x}{\alpha x}\mathrm{d}(\alpha x)=$

$\dfrac{1}{\pi}\displaystyle\int_{-\infty}^{\infty}\frac{\sin y}{y}\mathrm{d}y=1$)．所以 $\displaystyle\lim_{\alpha\to\infty}\frac{\sin\alpha x}{\pi x}$ 具有 δ 函数的性质.

(2) $\displaystyle\int_{-\infty}^{\infty}f(x)\delta(x)\mathrm{d}x=f(0)$. 现证明如下：因

$$\int_{-\infty}^{\infty}f(x)\delta(x)\mathrm{d}x=\int_{-\infty}^{\infty}f(x)\Big[\lim_{\varepsilon\to0}\delta_{\varepsilon}(x)\Big]\mathrm{d}x=\lim_{\varepsilon\to0}\frac{1}{\varepsilon}\int_{0}^{\varepsilon}f(x)\mathrm{d}x.$$ 由中值定理可得

$$\int_{-\infty}^{\infty}f(x)\delta(x)\mathrm{d}x=\lim_{\varepsilon\to0}f(\theta\varepsilon)=f(0)$$

(3) $\delta(-x)=\delta(x)$；$f(x)\delta(x-a)=f(a)\delta(x-a)$；$\delta(ax)=a^{-1}\delta(x)$；$x\delta(x)=0$；

$$\delta(x^2-a^2)=\frac{1}{2|a|}\big[\delta(x-a)+\delta(x+a)\big].$$

证 因为 $\displaystyle\int_{-\varepsilon}^{\varepsilon}\delta(-x)\mathrm{d}x=1$，所以 $\displaystyle\int_{-\varepsilon}^{\varepsilon}\big[\delta(-x)-\delta(x)\big]\mathrm{d}x=0$；又因 $\delta(x)$ 与 $\delta(-x)$ 在

$x=0$ 点外均为零，所以 $\delta(-x)=\delta(x)$.

性质(3)中第二式的意思是 $\displaystyle\int f(x)\delta(x-a)\mathrm{d}x=f(a)=\int f(a)\delta(x-a)\mathrm{d}x$.

由性质(2)得 $\displaystyle\int f(x)\delta(x-a)\mathrm{d}x=f(a)$，由性质(1)得后一等式.

性质(3)中第三式及第四式由性质(1)及(2)可得，从略.

现证明性质(3)中第五式：由定义得 $\delta\big[(x-a)(x+a)\big]=C_1\delta(x-a)+C_2\delta(x+a)$，

$$C_1=\int_{a-\varepsilon}^{a+\varepsilon}\delta(x^2-a^2)\cdot\frac{\mathrm{d}(x^2-a^2)}{(x^2-a^2)'_{x=a}}=\frac{1}{2|a|}$$，同理得 $C_2=\dfrac{1}{2|a|}$.

(4) $x\dfrac{\mathrm{d}}{\mathrm{d}x}\delta(x)=-\delta(x)$. (下面证明用了 $x\delta(x)=0$)

证
$$\int f(x)x\delta'(x)\mathrm{d}x=-\int\delta(x)\frac{\mathrm{d}}{\mathrm{d}x}\big[xf(x)\big]\mathrm{d}x$$

$$=-\int\delta(x)\big[f(x)+xf'(x)\big]\mathrm{d}x$$

$$=-\int f(x)\delta(x)\mathrm{d}x\qquad\text{(证毕)}$$

现在介绍一个极重要的 δ 函数 $\dfrac{1}{2\pi}\displaystyle\int_{-\infty}^{\infty}\mathrm{e}^{\mathrm{i}\omega x}\mathrm{d}x$. 首先证明它是 δ 函数. 因

$$\frac{1}{2\pi}\int_{-\infty}^{\infty}\mathrm{e}^{\mathrm{i}\omega x}\,\mathrm{d}\,x=\frac{1}{2\pi}\lim_{\alpha\to\infty}\int_{-\alpha}^{\alpha}\mathrm{e}^{\mathrm{i}\omega x}\,\mathrm{d}\,x=\frac{1}{2\pi}\lim_{\alpha\to\infty}\frac{1}{\mathrm{i}k}(\mathrm{e}^{\mathrm{i}\omega\alpha}-\mathrm{e}^{-\mathrm{i}\omega\alpha})=\lim_{\alpha\to\infty}\frac{\sin\alpha\omega}{\pi\omega}=\delta(\omega)$$

利用此函数可得连续谱本征函数的归一化. 如 $\hat{p}_x$ 的本征函数为 $\psi_{p_x}=A\mathrm{e}^{\frac{\mathrm{i}}{\hbar}p_x x}$，则有

$$\int\psi_{p_x}^{*}\psi_{p_x'}\,\mathrm{d}\,x=\left|A\right|^{2}\int\mathrm{e}^{-\frac{\mathrm{i}}{\hbar}(p_x-p_x')}\,\mathrm{d}\,x=2\pi\hbar\delta(p_x-p_x').$$

三、特殊函数(球函数、Bessel 函数及合流超几何函数)

1) 球函数

一般指球函数方程之解，最典型的方程莫过于氢原子的方程(本书第 4 章的式(4-10′))，其解为 $\mathrm{P}_l^{\left|m\right|}(\xi)$ 为缔合勒让德函数，即为典型的球函数，一般表示为

$$\mathrm{Y}_l^m(\theta,p)=\mathrm{P}_l^m(\cos\theta)\begin{cases}\sin mp & (m=0,1,2,\cdots,l)\\ \cos m\varphi & (l=0,1,2,3,\cdots)\end{cases}$$

2) 柱函数

拉普拉斯算符为 ∇^2(简写为 Δ)，其相应的拉普拉斯方程为 $\Delta u=0$，在球坐标中写为

$$\frac{1}{r^2}\frac{\partial}{\partial r}\left(r^2\frac{\partial u}{\partial r}\right)+\frac{1}{r^2\sin\theta}\frac{\partial}{\partial\theta}\left(\sin\theta\frac{\partial u}{\partial\theta}\right)+\frac{1}{r^2\sin^2\theta}\frac{\partial^2 u}{\partial r^2}=0$$

在拉普拉斯坐标系中 Δu 表示为

$$\frac{1}{\rho}\frac{\partial}{\partial\rho}\left(\rho\frac{\partial u}{\partial\rho}\right)+\frac{1}{\rho^2}\frac{\partial^2 u}{\partial\varphi^2}+\frac{\partial}{\partial z}\frac{\partial^2 u}{\partial z^2}=0$$

用分离变数形式 $u(\rho,\varphi,z)=R(\rho)\Phi(\varphi)Z(z)$ 代入上式，且用 $x=\sqrt{u}\rho$ 代入上式，不难得到下述方程：

$$x^2\frac{\mathrm{d}^2 R}{\mathrm{d}\,x^2}+x\frac{\mathrm{d}R}{\mathrm{d}\,x}+(x^2-m^2)R=0$$

此方程即称为 Bessel 方程，用正则奇点邻域上的级数解法，可得其解. 如 m 不是整数，则方程的两个线性独立解是 Bessel 函数 $\mathrm{J}_m(x)$ 和 $\mathrm{J}_{-m}(x)$. 如 m 是整数，则 $\mathrm{J}_{-m}(x)$ 不是一个独立解.

m 不是整数时，Bessel 函数为

$$\mathrm{J}_m(x)=\sum_{k=0}^{\infty}\frac{(-1)^m}{k!\Gamma(m+k+1)}\left(\frac{x}{2}\right)^{m+2k}$$

m 为整数时，为

$$J_m(x) = \sum_{k=0}^{\infty} \frac{(-1)^k}{k!(m+k)!} \left(\frac{x}{2}\right)^{m+2\lambda}$$

上式中的 Γ 函数为

$$\Gamma(x)_{(x>0)} = \int_0^{\infty} e^{-t} e^{x-1} dt \quad (x > 0)$$

3) 合流超几何级数

合流超几何级数又称 Kummer 级数，它满足 Kummer 方程

$$x\omega'' + (\gamma' - z)\omega' - \alpha\omega = 0$$

Kummer 级数可表示为

$${}_1F_1(\alpha;\gamma;z) = \frac{\Gamma(\gamma)}{\Gamma(\alpha)} \sum_{n=0}^{\infty} \frac{\Gamma(n+\alpha)}{\Gamma(n+\gamma)} \frac{z^n}{n} \quad (\gamma \neq 0, -1, -2, \cdots)$$

它分别是变量 z 和参数 α 的整函数.

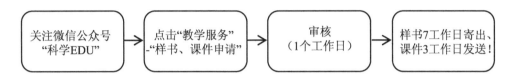

教师教学服务指南

为了更好服务于广大教师的教学工作，科学出版社打造了"科学EDU"教学服务公众号，教师可通过扫描下方二维码，享受样书、课件、会议信息等服务.

样书、电子课件仅为任课教师获得，并保证只能用于教学，不得复制传播用于商业用途. 否则，科学出版社保留诉诸法律的权利.

```
┌─────────────┐   ┌─────────────┐   ┌─────────────┐   ┌─────────────┐
│ 关注微信公众号 │ → │ 点击"教学服务" │ → │    审核     │ → │ 样书7工作日寄出、│
│  "科学EDU"   │   │"样书、课件申请"│   │ (1个工作日)  │   │ 课件3工作日发送！│
└─────────────┘   └─────────────┘   └─────────────┘   └─────────────┘
```

科学EDU

关注科学EDU，获取教学样书、课件资源

面向高校教师，提供优质教学、会议信息

分享行业动态，关注最新教育、科研资讯

学生学习服务指南

为了更好服务于广大学生的学习，科学出版社打造了"学子参考"公众号，学生可通过扫描下方二维码，了解海量经典教材、教辅、考研信息，轻松面对考试.

学子参考

面向高校学子，提供优秀教材、教辅信息

分享热点资讯，解读专业前景、学科现状

为大家提供海量学习指导，轻松面对考试

教师咨询：010-64033787　QQ：2405112526　yuyuanchun@mail.sciencep.com

学生咨询：010-64014701　QQ：2862000482　zhangjianpeng@mail.sciencep.com